高等学校计算机科学与技术教材

Access 2010 数据库应用教程

吴　方　主编

清华大学出版社
北京交通大学出版社
·北京·

内 容 简 介

本书由浅入深、循序渐进地介绍了 Access 2010 数据库技术的相关知识、操作方法和使用技巧。全书结合销售管理数据库应用系统，分别介绍了数据库基础知识、Access 2010 操作界面及功能、数据库的创建与维护、表的创建与使用、查询的创建与使用、窗体的创建与使用、报表的创建与打印、宏与 VBA 编程，并结合高校图书借阅管理数据库系统编写了 Access 2010 数据库应用实验指导。

本书选材经典，内容丰富，结构清晰，层次分明，图文并茂，通俗易懂，各章节以实例操作讲解为主，具有很强的实用性和可操作性。本书配有习题、实验指导，并提供配套的多媒体课件和案例数据库素材，既可作为高等学校数据库技术及应用的教材，也可供读者自学。

图书在版编目(CIP)数据

Access 2010 数据库应用教程/吴方主编. —北京：北京交通大学出版社：清华大学出版社，2014. 1

（高等学校计算机科学与技术教材）

ISBN 978－7－5121－1732－7

Ⅰ. ①A…　Ⅱ. ①吴…　Ⅲ. ①关系数据库系统－高等学校－教材　Ⅳ. ①TP311. 138

中国版本图书馆 CIP 数据核字（2013）第 296612 号

责任编辑：谭文芳　　特邀编辑：宋望溪
出版发行：清 华 大 学 出 版 社　　邮编：100084　　电话：010－62776969
　　　　　北京交通大学出版社　　邮编：100044　　电话：010－51686414
印 刷 者：北京交大印刷厂
经　　销：全国新华书店
开　　本：185×260　　印张：15. 75　　字数：403 千字
版　　次：2014 年 1 月第 1 版　　2014 年 1 月第 1 次印刷
书　　号：ISBN 978－7－5121－1732－7/TP・770
印　　数：1～3 000 册　　定价：31. 00 元

本书如有质量问题，请向北京交通大学出版社质监组反映。对您的意见和批评，我们表示欢迎和感谢。
投诉电话：010－51686043，51686008；传真：010－62225406；E-mail：press@ bjtu. edu. cn。

前　言

随着计算机应用技术的不断发展，以信息处理为核心的数据库技术已经广泛地应用于各个领域。学习和掌握数据库的基本知识，利用数据库系统进行数据处理是高等院校学生必须具备的能力之一。

Access 是一个关系型数据库管理系统，作为 Microsoft Office 的一个组成部分，可以有效组织和管理数据库中的数据，并把数据库与网络相结合，为用户提供了强大的数据管理工具。Access 具有功能完备、界面友好、操作简单、使用方便等特点，被广泛应用于各种数据库管理软件的开发。Office 2010 是 Microsoft Office 办公自动化软件的新版本，Access 2010 较早前版本增加了许多新的功能。

本书是编者在总结广东省“高等院校数据库教学改革”经验和结合多年数据库技术教学实践基础上，根据高等学校非计算机专业计算机公共课程“数据库技术及应用”的教学要求而编写的。全书以一个完整的“销售管理系统”案例为主线，通过大量的示例，较为系统地介绍了 Access 数据库中的表、查询、窗体、报表、宏和模块六大对象及使用 Access 2010开发数据库应用系统的完整过程。

本书以应用为目的，以案例贯穿始终，系统讲授 Access 数据库的基本操作和基本知识。为了帮助读者加深理解教材内容和提高数据库的应用能力，每章后配有适量习题，并编写了配合 Access 2010 课堂教学的实验指导。

本书结构清晰，实例丰富，图文并茂，浅显易懂，既可作为大学本科、高职高专院校的数据库技术与应用课程教材，也可作为初学者学习数据库的参考书及数据库应用系统开发人员的技术参考书。

本书由吴方负责策划并对全书校对、统稿。其中，第 1 章、第 2 章、第 3 章由孙细斌编写，第 4 章、第 5 章由雷剑刚编写，6 章、第 7 章由吴方编写，第 2 篇 Access 2010 数据库应用实验指导由谭忠兵编写。

为配合本课程的教学需要，本教材为教师配有多媒体课件和有关素材，可通过 E-mail 到 jacky5555@ qq. com 联系索取。

由于编者水平有限，加之编写时间仓促，书中难免有错漏之处，恳请同行和广大读者批评指正。

编　者

2014 年 1 月

目　　录

第1篇　Access 2010 数据库管理系统

第 2 篇 Access 2010 数据库应用实验指导

第 1 篇　Access 2010 数据库管理系统

Access 2010 是 Microsoft Office 2010 的组件之一，是用户和数据库间的软件接口。与以前的版本相比，尤其是与 Access 2007 之前的版本相比，Access 2010 的用户界面发生了重大变化。Access 2007 中引入了两个主要的用户界面组件：功能区和导航窗格。而在 Access 2010 中，不仅对功能区进行了多处更改，而且还新引入了第三个用户界面组件 Microsoft Office Backstage 视图。本篇主要介绍 Access 2010 新的特性和 Access 2010 数据库中的六大对象。

第 1 章　Access 2010 介绍

Access 2010 是微软推出的最新版本数据库管理系统。它具有强大的数据处理和统计分析能力。利用 Access 2010，用户可以方便地对所关心的各类数据进行汇总、统计与分析，进而提高工作效率。

学习要点：

- 数据库基础知识介绍
- Access 2010 安装介绍
- Access 2010 新界面介绍
- Access 2010 创建数据库方法介绍
- Access 2010 的六大数据库对象介绍

学习目标：

通过本章内容的学习，读者应该对数据库基础知识有所了解，对 Access 2010 安装过程有所了解。此外，读者还应该熟悉 Access 2010 的用户界面，掌握数据库的创建方法，最后还要了解 Access 2010 中的六大数据库对象及其主要功能。

1.1　数据库概述

1.1.1　数据库的定义

通俗地讲，数据库（DataBase，DB）就是存放各种类型的数据仓库。数据库中的数据是按一定的数据模型组织、描述和存储的，具有较小的数据冗余性、较高的数据独立性和高效的用户共享性。

1.1.2 数据库管理系统

数据库管理系统（DataBase Management System，DBMS）是实现对数据库进行管理的软件，它以统一的方式管理和维护数据库，并提供数据库软件接口供用户访问数据库，数据库管理系统是数据库系统中最重要的软件系统。

1.1.3 数据库系统

数据库系统（DataBase System，DBS）是由数据库、数据库管理系统、支持数据库运行的软硬件环境、数据库应用程序和数据库管理员等组成。

1.2 Access 2010 介绍

Access 2010 是 Microsoft 公司最新推出的 Access 版本，是一个功能强大而且易于使用的关系数据库管理系统，相比其他数据库管理系统而言，Access 2010 简单易学，常用于小型数据库的开发和维护。

Access 2010 提供了表生成器、查询生成器、宏生成器和报表设计器等多种可视化的操作工具，还提供了数据库生成向导、生成表向导、创建查询向导、创建窗体向导和创建报表向导等多种向导，用户利用这些向导可以很方便地构建一个功能完善的数据库系统。

此外，Access 2010 还可以通过 ODBC 数据引擎与 SQL Server、Orcale、MySQL 等其他数据库相连，实现数据的交换和共享。

1.2.1 Access 2010 的安装

在打开 Access 2010 前必须先安装 Access 2010，以下介绍 Access 2010 安装步骤。

操作步骤

❶ 把 Office 2010 的安装光盘插入驱动器之后，安装程序将自动运行，稍等片刻，弹出【阅读 Microsoft 软件许可证条款】界面，选中【我接受此协议的条款】复选框，然后单击【继续】按钮，如图 1-1 所示。

❷ 在【选择所需的安装】界面中，单击【自定义】按钮，弹出对话框，打开【安装选项】选项卡，在【安装选项】选项卡中，可以选择需要安装的组件，在不需要安装的组件上选择【不可用】选项即可，如图 1-2 所示。

❸ 单击【继续】按钮，在弹出的对话框中选择【文件位置】选项卡，设置软件的安装位置，单击【立即安装】按钮，系统便开始安装 Office 2010 应用程序，并显示安装完成进度。安装完成之后，将出现【安装已完成】界面，如图 1-3 所示。

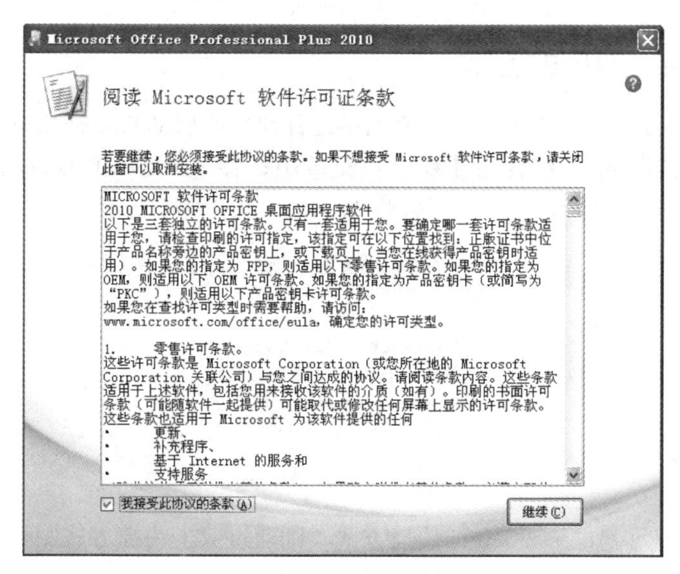

图 1-1　许可证条款

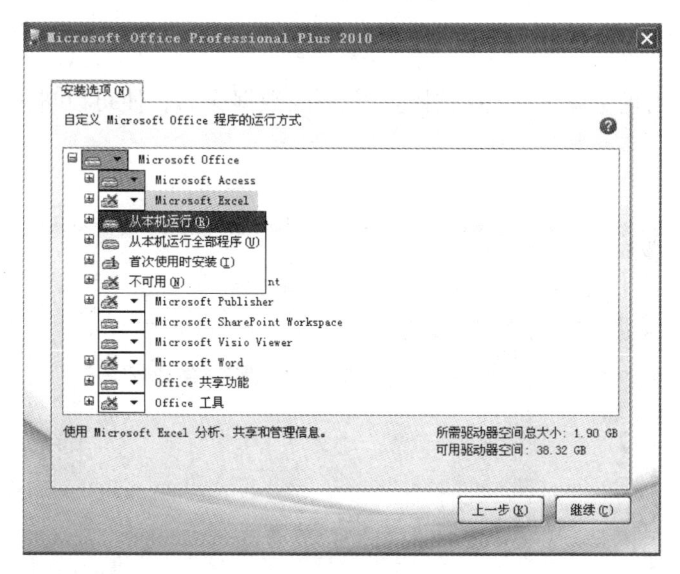

图 1-2　安装可选项

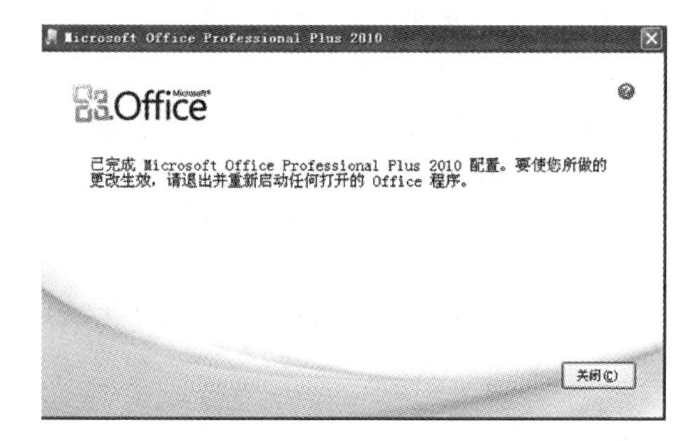

图 1-3　安装成功

1.2.2 Access 2010 的启动

Access 2010 启动的方法有多种，下面列举几种常用的启动 Access 2010 的方法。

- 单击【开始】菜单，然后在【程序】菜单中选择【Microsoft Office】菜单下的【Microsoft Access 2010】命令，即可启动 Access，如图 1-4 所示。

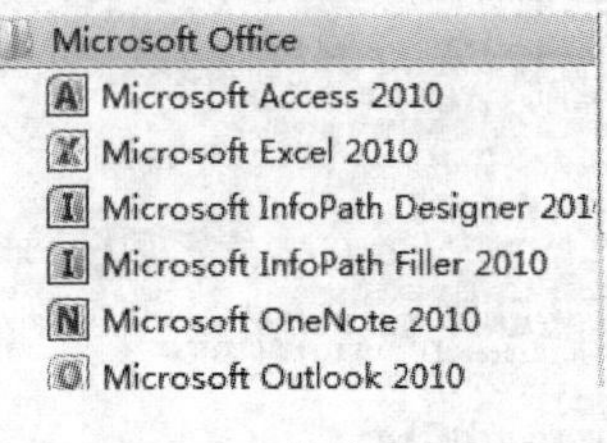

图 1-4 启动 Access

- 如果桌面创建了 Access 2010 的快捷方式，则通过双击快捷方式图标启动 Access 2010。
- 双击一个已创建好的 Access 2010 数据库文件。

1.2.3 Access 2010 的界面介绍

当打开一个现有的数据库文件或创建一个新的数据库后，便可以进入 Access 2010 主界面了，如图 1-5 所示。

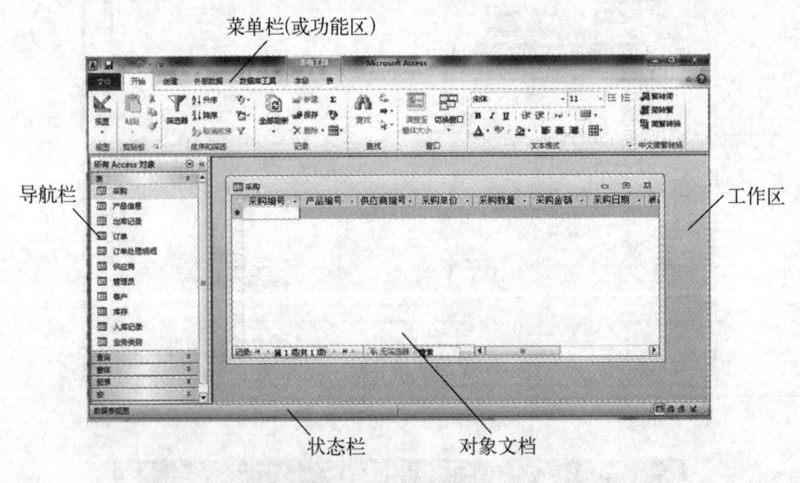

图 1-5 Access 主界面

需要注意的是：通过系统【开始】→【程序】菜单中打开 Access 2010 或通过桌面快捷方式打开 Access 2010 时，Access 2010 系统会首先出现【Backstage 视图】界面，而不会出现上面提到的主界面，可以通过单击【文件】主菜单按钮实现【Backstage 视图】界面与主界面的切换。

与以前的版本相比，Access 2010 的用户界面发生了较大变化，引入了功能区、导航栏和 Backstage 视图等组件。

1. 功能区

【功能区】以选项卡的形式，将各种相关功能组合在一起，且横跨窗口顶部的带状选项卡区域，通过【功能区】来替代 Access 早期版本中的多层菜单和工具栏，【功能区】区域如图 1-6 所示。

图 1-6　Access 功能区

在【功能区】中的【开始】选项卡中，主要提供以下几个方面的功能：

- 视图的切换；
- 复制、粘贴、剪切等常用编辑操作；
- 记录的排序与筛选；
- 记录的操作（如：汇总、保存和新建等）；
- 设置字体格式及字体的繁简切换；
- 记录的查找。

在【功能区】中的【创建】选项卡中，主要提供以下几个方面的功能：

- 利用模板给当前打开的数据库添加数据库对象（如：表、窗体和报表等）；
- 创建新的空白表；
- 表记录的查询；
- 表窗体的创建；
- 报表的创建；
- 宏、类模块和 VBA 的创建。

在【功能区】中的【外部数据】选项卡，主要提供以下几方面的功能：

- 导入或链接到外部数据；
- 创建新的空白表；
- 导出数据；
- 通过电子邮件收集和更新数据；
- 与 SharePoint 网站联机并交互数据。

在【功能区】中的【数据库工具】选项卡中，主要提供以下几方面的功能：

- 表关系的创建与查询；
- 数据库文档管理与分析；
- 数据迁移到 SQL Server、Access 和 SharePoint 网站；
- 管理 Access 加载项。

需要特别说明的是：Access 2010 在【功能区】中新增了一种上下文选项卡。所谓上下文选项卡就是根据用户正在使用的对象或正在执行的任务而显示的选项卡，该选项卡中提供的功能与用户正使用的对象（或任务）是密切相关的。如：当用户在【导航栏】窗口双击打开一个表格对象时，系统会出现【表格工具】的上下文选项卡，里面包含有与表格对象相关的字段和表选项卡，进而方便用户完成对表格对象的操作，如图 1-7 所示。

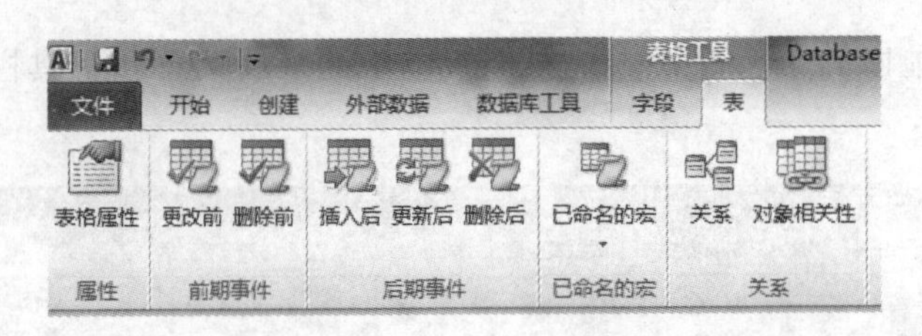

图 1-7 上下文选项卡

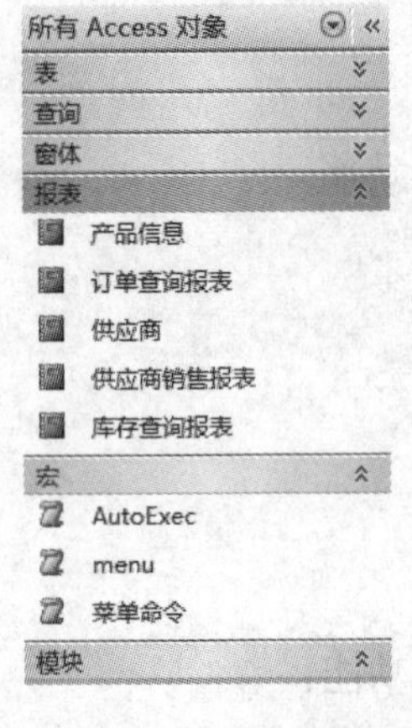

图 1-8 导航栏

2. 导航栏

当打开一个数据库或创建一个新的数据库后，在主界面的左侧就是【导航栏】窗口，【导航栏】窗口中用以显示当前已打开数据库中的各种对象（如：表、窗体、查询、报表、宏和模块等对象），如图 1-8 所示。

在【导航栏】中可以添加、删除和修改当前数据库中的对象。通过单击每一对象类别栏中右上角的 ¥ 按钮，可以查看该对象类别中所包含的所有对象。在每一类别对象栏中通过双击对象可以打开该对象并进行编辑，或通过右击该对象，从弹出的快捷菜单选择相应的菜单项完成对对象的操作。

3. 工作区

【工作区】位于主界面的右边，用户在工作区中完成数据库对象的操作。在 Access 2010 系统的工作区中，默认将表、查询和窗体等数据库对象都显示为选项卡式文档，如图 1-9 所示。

采购 | 产品信息 | 订单

订单编号	客户编号	产品编号	供应商编号	销售单价	订购数量	订单金额
3001	1234	1001	1	￥1,000	1	￥1,000
3002	1235	1006	1	￥50	4	￥200
*						

图 1-9 数据表数据

以下是将各种数据库对象在工作区中显示的模式设置为重叠式窗口操作方法。

操作步骤

❶ 启动 Access 2010，打开“销售管理系统”数据库。

❷ 单击菜单栏中的【文件】项，在打开的【Backstage 视图】列表中选择【选项】命令。

❸ 在弹出的【Access 选项】对话框中的左侧导航栏中选择【当前数据库】选项，在右侧的【应用程序选项】区域中选中【重叠窗口】单选按钮，单击【确定】按钮，如图 1-10 所示。

❹ 重新启动数据库，这样在工作区中将会以重叠窗口的模式显示数据库对象了，如图 1-11 所示。

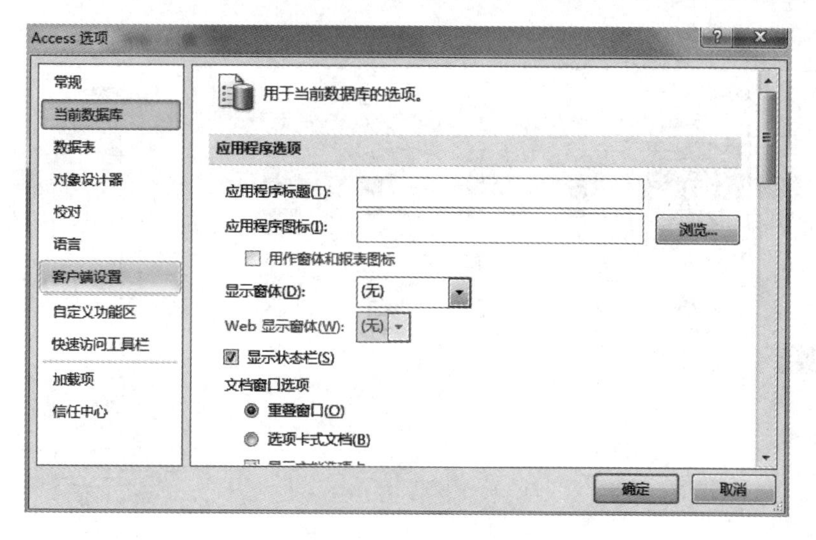

图 1-10　Access 选项

图 1-11　重叠窗口显示模式

4. 状态栏

与早期版本 Access 一样，Access 2010 也在窗口底部显示状态栏，用于显示状态消息、属性提示、进度指示、视图/窗口切换和缩放。

下面是一个表的【设计视图】中的状态栏，如图 1-12 所示。

图 1-12　状态栏

5. Backstage 视图

【Backstage 视图】主要包含与使用数据库文件本身相关的命令。当首次打开 Access 2010 时，将显示【Backstage 视图】。如果已打开数据库，通过单击【文件】选项卡即可切换到【Backstage 视图】。用户可以随时单击菜单栏【文件】选项或按 Esc 键返回到数据库主界面工作区。【Backstage 视图】如图 1-13 所示。

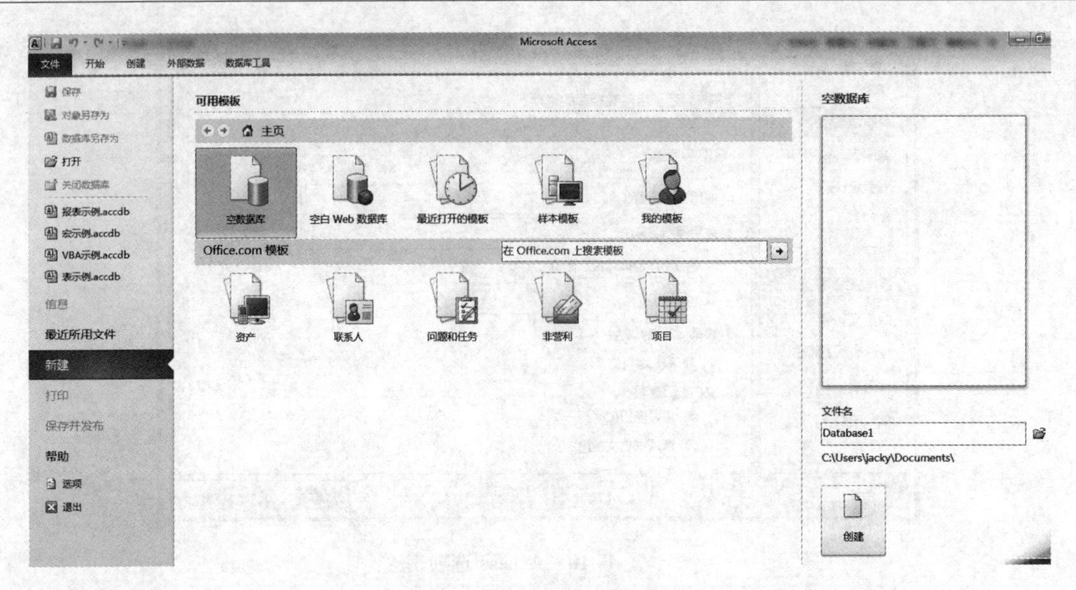

图 1-13 Backstage 视图

在【Backstage 视图】左侧包含最常使用的数据库文件相关命令，如表 1-1 所示。

表 1-1 数据库文件相关命令

命　令	说　明
保存	保存当前打开的数据库
对象另存为	将当前选定对象另存为其他对象或对象类型
数据库另存为	将当前数据库另存为具有不同名称的 Access 2010 数据库 若要以 Access 2010 之前的文件格式保存数据库，请使用【保存并发布】页面上【数据库另存为】下的命令
打开	用于浏览并打开数据库
关闭数据库/关闭 Web 应用程序	关闭当前打开的数据库或 Web 应用程序

在【Backstage 视图】的中间窗格是各种数据库模板。选择【可用模板】|【样本模板】选项，可以显示当前 Access 2010 系统中所有的样本模板，如图 1-14 所示。

Access 2010 提供的每个模板都是一个完整的应用程序，具有预先建立好的表、窗体、报表、查询、宏和表关系等。如果模板设计满足您的需要，则通过模板建立数据库以后，便可以立即利用数据库开始工作；否则，可以使用模板作为基础，对所建立的数据库进行修改，创建符合特定需求的数据库。

使用模板创建数据库的步骤如下。

操作步骤

❶ 在【Backstage 视图】上，单击中间的【样本模板】按钮；

❷ 选择要使用的模板；

❸ 在【文件名】框中输入要创建的数据库名称，然后单击【文件名】框旁边的【浏览】按钮，然后浏览到不同的数据库保存位置；

❹ 单击【创建】按钮，便完成了利用模板创建数据库的过程。

图 1-14　模板列表

在【Backstage 视图】的右侧是“空数据库”选项组，通过该选项组，用户可以创建一个空白数据库，如图 1-15 所示。

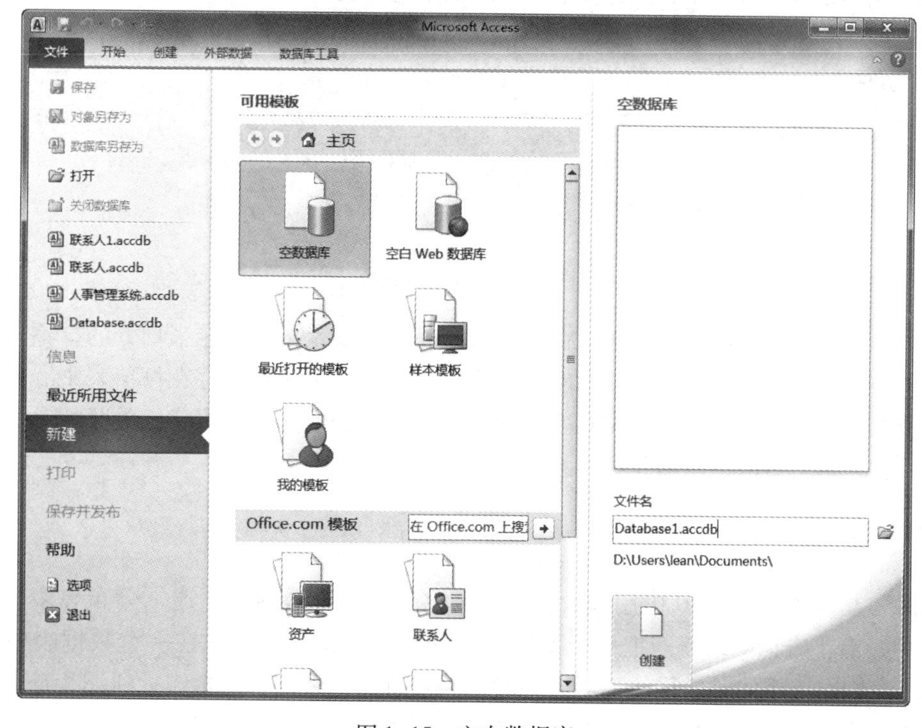

图 1-15　空白数据库

创建空白数据库的步骤如下。

操作步骤

❶ 在【Backstage 视图】上，单击中间的【空白数据库】按钮，创建客户端数据库，或者单击【空白 Web 数据库】按钮，创建 Web 数据库；

❷ 在【Backstage 视图】右侧的【文件名】框中输入要创建的数据库名称，然后单击“文件名”框旁边的【浏览】按钮，就可浏览到不同的数据库保存位置；

❸ 单击【创建】按钮，便完成了创建空白数据库的过程。

注：Access 2010 创建的数据库文件的扩展名为 . accdb，而早期的（Access 2003 或以前）数据库文件的扩展名 . mdb。

1.3 Access 2010 六大对象介绍

我们经常说数据库对象，那么数据库对象到底是什么呢？Access 不只是一个能够简单存储数据的容器，而且能完成数据存储、添加、删除、修改、查询和报表生成等功能，那么这些功能是依靠数据库中的什么结构来实现的呢？

在这一节中将介绍 Access 数据库的六大数据对象。可以说，Access 的主要功能就是通过这六大数据库对象来完成的。

1.3.1 表

表是 Access 2010 中所有其他对象的基础，因为表存储了其他对象用来在 Access 2010 中执行任务和活动的数据。每个表由若干记录组成，每条记录都对应于一个实体，同一个表中的所有记录都具有相同的字段定义，每个字段存储着对应于实体的不同属性的数据信息。图 1-16 为客户信息表。

客户

	客户编号	客户姓名	客户地址	联系电话	电子邮件
⊞	1234	张三	珠海	0756-8489123	zhangsan@sina.com
⊞	1235	李四	广州	020-35667890	lisi@gmail.com
*					

图 1-16 客户信息表

正如上面所显示的客户表一样，在关系数据库中，表是按照主题来划分的，不同的主题信息保存在不同的表中，如客户信息保存在客户表中、订单信息保存在订单表中。现实生活中，由于不同的主题之间往往是相互联系的，所以不同表之间是可以建立关联的。

有关表的相关知识将在第 2 章详细讲述。

1.3.2 查询

查询对象是 Access 2010 中用到最多的对象之一。要查看的数据通常分布在多个 Access 2010 表中，有了查询对象就能把多个不同表中的数据检索出来，并在一个数据表中显示这些数据。我们在应用的时候往往不需要同时看到所有的记录，只是希望看到那些符合特定条件的记录，这可以通过在查询中添加查询条件，通过条件筛选出有用的数据来实现。

Access 2010“查询设计器”就是专门用来设置数据库中查询的条件。查询分为“选择查询”和“操作查询”两种基本类型。“选择查询”只是检索数据供用户查看，我们可以在屏幕中，查看查询结果、将结果打印出来或者将其复制到剪贴板中，或是将查询结果用作窗体或报表的记录源。

“操作查询”不但具有查询功能，而且还有可能修改数据源，这种查询可用来创建新表、向现有表中添加、更新或删除数据。

有关查询的相关知识将在第 3 章详细讲述。

1.3.3 窗体

在 Access 2010 中，窗体是用户与数据交互的一个重要接口。数据的使用与维护大多数是通过窗体对象来完成的。

通过窗体对象，用户可以方便地输入数据、编辑数据、显示统计和查询数据，是人机交互的窗口。好的窗体结构能使用户方便地进行数据库操作。窗体还可以利用窗体控件将整个应用程序组织起来，控制程序流程，进而形成一个完整的应用系统。

有关窗体对象的相关知识将在第 4 章详细讲述。

1.3.4 报表

不论是数据表还是查询结果，如果要把这些数据库中的数据进行打印，那使用报表就是简单而且有效的方法。Access 2010 报表主要用来打印或者显示，因此一个报表通常可以回答一个特定问题。

在设计 Access 2010 报表的过程中，可以根据该报表要回答的问题，设置每个报表的分组显示，这样就能方便阅读，让别人非常清楚地获得显示的信息。

我们还可以运用 Access 2010 报表，创建标签。将标签报表打印出来以后，就可以将报表裁成一个个小的标签，贴在货物或者物品上，方便对该物品进行标识。

有关报表的相关知识将在第 5 章详细讲述。

1.3.5 宏

宏是操作的集合，在 Access 2010 中，利用宏，用户不必编写任何代码，就可以轻松实现一定的交互功能。例如弹出对话框、单击按钮打开窗体等。

通过操作 Access 2010 宏，可以实现以下这几项主要的功能：

- 打开或者关闭数据表、窗体，打印报表和执行查询；
- 弹出提示信息框，显示警告；
- 实现数据的输入和输出；
- 在数据库启动时执行操作；
- 筛选查找数据记录。

在 Access 2010 中，利用【宏生成器】完成宏的设计，单击【创建】选项卡下的【宏】按钮，就能够新建一个宏，同时进入【宏生成器】，如图 1-17 所示。

图 1-17 宏生成器

有关宏的相关知识将在第 6 章详细讲述。

1.3.6 模块

与宏类似，模块也是一系列操作的集合。只是宏是通过从系统提供的宏操作列表中选择相应的操作来创建的，而模块是利用 VBA 编程语言编写过程来创建的。

在 Access 2010 中，模块是由声明、语句和过程组成的。模块可以分为类模块和标准模块。类模块中包含各种事件过程，标准模块则包含与任何特定对象无关的常规过程。

模块并不能独立运行，它只起容器作用，真正可运行的是模块中的过程，用户可以在 Access 2010 中的 Visual Basic 编辑器中进行模块的创建与编辑、调试过程。

有关模块的相关知识将在第 7 章详细讲述。

思考与练习

一、选择题

1. 在数据库的六大对象中，用于存储数据的数据库对象是（　　），用于和用户进行交互的数据库对象是（　　）。

A. 表　　B. 查询
C. 窗体　　D. 报表

2. 在 Access 2010 中，随着打开数据库对象的不同而不同的操作区域称为（　　）。

A. 命令选项卡　　B. 上下文命令选项卡
C. 导航栏　　D. 工具栏

3. 新版本的 Access 2010 的默认数据库格式是（　　）。

A. mdb　　B. accdb
C. accde　　D. mde

4. 新版本的 Access 2010 中，新建数据库命令按钮在主菜单（　　）选项卡中。

A. 文件　　B. 创建

C. 开始　　D. 外部数据

5. 应用数据库的主要目的是为了（　　）。

A. 解决保密问题　　B. 解决数据完整性问题

C. 共享数据问题　　D. 解决数据量大的问题

二、操作题

1. 安装好 Office 2010，并启动其中的 Access 2010，熟悉 Access 2010 的界面新特征。
2. 在 Access 2010 中创建一个空白数据库。
3. 在 Access 2010 中利用模板创建一个数据库。

第2章　表

在 Access 2010 系统中，表是存储数据的基本单元，是数据库中最重要的对象，是数据库中其他对象的数据来源。

学习要点：

- 表的概念及组成
- 表字段的类型及属性
- 表的主键与引索
- 表的创建及修改
- 表关系的创建及修改

学习目标：

通过对本章内容的学习，读者应理解表的概念及组成，理解字段类型及属性的作用。此外，还应掌握创建表的方法、掌握表主键及索引的创建、掌握表关系的创建。深刻理解创建良好的表对整个数据系统设计的重要性。

2.1　表的概述

2.1.1　表的概述

通俗地讲，表就是特定主题的数据集合，它将具有相同性质或相关联的数据存储在一起，以行和列的形式来记录数据。表作为整个数据库的存储实体，是数据库中最重要的对象，是数据库中其他对象的数据来源。

2.1.2　表的组成

在 Access 2010 中，表的每一列称为一个字段，每一列的标题为该字段的字段名称，列标题下的数据为字段值，同一列只能存放相同类型的数据。所有的字段名构成表的标题行（也叫表头或表的结构），除标题行外的每一行称为一条记录，而一个表由表结构和记录两部分组成，如图 2-1 所示。

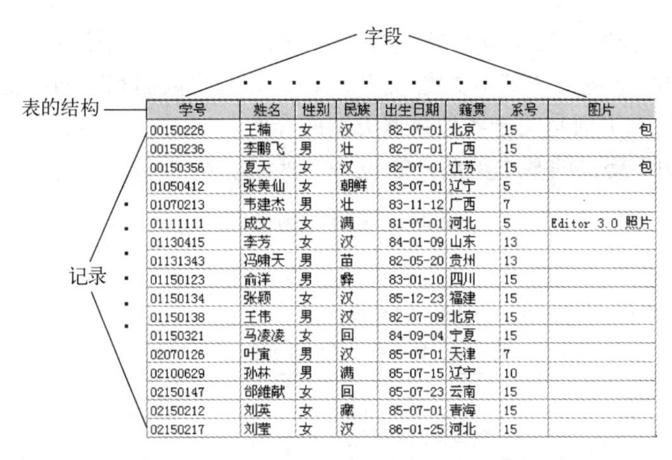

学号	姓名	性别	民族	出生日期	籍贯	系号	图片
00150226	王楠	女	汉	82-07-01	北京	15	包
00150236	李鹏飞	男	壮	82-07-01	广西	15	
00150356	夏天	女	汉	82-07-01	江苏	15	包
01050412	张美仙	女	朝鲜	83-07-01	辽宁	5	
01070213	韦建杰	男	壮	83-11-12	广西	7	
01111111	成文	女	满	81-07-01	河北	5	Editor 3.0 照片
01130415	李芳	女	汉	84-01-09	山东	13	
01131343	冯啸天	男	苗	82-05-20	贵州	13	
01150123	俞洋	男	彝	83-01-10	四川	15	
01150134	张颖	女	汉	85-12-23	福建	15	
01150138	王伟	男	汉	82-07-09	北京	15	
01150321	马凌凌	女	回	84-09-04	宁夏	15	
02070126	叶寅	男	汉	85-07-01	天津	7	
02100629	孙林	男	满	85-07-15	辽宁	10	
02150147	部維献	女	回	85-07-23	云南	15	
02150212	刘英	女	藏	85-07-01	青海	15	
02150217	刘莹	女	汉	86-01-25	河北	15	

图 2-1　表结构

2.2　表的创建

2.2.1　表的创建

表作为数据库中其他对象的数据源，表结构设计得好坏直接影响到数据库的性能，也直接影响整个系统设计的复杂程度。因此设计一个结构、关系良好的数据表在整个数据库系统开发中是相当重要的。

在创建表时，必须遵循以下原则：

- 每一个表只包含一个主题信息，如订单表只能包含订单的基本信息；
- 每一个表中不能有相同的字段名，即不能出现相同的列，如订单表中不能有两个订单号字段；
- 每一个表中不能有重复的记录，即不能出现相同的行，如订单表中一条订单的信息不能出现两次；
- 表中同一列的数据类型必须相同，如学生表中的“姓名”字段，在此字段中只能输入代表学生姓名的字符型数据，不能输入学生的出生日期；
- 每一个表中记录的次序和字段次序可以任意交换，不影响实际存储的数据；
- 表中每一个字段必须是不可再分的数据单元，即一个字段不能再分成两个字段。

此外，在 Access 中，创建表就必须先定义表的结构，即确定表中所拥有的字段以及各字段的字段名称、数据类型、字段大小、主键和其他字段属性。

2.2.2　表字段的名称

字段名称用来标识表中的字段，它的命名规则是：必须以字母或汉字开头，可以由字母、汉字、数字、空格以及除句号（。）、惊叹号（!）、方括号（[]）和左单引号（‘）外的所有字符组成。字段名最长为 64 个字符。

2.2.3　表字段的类型

字段的数据类型决定了存储在此字段中数据的类型和对该字段所允许的操作，如“姓名”字段的数据值只能写入汉字或字母；“出生日期”字段的数据值只能写入日期。Access 2010 中提供的数据类型包括“基本类型”、“数字类型”、“数据和时间类型”、“是/否类型”及“快速入门类型”。下面是关于各种数据类型的介绍。

（1）Access 2010 提供的基本类型，如表 2-1 所示。

表 2-1　基本数据类型

类　型	用于显示
文本	较短的字母数字值，例如姓氏或街道地址
数字	数值，例如距离。请注意，货币有单独的数据类型
货币	货币值
是/否	布尔类型，用于字段只包含两个可能值中的一个
日期/时间	100 到 9999 年份的日期和时间值
计算字段	计算的结果。计算必须引用同一张表中的其他字段。可以使用表达式生成器创建计算
附件	附加到数据库记录中的图像、电子表格文件、文档、图表及其他类型的受支持文件，类似于将文件附加到电子邮件中
OLE 对象	OLE 对象或其他二进制数据，用于存储二进制数据文件及应用程序中的 OLE 对象
超链接	存储为文本并用作超链接地址的文本或文本与数字的组合
备注	用于较长文本或数字。如：产品详细说明等，最多可存储 65535 个字符
查阅	显示从表或查询中检索到的一组值，或显示创建字段时指定的一组值。查阅向导会启动，可以创建查询字段。查询字段的数据类型是“文本”或“数字”，具体取决于在该向导中所做的选择

（2）Access 2010 提供的数字类型如表 2-2 所示。

表 2-2　数字类型

格　式	用于显示
常规	存储时没有明确进行其他格式设置的数字
货币	一般货币值
欧元	存储为欧元格式的一般货币值
固定	数字数据
标准	包含小数的数值数据
百分比	百分数
科学计算	计算值

（3）Access 2010 提供的时间和日期类型如表 2-3 所示。

表 2-3　时间和日期类型

格　式	用于显示
短日期	显示短格式的日期。具体取决于所在区域的日期和时间设置。例如美国的短日期格式为 3/14/2001
中日期	显示中等格式的日期。例如，美国的中日期格式为 3 - Apr - 09
长日期	显示长格式的日期。具体取决于所在区域的日期和时间设置。例如，美国的长日期格式为 Wednesday, March, 2001

续表

格　　式	用 于 显 示
时间（上午/下午）	仅使用 12 小时制显示时间，该格式会随着所在区域的日期和时间设置的变化而变化
中时间	显示的时间带“上午”或“下午”字样
时间（24 小时）	仅使用 24 小时制显示时间，该格式会随着所在区域的日期和时间设置的变化而变化

（4）Access 2010 提供的是否类型如表 2-4 所示。

表 2-4　是否类型

数 据 类 型	用 于 显 示
复选框	显示一个复选框
是/否	“是”或“否”选项
真/假	“真”或“假”选项
开/关	“开”或“关”选项

（5）Access 2010 提供的快速入门类型如表 2-5 所示。

表 2-5　快速入门类型

数 据 类 型	用 于 显 示
地址	包含完整邮政地址的字段
电话	包含住宅电话、手机号和办公电话的字段
优先级	包含“低”、“中”、“高”优先级选项的下拉列表框
状态	包含“未开始”、“正在进行”、“已完成”和“已取消”选项的下拉列表框
OLE 对象	用于存储来自 Office 或各种应用程序的图像、文档、图形和其他对象

2.2.4　表字段的属性

在创建一个字段并设置其数据类型后，便可以设置该字段属性。字段的数据类型决定可以设置该字段的那些属性。例如，对于“数字类型”的字段包含“小数位数”属性，而“文本类型”的字段并没有“小数位数”属性。

在 Access 2010 中，为各字段提供了“常规属性”和“查阅属性”。进入一张表的【设计视图】，在窗口的下半部分是设置字段的各种属性，如图 2-2 是“订单”表的设计视图。

（1）常规属性

不同数据类型的字段具有不同的常规属性，以图 2-2 中“订单”表中的“订单编号”字段为例，订单编号字段是“数字”型，该字段支持的常规属性如图 2-3 所示。

下面以“数字”型字段为例，介绍它具有的常规属性。

- 字段大小属性：字段大小属性的值可以设置成“字节”、“整型”、“长整型”、“单精度型”、“双精度型”、“小数”等值。这里的属性值设置为长整型，长整型表示范围在 -2 147 483 648 ~2 147 483 647 之间的整数。存储要求为 4 个字节。
- 格式属性：该属性决定当字段在数据表或绑定到该字段的窗体或报表中显示或打印时字段的显示方式。可使用任何有效的数字格式。

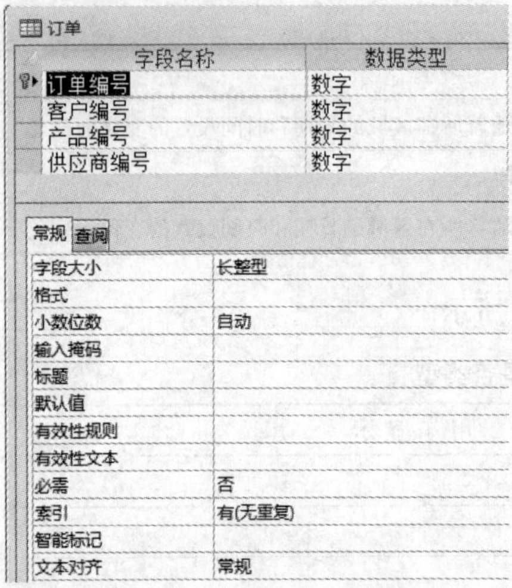

订单
字段名称
数据类型
订单编号
数字
客户编号
数字
产品编号
数字
供应商编号
数字
常规
查阅
字段大小
长整型
格式
小数位数
自动
输入掩码
标题
默认值
有效性规则
有效性文本
必需
否
索引
有(无重复)
智能标记
文本对齐
常规

图 2-2 表的设计视图

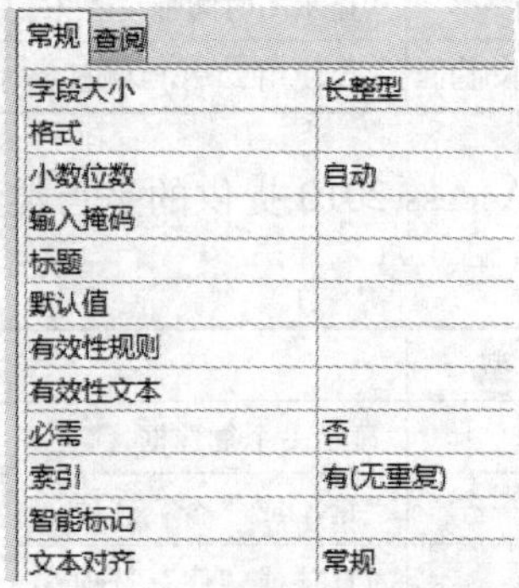

常规
查阅
字段大小
长整型
格式
小数位数
自动
输入掩码
标题
默认值
有效性规则
有效性文本
必需
否
索引
有(无重复)
智能标记
文本对齐
常规

图 2-3 字段常规属性

- 小数位数属性：指定显示数字时要使用的小数位数。
- 输入掩码：显示编辑字符以引导数据输入。例如，使用输入掩码可能会在字段的开头显示美元符号（$）。
- 默认值属性：指定字段的默认值。
- 有效性规则：提供一个表达式，该表达式必须为 True 才能在此字段中添加或更改值。该表达式和“有效性文本”属性一起使用。
- 有效性文本：输入值如违反有效性规则属性中的表达式时显示的消息。
- 必需属性：需要在字段中输入数据。
- 索引属性：指定字段是否具有索引。有三个可用的值。
  - 有（无重复）：在字段上创建唯一索引。
  - 有（有重复）：在字段上创建非唯一索引。
  - 无：删除字段上的任何索引。
- 智能标记属性：向字段附加一个智能标记。
- 文本对齐属性：指定控件内文本的默认对齐方式。

（2）查阅属性

查阅属性主要用来设置字段的显示方式及格式等。不同数据类型的字段同样具有不同的查阅属性，以图 2-2 中“订单”表中的“订单编号”字段为例，订单编号字段是“数字”型，该字段支持的查阅属性如图 2-4 所示。

订单
字段名称
数据类型
订单编号
数字
客户编号
数字
产品编号
数字
供应商编号
数字
常规
查阅
显示控件
文本框

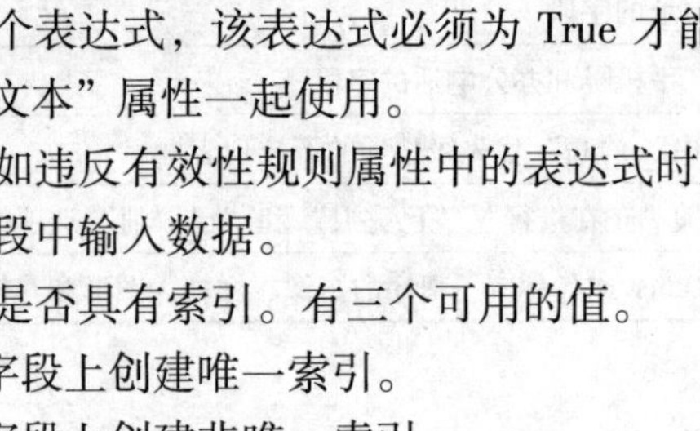

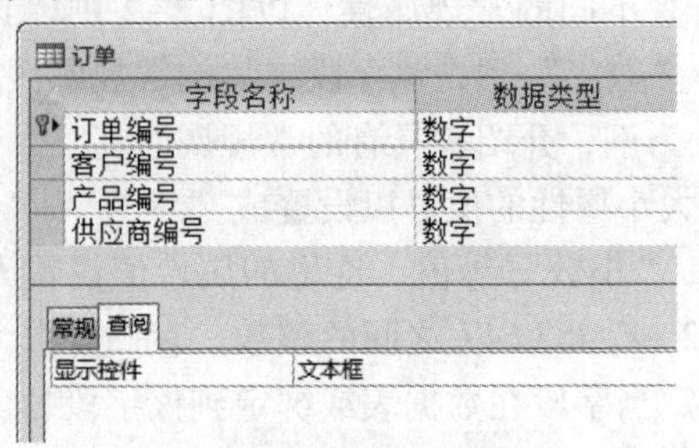

图 2-4 字段查阅属性

从图 2-4 中可以看出，“数字类型”的字段查阅属性只有一个“显示控件”，“显示控件”属性主要用来指定该类型字段在窗体显示的控件类型，可能有“文本框”、“列表框”、“组合框”等值。

2.2.5 表的创建方法

选择【创建】选项卡，可以看到【表格】组中列出了用户可以用来创建数据表的方法，如图 2-5 所示。

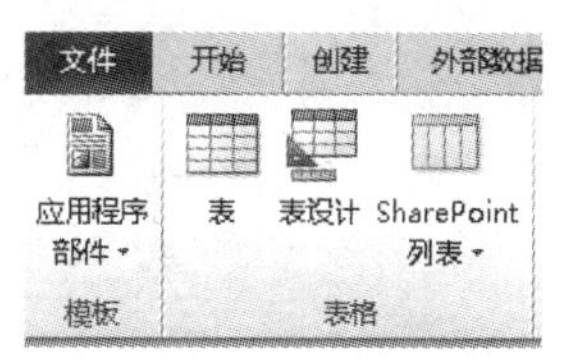

图 2-5 表格选项卡

1. 使用表设计视图创建表

使用表的设计视图创建表是 Access 中最常用的方法之一，在设计视图中，用户可以为字段设置属性。在表的设计视图中，创建的仅仅是表的结构，并不能录入表数据。下面以创建“客户信息表”为例，说明使用表的设计视图创建数据表的操作步骤。

操作步骤

❶ 启动 Access 2010，打开“销售管理系统”数据库。

❷ 单击【创建】选项卡下面的【表格】组中的【表设计】按钮，进入表的设计视图，如图 2-6 所示。

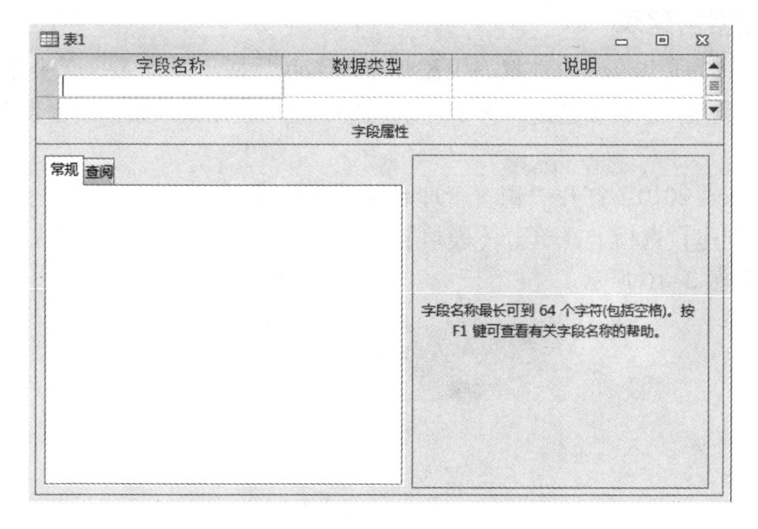

图 2-6 表设计视图

❸【字段名称】栏中输入字段的名称“客户编号”，在【数据类型】下拉列表框中选择该字段的数据类型，这里选择“数字”选项，在【说明】栏中可以输入有关对该字段的说明，也可以不输入。

❹ 用同样的方法，输入其他字段名称，并设置相应字段的数据类型，最终结果如图 2-7 所示。

❺ 单击【客户编号】字段左边的空白区域，单击鼠标右键，在弹出的快捷菜单中选择【主键】项，完成把“客户编号”字段设置为“客户”表的主键，如图 2-8 所示。

❻ 单击【保存】按钮，弹出【另存为】对话框，然后在【表名称】文本框中输入“客户”，再单击【确定】按钮，便完成客户表的创建，如图 2-9 所示。

图 2-7 客户表设计视图

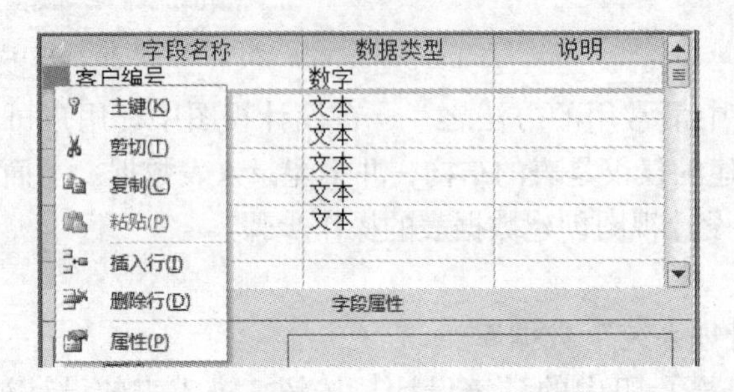

图 2-8 设置主键

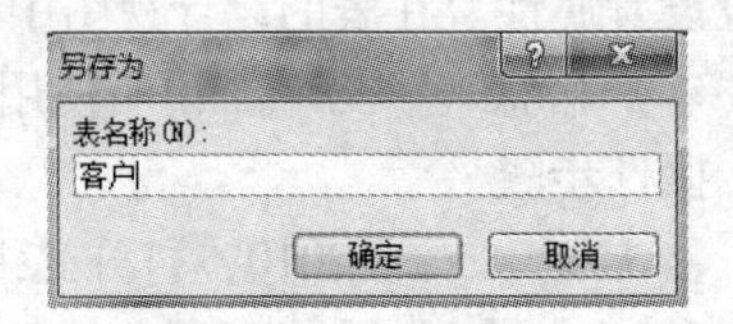

图 2-9 保存对话框

2. 输入数据创建表

输入数据创建表是指在空白数据表中添加字段名和数据，同时 Access 会根据输入的记录自动地指定字段类型。下面以创建“客户”表为例，说明使用输入数据创建表的操作步骤。

操作步骤

❶ 启动 Access 2010，打开“销售管理系统”数据库。

❷ 单击【创建】选项卡，单击【表格】组中的【表】按钮，进入默认的空白“数据表视图”窗口，如图 2-10 所示。

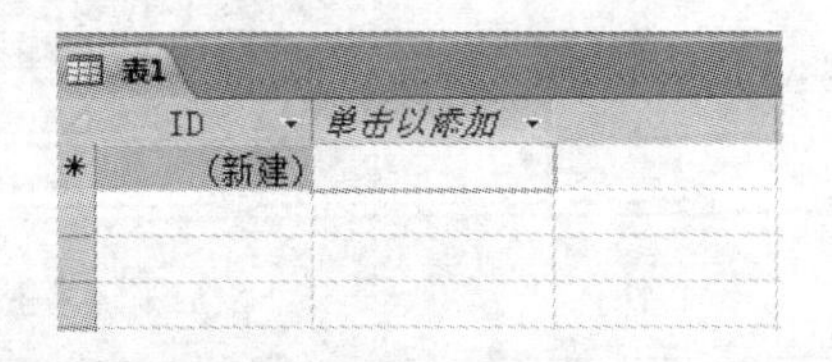

图 2-10 空白数据表视图

❸ 在默认的空白“数据表视图”窗口中，第一行输入的是表的列名，用户可以在“单击以添加”标题的下面直接输入表的列字段，“客户”表各列字段名输入如图 2-11 所示。

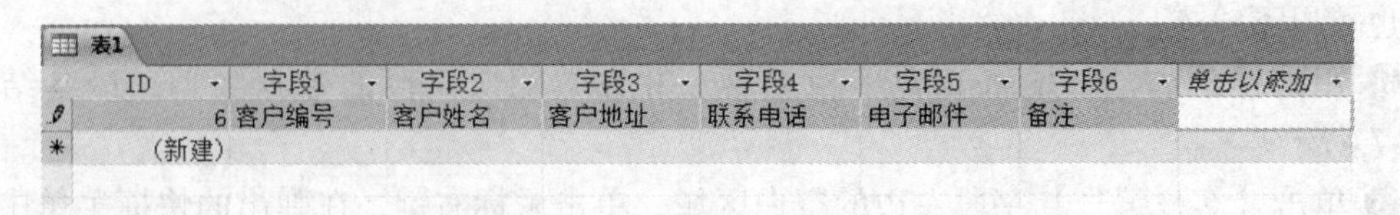

图 2-11 客户表数据视图

❹ 在输入了各字段列名后，便可以在字段名的下面输入字段的值，系统会根据用户输入的值自动地指定字段类型，如图 2-12 所示。

ID	字段1	字段2	字段3	字段4	字段5	字段6
6	客户编号	客户姓名	客户地址	联系电话	电子邮件	备注
7	1234	张三	珠海	0756-848912	zhangsan@sina.com	
8	12345	李四	广州	020-3566789	lisi@gmail.com	
* (新建)						

图 2-12　客户表数据输入

❺ 单击【保存】按钮，弹出【另存为】对话框，然后在表名称文本框中输入“客户表”，再单击【确定】按钮，便完成客户表的创建，如图 2-13 所示。

图 2-13　“另存为”对话框

值得说明的是，在默认的空白“数据表视图”窗口中，系统会自动给表添加 ID 列字段，并把 ID 列字段作为表的主键，如果用户的表中不需要这个 ID 列字段，可以进入表的【设计视图】中把它删除掉。

3. 使用模板创建表

使用模板创建表是一种快速创建表的方式，这是由于 Access 2010 在模板中内置了一些常见的示例表，这些表中包含了足够多的字段名，用户可以根据需要在数据表中添加和删除字段。这种方法对于那些创建常用的联系人表和资产信息等表，是非常适合的。运用模板创建 Access 2010 数据表要比手动方式更加方便和快捷。下面以运用表模板创建一个“联系人”表为例，来说明其具体操作。

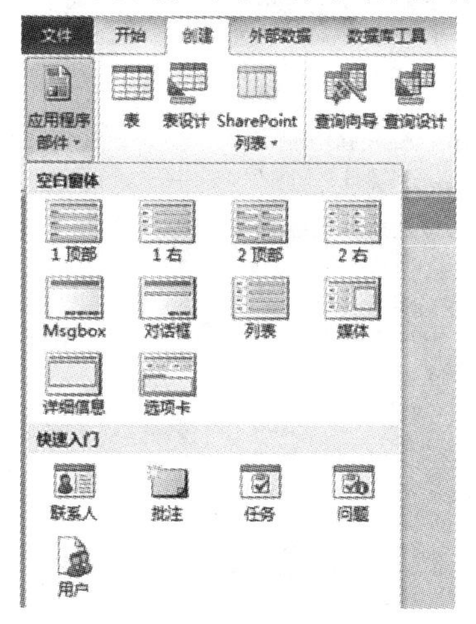

图 2-14　应用程序部件视图

操作步骤

❶ 启动 Access 2010，新建一个空数据库并命名。

❷ 单击【创建】选项卡下的【模板】组中的【应用程序部件】按钮，便会弹出一个列表，其中显示了联系人、批注、任务、问题、用户等模板等选项，如图 2-14 所示。

❸ 选择【联系人】选项并单击。就创建了一个“联系人”表。创建完后，用户可以在左侧【导航栏】窗口中的“表”栏中看到刚才创建的“联系人”表对象。

利用模板自动创建的表，表结构可能并不完全满足用户的需求，用户可以在表的【设计视图】中完成表结构的修改操作。

4. 通过导入外部数据创建表

导入外部数据就是将文本文件、数据表、Excel 电子表或其他对象的数据复制到 Access 表中。在 Access 2010 中，用户可以利用导入外部的数据创建表。这里以从 Excel 文件导入数据来创建表为例，说明通过外部数据导入创建表的步骤。

操作步骤

❶ 准备 Excel 文件（如文件名：客户 . xlsx），文件内容如图 2-15 所示。

❷ 启动 Access 2010，打开“销售管理系统”数据库。

❸ 单击【外部数据】选项卡，在【导入并链接】选项组中，单击【Excel】按钮，如图 2-16 所示。

	A	B	C	D	E	F
1	客户编号	客户姓名	客户地址	联系电话	电子邮件	备注
2	1234	张三	珠海	0756-8489123	zhangsan@sina.com	
3	1235	李四	广州	020-35667890	lisi@gmail.com	
4						

图 2-15　Excel 数据文件

图 2-16　外部数据选项卡

❹ 在弹出的对话框中，指定外部数据源为某个 Excel 文件，如：“客户 . xlsx”，并选中【将源数据导入当前数据库的新表中】选项，单击【确定】按钮，在后面弹出的窗口中按照提示单击【下一步】按钮或【完成】按钮即可，如图 2-17 所示。

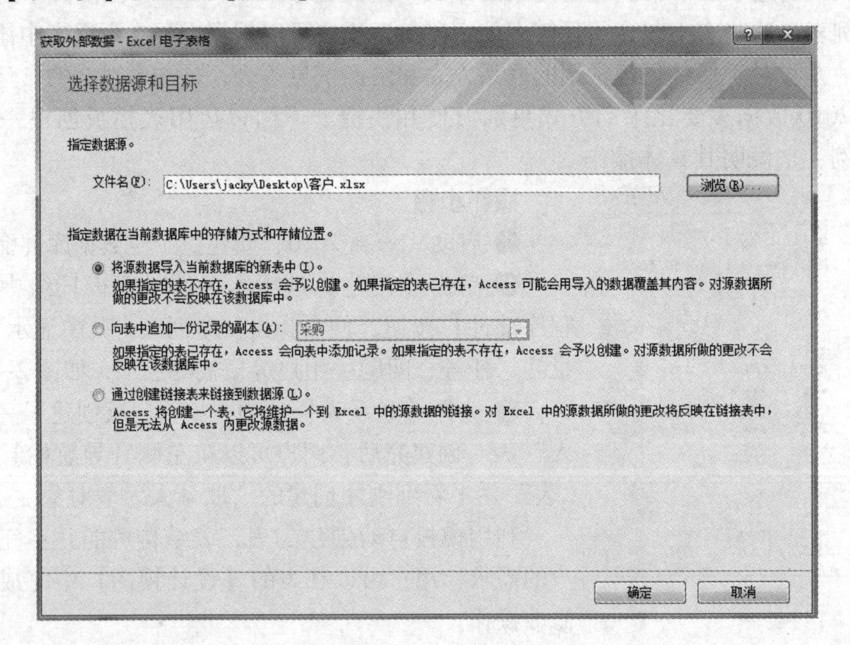

图 2-17　Excel 导入对话框

2.3 主键与索引

2.3.1 主键概述

主键是表中的一个字段或字段集，为 Access 表中的每行提供一个唯一的标识符。主键可以由一个字段组成，也可以是多个字段组成，由多个字段组成主键叫复合键，一旦用户定义了主键，就可以利用它与其他表建立关系。例如，“客户”表中的“客户编号”字段也可能会显示在“订单”表中。在“客户”表中，它是主键，而在“订单”表中，它被称作外键。“客户”表正是通过主键“客户编号”字段建立“客户”表与“订单”表之间的一对多的关系。

2.3.2 主键创建与删除

主键的创建与删除步骤差不多，都可以在表的【设计视图】中完成，下面以在“客户”表中创建主健为例，介绍创建主健的步骤。

操作步骤

❶ 打开“销售管理系统”数据库，选择并右击主窗口左侧【导航栏】的“表”对象中的“客户”表，在弹出的快捷菜单中选择【设计视图】选项。

❷ 在“客户”表的【设计视图】中，选择要设为主键的字段，如果要选多个字段作为主键，可以按住 Ctrl 键。这里选择“客户编号”字段，单击【设计】选项卡【工具】组中【主键】图标或右击鼠标，在弹出的快捷菜单中选择【主键】选项。

❸ 单击【保存】按钮即可。

如果要更改设置的主键，可以删除现有的主键，再重新指定新的主键。删除主键的操作步骤和创建主键步骤相同，在【设计视图】中选择作为主键的字段，然后单击【删除】按钮，即可删除主键。

2.3.3 表索引概述与创建

众所周知，索引的作用就如同书的目录一样，可以使用索引更快速查找和排序记录。索引根据用户选择创建索引的字段来存储记录的位置。当 Access 通过索引获得位置后，即可通过直接移到正确的位置来检索数据。此时，使用索引查找数据可比扫描所有记录查找数据快很多。

用户可以根据一个字段或多个字段来创建索引。但不能用“OLE 对象”和“附件”数据类型的字段创建索引。

下面介绍索引的创建方法。

1. 通过字段属性创建索引

如果仅仅需要创建单字段索引，可以通过设置该字段的索引属性，下面以设置“客户”表中“客户编号”为索引字段为例，说明通过字段属性创建索引步骤。

操作步骤

❶ 启动 Access 2010，打开“销售管理系统”数据库。

❷ 进入“客户”表的【设计视图】，选择“客户编号”字段，设置字段属性的【索引】行为“有（无重复）”，如图 2-18 所示。

❸ 单击【保存】按钮，保存创建的单字段索引。

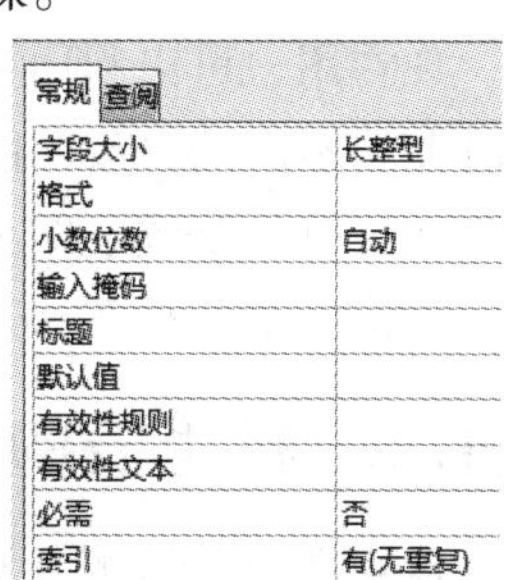

图 2-18　设置索引对话框

2. 通过【索引设计器】对话框创建索引

如果创建更多字段、更复杂的索引，可以通过专门的【索引设计器】对话框来设置，下面以设置“客户”表中“客户编号”和“联系电话”为索引字段为例，说明通过【索引设计器】对话框创建索引步骤。

操作步骤

❶ 启动 Access 2010，打开“销售管理系统”数据库。

❷ 进入“客户”表的【设计视图】，在【设计】选项卡下单击【索引】按钮。

❸ 系统将弹出【索引设计器】对话框，如图 2-19 所示。

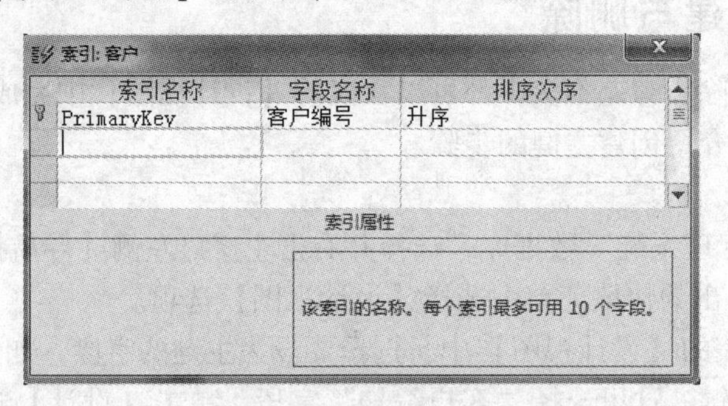

图 2-19 【索引设计器】对话框

❹ 从上面的图中可以看出，已经把“客户编号”设为索引字段。在【索引名称】中输入设置的索引名称，在【字段名称】中选择“联系电话”字段，【排序次序】选择为“升序”，这样就添加“联系电话”作为索引字段，如图 2-20 所示。

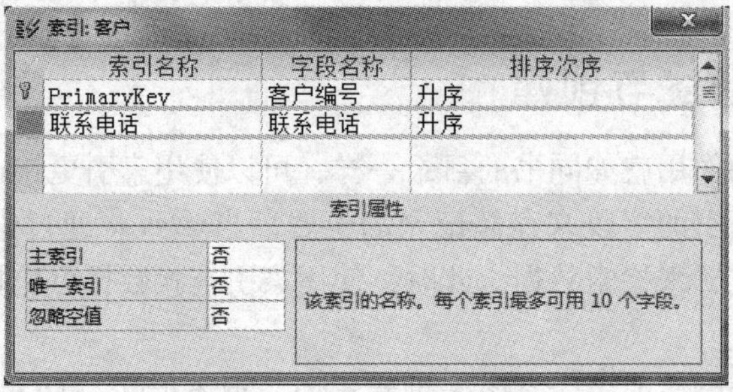

图 2-20 设置索引字段对话框

❺ 设置完成后，单击对话框中右上角的【关闭】按钮，保存创建的多字段索引。

2.4 修改数据表

现在用户可以利用上面介绍的方法创建表了，但是数据表的创建往往不是一撮而就的，有时需要多次的修改才能创建出符合项目需求的数据表。于是就存在着对表结构的修改和表数据的修改。修改表结构的操作主要包括增加字段、删除字段、修改字段、重新设置主键等。下面介绍几种在 Access 2010 中修改表结构方法和表数据的方法。

2.4.1 利用表的设计视图更改表结构

运用【设计视图】更改表的结构和用【设计视图】创建表的原理是一样的，两者的不同之处在于在运用【设计视图】更改表的结构之前，系统已经创建了字段，仅需要对字段进行添加或删除操作。

选择并打开一个表，单击【开始】选项卡下【视图】按钮，进入表的【设计视图】。或者选择一个表，右击鼠标，在弹出的下拉列表中选择【设计视图】选项，便进入了表的【设计视图】。用户在表的【设计视图】中可以实现对字段的添加、删除和修改等操作，也可以对“字段属性”进行设置。操作界面如图 2-21 所示。

字段名称	数据类型
订单编号	数字
客户编号	数字
产品编号	数字
供应商编号	数字
销售单价	货币
订购数量	数字
订单金额	货币
预定时间	日期/时间

常规 查阅

字段大小	长整型
格式	
小数位数	自动
输入掩码	
标题	
默认值	
有效性规则	
有效性文本	
必需	否
索引	有(无重复)
智能标记	
文本对齐	常规

图 2-21 表设计视图

利用表的【设计视图】只能修改表的结构，而并不能修改表的数据，要修改表的数据，可以进入表的“数据表视图”中进行修改。

2.4.2 利用数据表视图更改表结构

在表的“数据表视图”中，用户即可以修改数据表的结构，也可以修改表的数据。双击屏幕左边“导航栏”窗口中需要进行修改的表对象，便进入了该表的“数据表视图”窗口。在此窗口中，用户可以直接修改表数据。此外，在主页面上出现有黄色提示的【表格工具】选项卡，进入该选项卡下的【字段】选项，可以看到各种修改工具按钮，用户可以利用这些工具按钮修改表的结构。

表的【字段】选项卡下的工具栏可以分为如下 5 组。

- 【视图】组：单击该视图下部的倒三角按钮，可以弹出数据表的各种视图选择菜单，用户可以选择【数据表视图】、【数据透视表视图】、【数据透视图视图】和【设计视图】等，如图 2-22 所示。

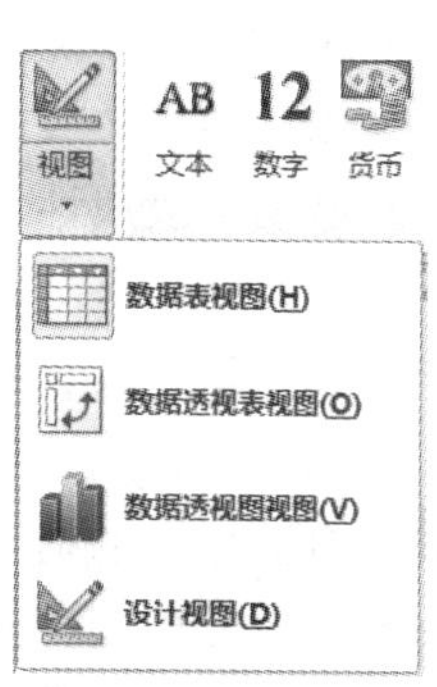

图 2-22 表的各种视图按钮

数据表有以下几种视图。

- 数据表视图：用户在此视图中输入数据或进行简单设置。
- 设计视图：主要用来对表的各个字段进行设置。
- 数据透视表视图：用来创建一种统计表，表中以行、列、交叉点的内容反映表的统计属性。

◆ 数据透视图视图：用图形的方式显示数据的统计属性，如常见的平面直方图、数据饼图等。

- 【添加和删除】组：该组中有各种关于字段操作的按钮，用户可以单击这些按钮，实现表中字段的新建、添加、查阅和删除等操作。
- 【属性】组：该组中有各种关于字段属性的操作按钮，如图 2-23 所示。

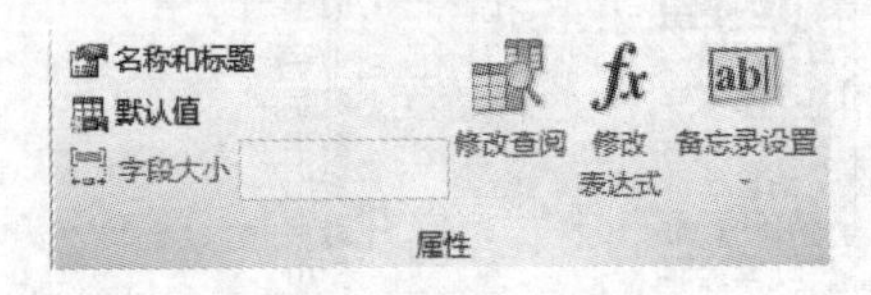

图 2-23 【属性】组

- 【格式】组：在该组中可以对某一数据类型的字段格式进行设置，如图 2-24 所示。
- 【字段验证】组：用户可以直接设置字段的【必需】、【唯一】属性等，如图 2-25 所示。

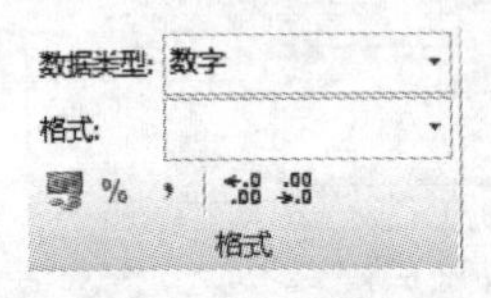

图 2-24 【格式】组

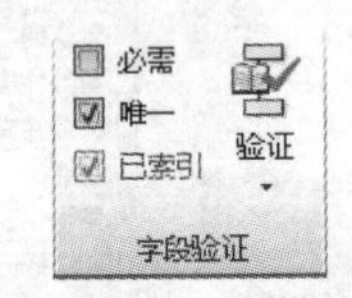

图 2-25 【字段验证】组

2.4.3 数据的有效性

开发一个好的数据库管理系统，关键是要确保录入数据的完整性和准确性。Access 提供了很多检查录入数据有效性的手段。

1. 使用字段属性验证数据的有效性

使用字段属性验证数据的有效性有以下几种。

- 数据类型属性：数据类型决定了用户能保存在此字段中值的种类。如果用户输入的数据与字段规定的类型不一致，Access 就不会存储该数据。如"日期/时间"字段，只允许输入有效的日期与时间格式，"数字"型字段只接受数字数据等。
- 字段大小属性：对于"数字"型字段，通过设置字段的大小控制输入值的类型和范围；而对"文本"字段，可以设置可输入的最大字符数（最大为 255）。
- 必填字段属性：数据库中除"自动编号"字段外（该字段可自行生成数据）的其他字段，都可利用设置必填字段属性值为"是"，要求字段中必须有数据输入，以避免一些重要信息的遗漏。
- 输入掩码属性：该属性可帮助用户按照正确的格式输入数据。如创建输入掩码显示电话号码的括号、空格及连接符，输入时只要在空格中填入即可。
- 有效性规则属性：字段有效性规则属性用于对输入的数据进行检查，如果录入了无效的数据，系统将立即给予提示，提醒用户更正。

2. 使用事件过程验证数据的有效性

在某些情况下，当有效性规则含有复杂的条件，并且需根据条件执行不同的操作时，往往很难写出有效性规则，这时可以通过对以下事件过程编写 VBA 代码来代替有效性规则进行检查。用户通过 VBA 的编程，实现以下事件的事件过程来验证数据的有效性。

- BeforeUpdate 和 Ondelete 窗体事件是在保存记录中的新数据或修改后的数据之前和在删除记录之前触发。
- BeforeUpdate 和 OnExit 控件事件是在保存控件上的新数据或修改后的数据之前和离开控件之前触发。

2.4.4　设置数据的有效性规则

表字段的“有效性规则”属性往往与“有效性文本”属性配合使用，“有效性规则”属性值是一个逻辑表达式，“有效性规则”属性用该逻辑表达式对记录数据进行检查，当数据记录不符合“有效性规则”时，便给出“有效性文本”属性规定的提示文字。常用的有效性规则逻辑表达式如表 2-6 所示。

表 2-6　有效性规则

有效性规则	有效性文本
<>0	输入非零值
>=0	输入值不得小于零（必须输入正数）
0 or >100	值必须为 0 或者大于 100
Between 0 And 1	输入带百分号的值（用于将数值存储为百分数的字段）
< #01/01/2007#	输入 2007 年之前的日期
>= #01/01/2007# And < #01/01/2008#	必须输入 2007 年的日期
< Date( )	输入日期必须是当天之前的日期
StrComp(UCase([姓氏]) , [姓氏] ,0) =0	“姓氏”字段中的数据必须大写
> = Int(Now( ))	输入当天及之后的日期
M Or F	输入 M（代表男性）或 F（代表女性）
Like" [A - Z] * @ [A - Z]. com" Or" [A - Z] * @ [A - Z]. net" Or" [A - Z] * @ [A - Z]. org"	输入有效的 . com、. net 或 . org 电子邮件地址
[要求日期] <= [订购日期] +30	输入在订单日期之后的 30 天内的要求日期
[结束日期] >= [开始日期]	输入不早于开始日期的结束日期

虽然有效性规则中的表达式不使用任何特殊语法，创建有效性规则的逻辑表达式的函数特别多，也很复杂，本书对此不做全面的论述，但是在 Access 系统中创建逻辑表达式时，应掌握以下几点：

- 将表字段的名称用方括号括起来，如[收货日期] <= [发货日期] +10；
- 将日期用“#”号括起来，如 < #05/05/2012#；
- 将字符串值用双引号括起来，如“张三”或“李四”；
- 用逗号分隔项目，并将列表放在圆括号内，如 IN (" 玉米" , " 大米" , " 小麦")。

下面以对“销售管理系统”中的“客户表”的“电子邮件”字段设置有效性规则为例，介绍设置输入的电子邮箱必须为输入有效的 . com、. net 或 . org 电子邮件地址的有效性规则的操作步骤。

操作步骤

❶ 启动 Access 2010，打开“销售管理系统”数据库，并从【导航栏】中打开“客户”表。

❷ 进入“客户”表的设计视图，选择“电子邮件”字段。

❸ 在“电子邮件”字段的字段属性中设置“有效性规则”属性值为：“Like"[A－Z]＊@[A－Z].com"Or"[A－Z]＊@[A－Z].net"Or"[A－Z]＊@[A－Z].org"”，并设置“有效性文本”属性值为：“请输入有效的.com、.net 或.org 电子邮件地址”，如图 2-26 所示。

客户

字段名称	数据类型
客户编号	数字
客户姓名	文本
客户地址	文本
联系电话	文本
电子邮件	文本
备注	文本

字段属性

常规 查阅

字段大小	255
格式	
输入掩码	
标题	
默认值	
有效性规则	Like "[A-Z]*@[A-Z].com" Or Like "[A-Z]*@[A-Z].net" Or Like "[A-Z]*@[A-Z].org"
有效性文本	请输入有效的.com、.net或.org电子邮件地址

图 2-26 字段有效性规则设置

❹ 单击【保存】按钮，这样就完成了对“电子邮件”字段的有效性属性设置。当用户在输入表的数据时，如果输的不是有效的邮件地址时，系统会弹出提示对话框，如图 2-27 所示。

图 2-27 违反有效性规则提示框

2.4.5 设置数据输入掩码

输入掩码是用于设置表和查询中的字段、窗体中的文本框、组合框中的数据显示方式，并可对允许输入的数值类型进行格式控制。输入掩码可以由用来分隔输入的原义字符（如空格、点、点划线和括号）组成。通过输入掩码可以要求用户按照指定的格式输入数据。

例如在输入日期类型的字段时，因为显示日期的显示形式多样，所以为了统一，可以通过设置字段的输入掩码属性，规定输入的日期的格式为 YYYY/MM/DD。又如对于密码字段，很多场合输入密码数据时，不想显示密码原文，则可以通过设置密码字段的输入掩码属性显示“*”或“#”等字符。

下面以对“订单”表中的“订单时间”字段添加输入掩码为例，介绍设置用户输入订单的时间格式为：YYYY/MM/DD 的操作步骤。

操作步骤

❶ 启动 Access 2010，打开“销售管理系统”数据库，并从【导航栏】中打开“订单”表。

❷ 进入订单表的【设计视图】，选择“订单时间”字段。

❸ 单击“输入掩码”行右方的省略号按钮，弹出【输入掩码向导】对话框，如图 2-28 所示。

❹ 选择【短日期】选项，单击【下一步】按钮，弹出如图 2-29 所示的【输入掩码向导】对话框，可对日期格式进行设置。

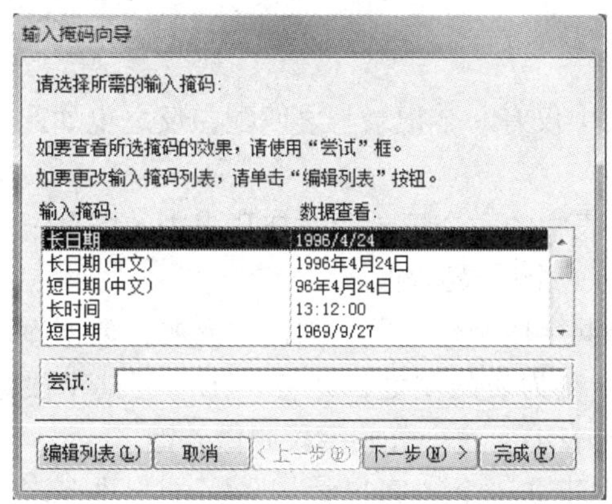

图 2-28 【输入掩码向导】对话框

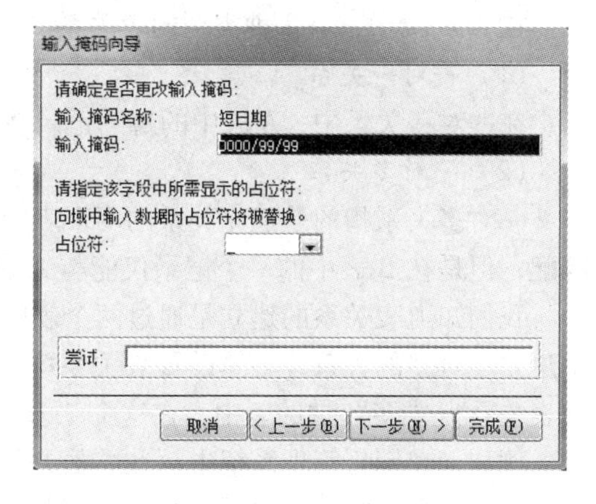

图 2-29 设置日期格式

❺ 单击【下一步】按钮，即可完成输入掩码的创建，切换到“订单”表的【数据表视图】，当在“订单”表中输入“订单时间”数据时，系统会要求按照 YYYY/MM/DD 格式输入，如图 2-30 所示。

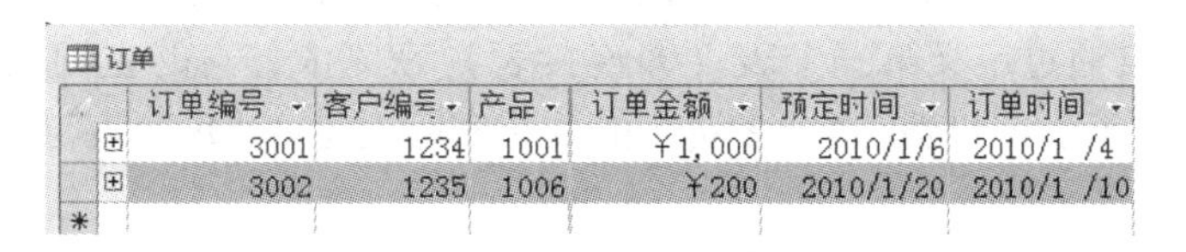
订单

订单编号	客户编号	产品	订单金额	预定时间	订单时间
3001	1234	1001	￥1,000	2010/1/6	2010/1 /4
3002	1235	1006	￥200	2010/1/20	2010/1 /10

图 2-30 订单表数据表视图

2.5 表关系的创建

表关系是数据库中非常重要的一部分，甚至可以说，表关系是 Access 作为关系型数据库的根本。

表是按主题分类的信息组合，一个数据库中有各种主题的表，各种记录信息按照不同的主题安排在不同的数据表中，通过表中建立了关系的公共字段，能实现各个数据表中数据的引用。

2.5.1 表关系概述

众所周知，关系数据库中的表是按照不同的主题来创建，而在现实生活中，不同的主题往往是相互联系的，所以也就注定关系数据库中的表之间是相互关联的。关系数据库系统也正是通过将相互关联的表所表示的主题信息组合在一起，来给用户提供所关注的数据。

同样，在 Access 中，每个表都是数据库独立的一个部分，但每个表又不是完全孤立的，表与表之间存在着相互的联系。不同的表之间是通过在表中的公共字段来建立关系的。例如：在“销售管理系统”的“客户”表与“订单”表中，由于一个客户可能下多个订单，所以“客户”表与“订单”表存在一对多的关系，这两个表是通过“客户编号”这个公共字段来建立关系的

在 Access 中，有 3 种类型的表关系。

（1）一对一关系

在一对一关系中，A 表中的每一记录在 B 表中仅有一个记录与之匹配；反之也如此。

（2）一对多关系

一对多关系指的是建立关系的两个表中，A 表中的一个记录能够与 B 表中的多个记录相匹配，但是在 B 表中的一个记录仅能与 A 表中的一个记录匹配。

我们知道表关系的建立是通过两个表中的公共字段来建立的，因此如果要在数据库设计中建立一对多的关系，必须设置表关系中“一”端为表的主键，并将其作为公共字段添加到表关系为“多”端的表中，在这个“多”端的表中，这个公共字段叫做外键。

例如，在销售管理系统中，在“客户”表中建立一个“客户编号”字段，并将该字段添加到“订单”表中，然后，Access 可以利用“客户”表中的“客户编号”字段中的值来查找每个客户的多个订单。

（3）多对多关系

多对多关系指的是建立关系的两个表中，A 表中的一个记录能够与 B 表中的多个记录相匹配，同时，B 表中的一个记录也与 A 表中的多个记录匹配。但是此关系类型不是两个数据表直接的关系，而是通过定义第三个表（即连接表）来完成，它的主键包含两个字段，即来源于 A 表和 B 表的两个外键。这个多对多的关系实际上是 A、B 两表与第三个表之间的两个一对多关系构成。

例如，在“销售管理系统”中，每个客户可以订购多种商品，同样每种商品也可能被多个客户所订购，所以在“客户”表与“产品信息”表之间存在着多对多的关系。

2.5.2 表关系的创建

关系表征了事物之间的内在联系。例如，关系可以表征产品表和订单表、学生信息表和成绩表之间的这种自然关系，这种关系是客观存在的，所以在建立关系的时候要充分考虑到这种自然性。

前面已经介绍过，在 Access 中有着 3 种不同的表关系，与此相对应，建立表关系也应当分为 3 种，即建立一对一表关系、一对多表关系和多对多表关系。

1. 一对一关系创建

一对一表关系在实际中应用得较少，但是在某些场合中仍然还是有用的。它通过数据表的“主键”字段建立表关系。下面以在“销售管理系统”数据库中，为数据库中的“订单”表和“订单处理明细”表建立一对一的关系为例，介绍一对一表关系建立步骤。

操作步骤

❶ 启动 Access 2010，打开“销售管理系统”数据库，并从【导航栏】中分别打开“订单”表和“订单处理明细”表。在两个表中记录的都是与某一个订单相关的信息，而且订单编号是完全一致的，因此可以建立一对一的关系。

❷ 单击【数据库工具】选项卡下的【关系】组中的【关系】按钮，如图 2-31 所示。

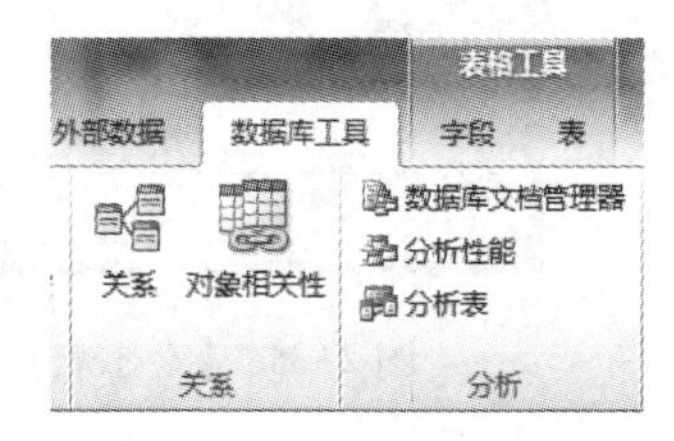

图 2-31　【关系】组

❸ 系统打开【关系管理器】窗口，用户可以在【关系管理器】窗口中创建、查看、删除表关系，如图 2-32 所示。

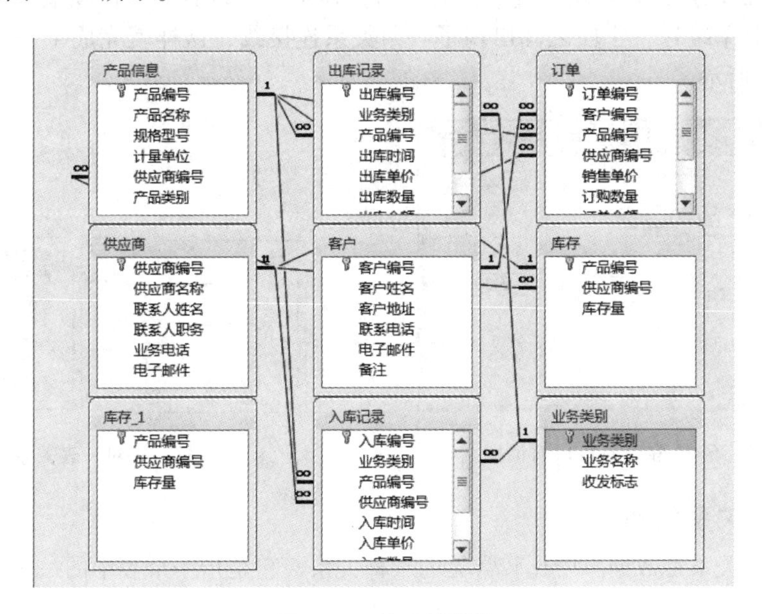

图 2-32　关系管理器

图 2-33　显示表选项

❹ 单击【设计】选项卡下【关系】组中的【显示表】按钮，或者可以在【关系管理器】窗口空白处单击右键，在弹出的快捷菜单中选择【显示表】命令，如图 2-33 所示。

❺ 系统弹出【显示表】对话框，如图 2-34 所示。

❻ 选择“订单”表，然后单击【添加】按钮，将“订单”表添加到【关系管理器】窗口中，用同样的方法将“订单处理明细”表添加到【关系管理器】窗口中，如图 2-35 所示。

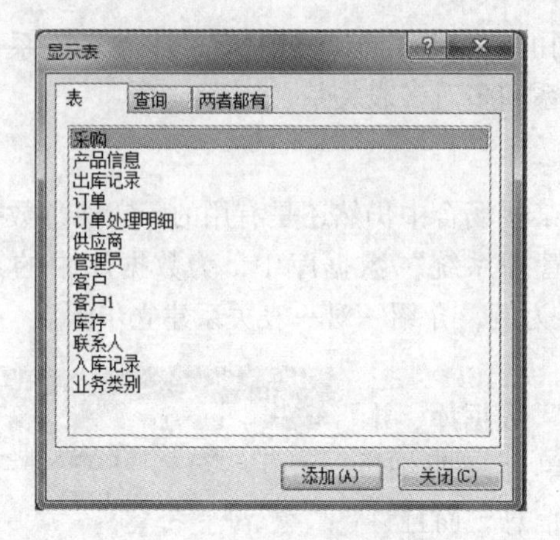

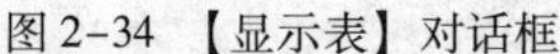

图 2-34 【显示表】对话框

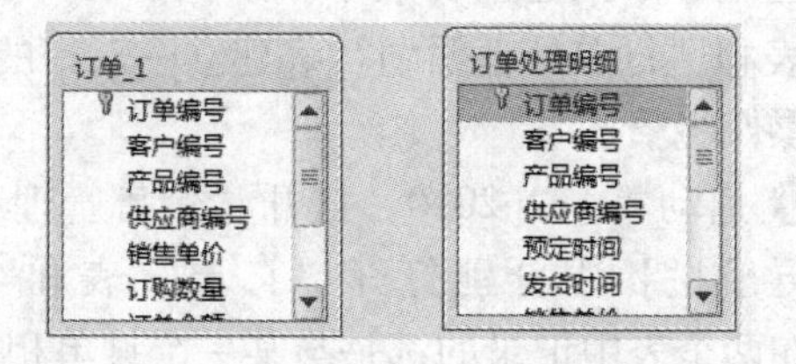

图 2-35 关系管理器

❼ 将“订单”表中的“订单编号”字段用鼠标拖到“订单处理明细”表的“订单编号”字段处，松开鼠标后，弹出【编辑关系】对话框，如图 2-36 所示。在该对话框的下方显示两个表的“关系类型”为“一对一”。

❽ 单击【创建】按钮，返回【关系管理器】窗口，可以看到，在【关系管理器】窗口中两个表的“订单编号”字段之间出现了一条关系连接线，这样就完成了一对一关系的创建，如图 2-37 所示。

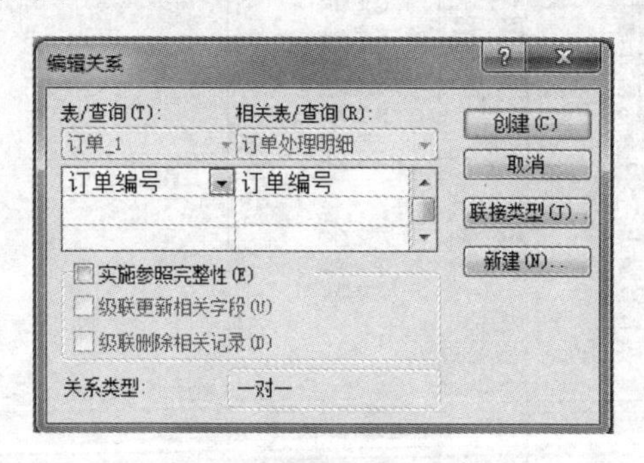

图 2-36 【编辑关系】对话框

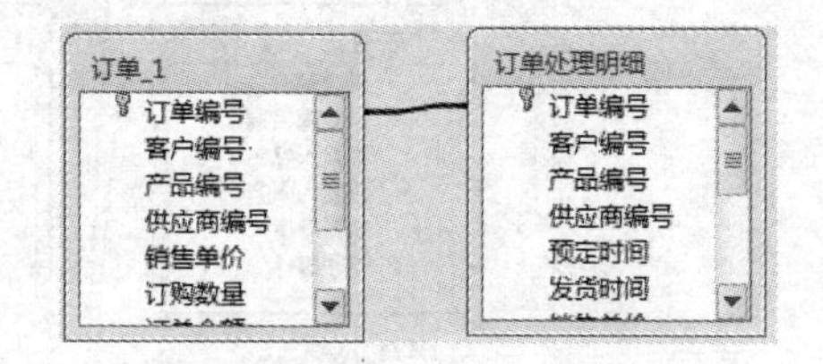

图 2-37 一对一表关系视图

2. 一对多关系创建

一对多的表关系是数据库中比较常见的一种关系，它是指一个表中的一条记录可以对应另一个表的多条记录。在一对多关系表中，表的“一”端通常为表关系的“主键”字段，并且该表称为主表；表的“多”端为另一个表的一个字段，该字段称为表关系的“外键”。

在“销售管理系统”中，一个客户可以下多个订单，因此，在表关系的一对多中，“一”端应该为“客户”表中的字段，而“多”端应该为“订单”表中的字段。

下面以在“销售管理系统”数据库中对“客户”表和“订单”表建立一对多的表关系为例，介绍如何建立一对多表关系，操作步骤如下。

操作步骤

❶ 打开“销售管理系统”数据库，从【导航栏】中分别打开“订单”表和“客户”表。

❷ 单击【数据库工具】或者【表】选项卡下面的【关系】组中的【关系】按钮，进

入【关系管理器】窗口，用户可以看到系统中之前已建立的表之间的关系，如图 2-38 所示。

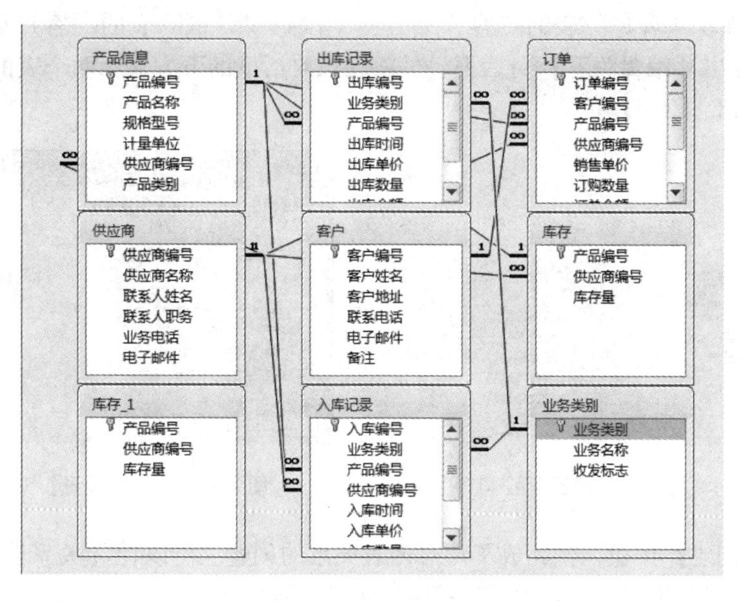

图 2-38　表关系管理器

请注意：为了看到创建表一对多关系的效果，可以把系统预先创建好的客户表与订单表的关系删除掉，并在【关系管理器】窗口中把所有表隐藏掉，具体方法如下。

- 可以在【关系管理器】窗口中，可以删除表之间已建立的关系，如系统已经建好了客户表与订单表之间的一对多的关系，用户可以通过单击表示两表关系的连接线，然后右击，在弹出的快捷菜单选择【删除】选项。
- 可以在【关系管理器】窗口中，把已经建立关系的表隐藏掉，方法是选择要隐藏的表格，单击【关系】组中的【隐藏表】按钮或在【关系管理器】窗口中右击，在弹出的快捷菜单中选择【隐藏表】选项。

❸ 单击【设计】选项卡下的【关系】组中的【显示表】按钮，或者可以单击右键，在弹出的快捷菜单中选择【显示表】命令，弹出【显示表】对话框，如图 2-39 所示。

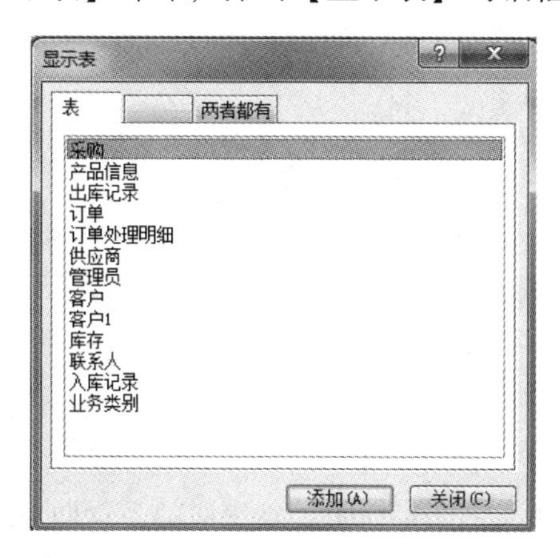

图 2-39　【显示表】对话框

❹ 选择“客户”表，然后单击【添加】按钮，将“客户”表添加到【关系管理器】窗口中，用同样的方法将“订单”表添加到【关系管理器】窗口中，如图 2-40 所示。

❺ 用鼠标拖动“客户”表的“客户编号”字段到“订单”表的“客户编号”字段处，松开鼠标后，弹出【编辑关系】对话框，并将在该对话框的下方显示两个表的“关系类型”为“一对多”，如图 2-41 所示。

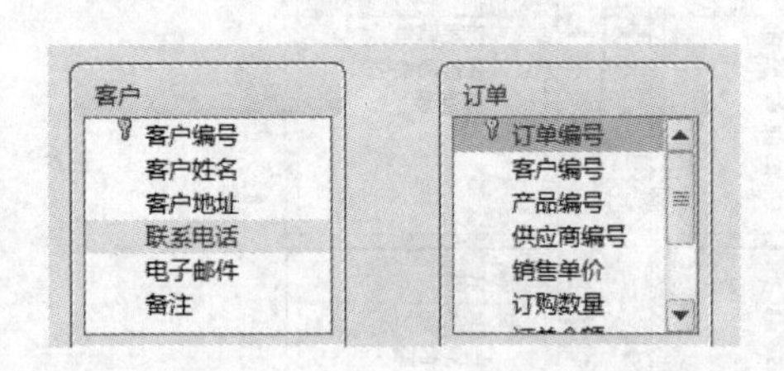

图 2-40 【关系管理器】窗口

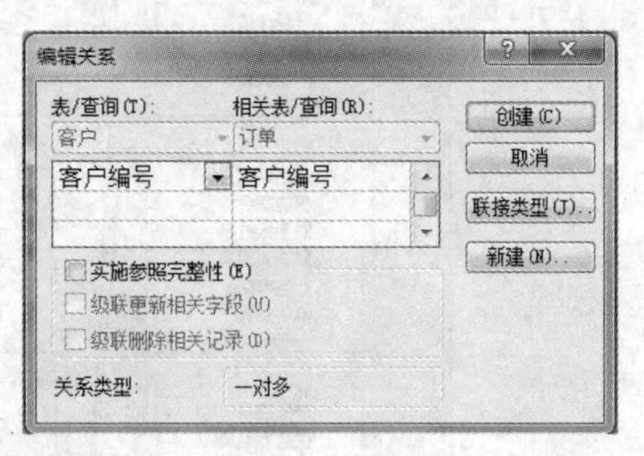

图 2-41 【编辑关系】对话框

❻ 单击【创建】按钮，就完成了一对多表关系的创建。可以在【关系管理器】窗口中看到两个表字段之间出现了一条关系连接线，如图 2-42 所示。

❼ 单击【关系】组中的【关闭】按钮，弹出如下图所示的对话框，单击【是】按钮，保存创建的一对多关系，如图 2-43 所示。

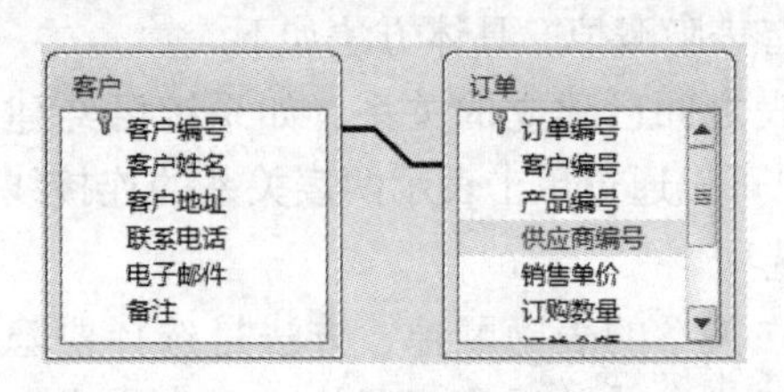

图 2-42 一对多表关系视图

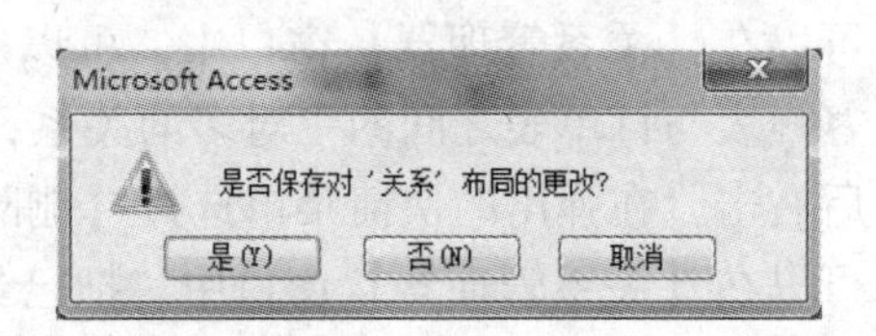

图 2-43 保存表关系对话框

在【导航栏】中打开“客户”表，可以看到，在数据表的左侧多出了“+”标记。单击该标记，可以看到“订单”表以子表的形式显示出每一个客户的订单信息，这也正是体现了客户表与订单表之间一对多的关系，如图 2-44 所示。

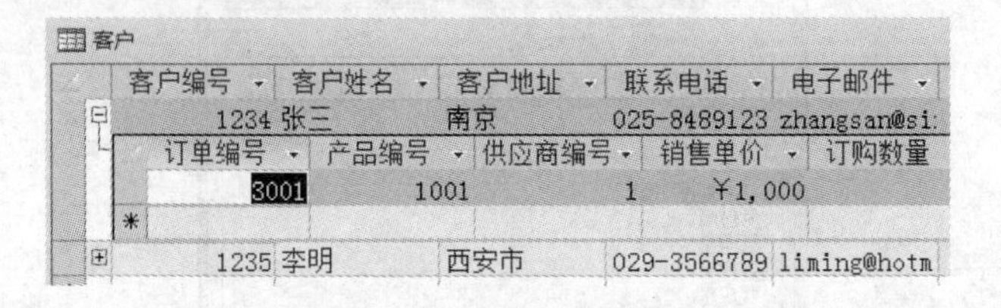

图 2-44 客户数据表视图

3. 多对多关系创建

多对多的表关系可以看作是两个一对多关系组成的，它们之间通过中间连接表连接在一起。这两个一对多的表关系，中间连接表都作为表关系的“多”端。因此在中间连接表中至少应该包括两个字段，这两个字段作为表关系中的“外键”。

例如，要建立“客户”表与“产品信息”表之间多对多的关系，可以引入中间连接表——“订单”表，一个客户可以有多个订单，即“客户”表与“订单”表是一对多的关系，同时，一种商品也可以存在多个订单中，即“产品信息”表与“订单”表也是一对多的关系。因此可以将“订单”表作为该多对多关系的连接表，建立两个一对多的表关系，实现“客户”表和“产品信息”表的多对多关系。

下面以“销售管理系统”数据库中建立“客户”表和“产品信息”表之间的多对多关系为例子，介绍创建表间多对多关系的操作步骤。

操作步骤

❶ 打开“销售管理系统”数据库，从【导航栏】中分别打开“订单”表、“客户”表和“产品信息”表。

❷ 单击【数据库工具】或者【表】选项卡下的【关系】按钮，进入【关系管理器】窗口，用户即可由此看到系统中已建立的表之间的关系，如图2-45所示。

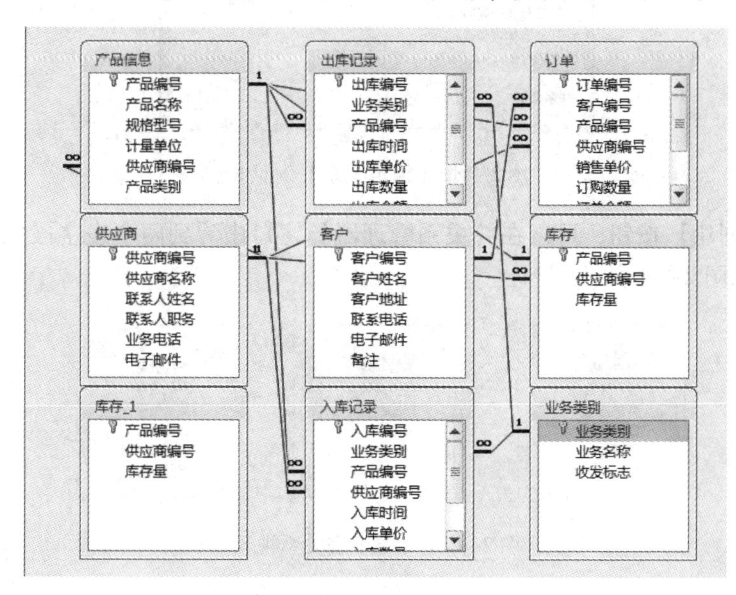

图2-45 表关系管理器

❸ 单击【设计】选项卡下的【关系】组中的【显示表】按钮，或者可以单击右键，在弹出的快捷菜单中选择【显示表】命令，弹出【显示表】对话框，如图2-46所示。

❹ 选择“客户”表，然后单击【添加】按钮，将“客户”表添加到【关系管理器】窗口中，用同样的方法将“订单”表和“产品信息”表添加到【关系管理器】窗口中，如图2-47所示。

❺ 用鼠标拖动“客户”表的“客户编号”字段到“订单”表的“客户编号”字段处，松开鼠标后，

图2-46 【显示表】对话框

弹出【编辑关系】对话框，并将在该对话框的下方显示两个表的“关系类型”为“一对多”，如图 2-48 所示。

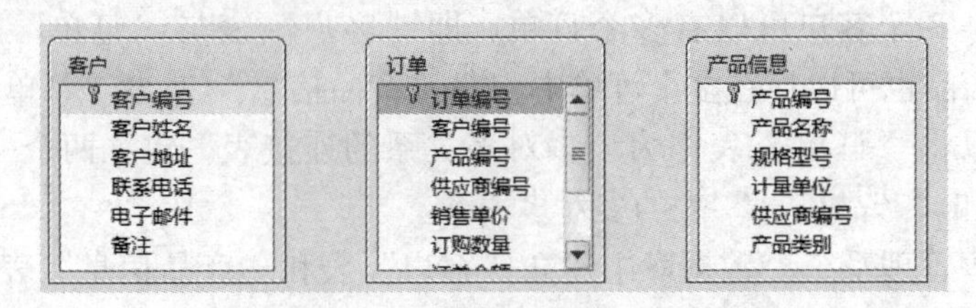

图 2-47 【关系管理器】窗口

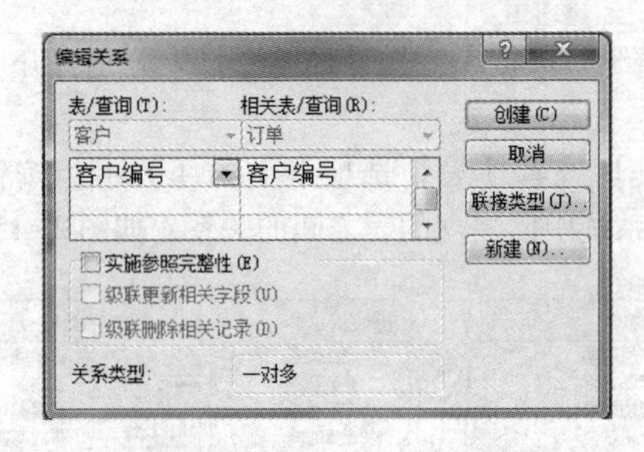

图 2-48 【编辑关系】对话框

❻ 单击【创建】按钮，可以在【关系管理器】窗口中看到两个表字段之间出现了一条关系连接线，如图 2-49 所示。

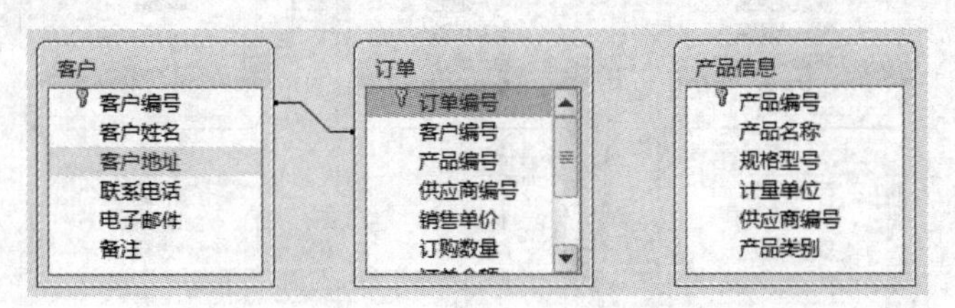

图 2-49 一对多表关系视图

❼ 用鼠标拖动“产品信息”表的“产品编号”字段到“订单”表的“产品编号”字段处，松开鼠标后，弹出【编辑关系】对话框，并将在该对话框的下方显示两个表的【关系类型】为“一对多”，如图 2-50 所示。

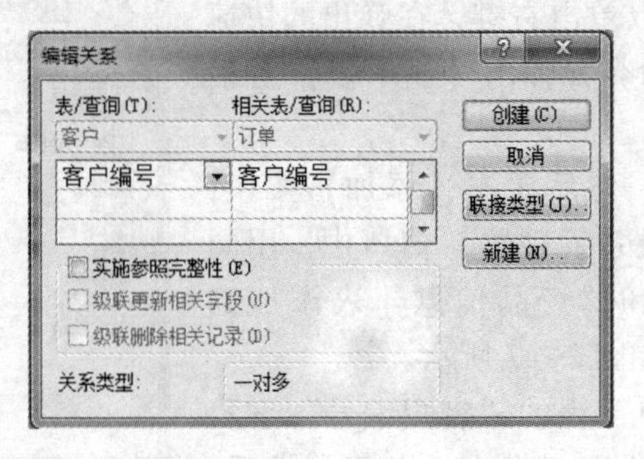

图 2-50 【编辑关系】对话框

❽ 单击【创建】按钮，可以在【关系管理器】窗口中看到两个表字段之间出现了一条关系连接线，如图2-51所示。

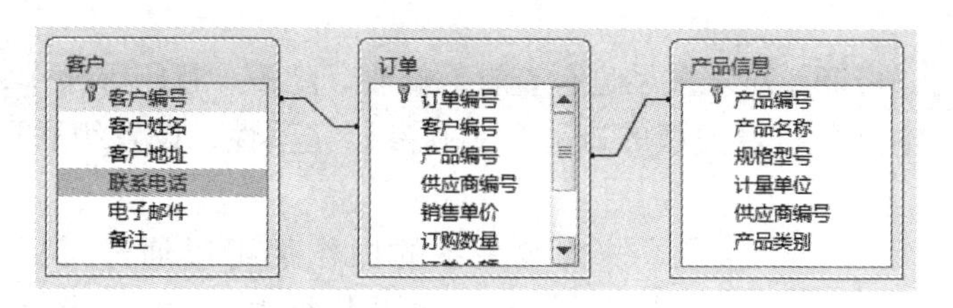

图2-51 多对多表关系视图

❾ 单击【关系】组中的【关闭】按钮，弹出如图2-52所示的对话框，单击【是】按钮，保存创建的多对多关系。

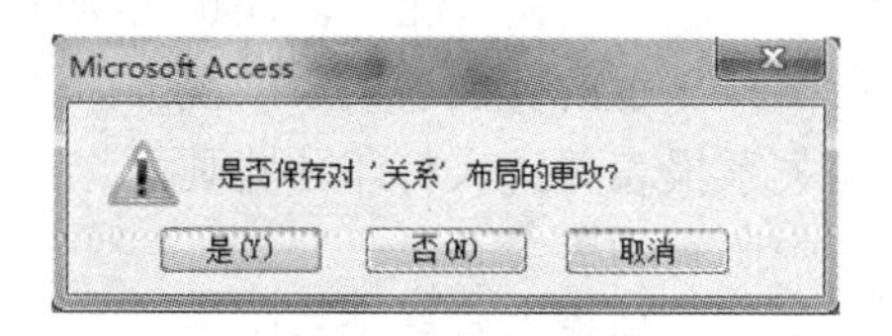

图2-52 保存表关系对话框

❿ 在【导航栏】中打开“客户表”，可以看到，在数据表的左侧多出了“+”标记。单击该标记，可以看到“订单”表以子表的形式显示出每一个客户的订单信息，这也正是体现了“客户”表与“订单”表之间一对多的关系，如图2-53所示。

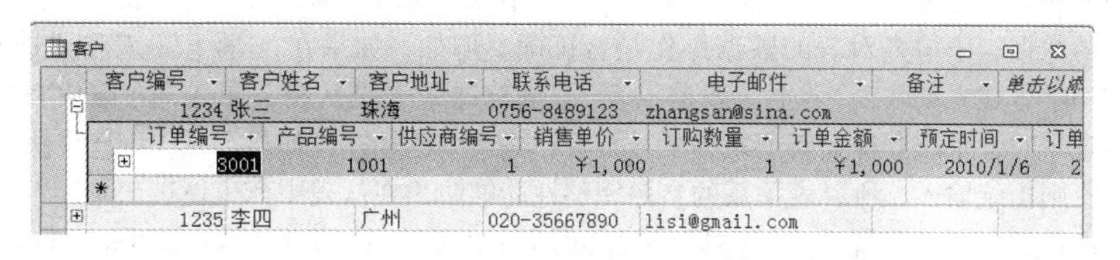

图2-53 客户数据表视图

⓫ 在【导航栏】中打开“产品信息”表，可以看到，在数据表的左侧多出了“+”标记。单击该标记，可以看到“订单”表以子表的形式显示出每一个的订单所包含的产品信息，这也正是体现了“产品信息”表与“订单”表之间一对多的关系。此外连同建立的“客户”表与“订单”表的一对多的关系，这两个一对多的关系构建成“客户”表与“产品信息”表的多对多的关系，如图2-54所示。

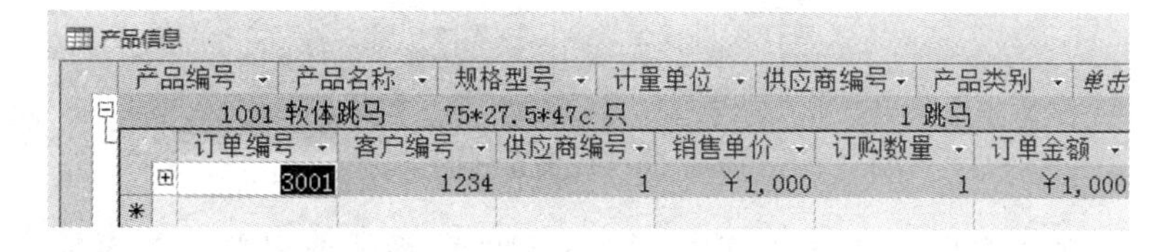

图2-54 产品信息数据表视图

2.6 表关系的查看与编辑

表关系建立后，可能要对表关系进行查看、修改、隐藏、打印等操作，有时还必须维护表数据的完整性。本节介绍表关系的查看、实施参照完整性、设置级联更新和级联删除等操作。

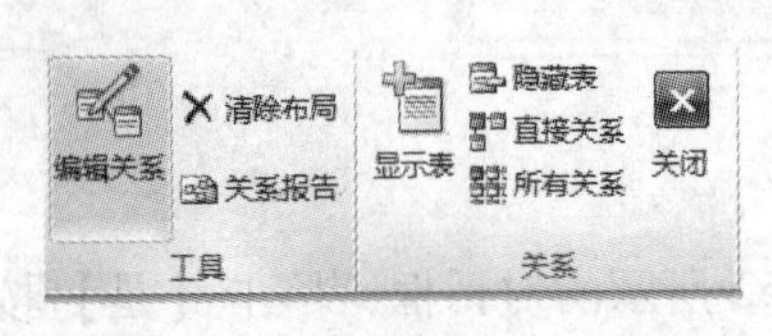

图 2-55 【工具】组和【关系】组

对表关系的操作都可以通过【设计】选项卡下的【工具】和【关系】组中的功能按钮来实现，如图 2-55 所示。

各功能按钮作用如下。

- 编辑关系：对表关系进行修改，可以进行实施参照完整性、设置联接类型和新建表关系等操作。
- 清除布局：清除当前在窗口显示的有关表关系的视图。
- 关系报告：生成各种表关系报表并进入打印预览画面。
- 所有关系：显示数据库中所有的表关系。
- 直接关系：可以显示与窗口中的表有直接关系的表。
- 隐藏表：隐藏在当前窗口中的表。
- 显示表：向当前窗口中添加表。

2.6.1 实施参照完整性

参照完整性是指当更新、删除、插入一个表中的数据时，通过参照引用相互关联的另一个表中的数据，来检查对表的数据操作是否正确。例如，如果在“学生”表和“选修课”表之间用学号建立关联，“学生”表是主表，“选修课”表是从表，那么，在向从表中输入一条新记录时，系统要检查新记录的学号是否在主表中已存在，如果存在，则允许执行输入操作，否则拒绝输入。所以表关系的参照完整性能够防止在从表中产生垃圾记录。

下面通过“客户”表与“订单”表之间的一对多关系，介绍实施参照完整性的操作步骤。

操作步骤

❶ 打开“销售管理系统”数据库，单击【数据库工具】选项卡下的【关系】按钮，弹出【关系管理器】窗口，显示之前已创建好的表关系，如图 2-56 所示。

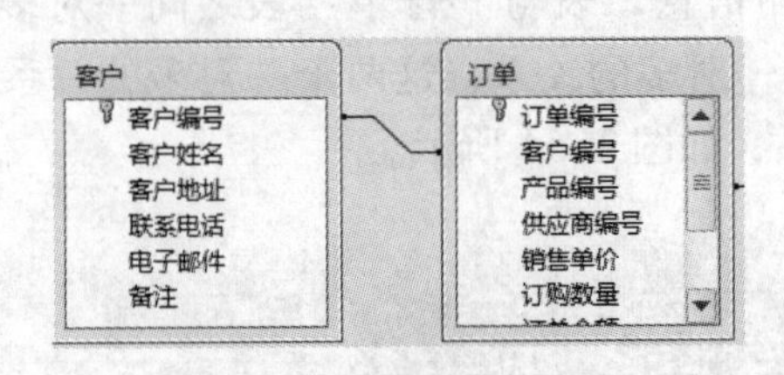

图 2-56 表关系视图

❷ 双击连接在“客户”表与“订单”表之间的关系线或者单击关系线，并单击【设计】选项卡下的【工具】组中【编辑关系】按钮。

❸ 在弹出的【编辑关系】对话框中，勾选【实施参照完整性】选项，如图 2-57 所示。

❹ 单击【确定】按钮完成设置，在【关系】窗口中可以看到，关系连接线中会显示一对多的关系符号，如图 2-58 所示。

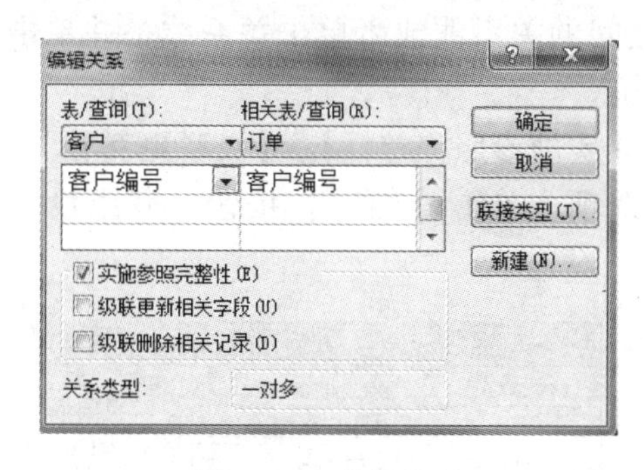

图 2-57　编辑关系

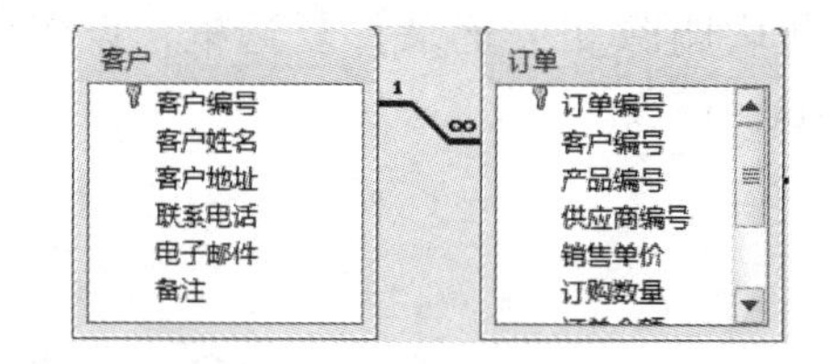

图 2-58　一对多表关系视图

这样就在“客户”表与“订单”表中就创建了参照完整性，以后在“客户”表和“订单表”中编辑数据都要受参照完整性的约束，具体表现为：

- 不可以在“订单”表中输入“客户”表中没有的记录；
- 当“订单”表中含有和“客户”表相匹配的数据记录时，不可以从“客户”表中删除这个记录；
- 当“订单”表中含有和“客户”表相匹配的数据记录时，不可以在“客户”表中编辑这个记录。

2.6.2　设置级联选项

“参照完整性”的目的是防止出现孤立记录和使参照保持同步，所以“实施参照完整性”之后，Access 将拒绝违反表关系参照完整性的任何操作，如拒绝更改参照目标的更新，也会拒绝删除参照目标的删除。

但有时用户确实存在更改父表连接字段值的需求，这样，Access 应同步更新在子表或相关表中匹配行的连接字段值，以确保数据的完整性。

同样，用户也有可能在删除父表连接字段所在记录的需求，这样，Access 应同步删除在子表或相关表中的匹配行，以确保数据的完整性。

因此，Access 支持“级联更新相关字段”选项。如果实施了“参照完整性”并选择“级联更新相关字段”选项，在更新主键时，Access 将自动更新参照主键的所有字段。

例如，我们知道，“客户”表与“订单”表是通过“客户编号”字段来建立一对多的关系。如果在创建关系时指定“实施参照完整性”并选择“级联更新相关字段”选项，则当修改“客户”表中某条记录的客户编号时，Access 也会自动修改“订单”表中与客户编号相关的记录。

同样，如果删除“客户”表中某条记录，Access 也会依据删除记录中的“客户编号”自动删除“订单”表中与之相关的记录。

下面以在“客户”表与“订单”表之间的建立级联更新和级联删除为例子，介绍创建级联更新和级联删除的步骤。

操作步骤

❶ 打开“销售管理系统”数据库，单击【数据库工具】选项卡下的【关系】按钮，弹出【关系管理器】窗口，显示之前已创建好的表关系，如图 2-59 所示。

❷ 双击连接在“客户”表与“订单”表之间的关系线或者单击关系线，并单击【设计】选项卡下的【工具】组中【编辑关系】按钮。

❸ 在弹出的【编辑关系】对话框中，选中【实施参照完整性】、【级联更新相关字段】和【级联删除相关记录】复选框，设置级联选项。单击【确定】按钮，完成设置，如图 2-60 所示。

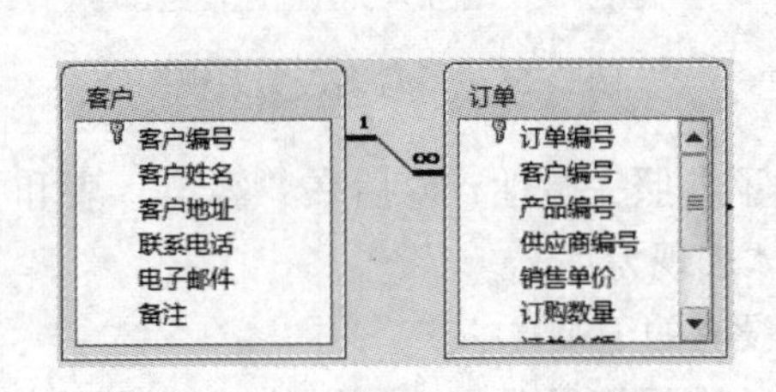

图 2-59　一对多表关系视图

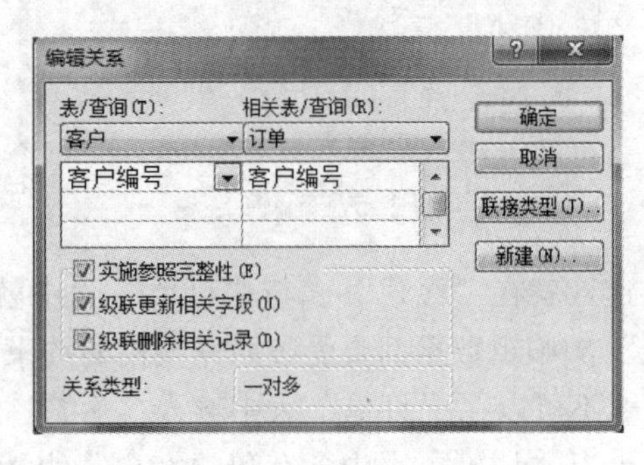

图 2-60　【编辑关系】对话框

2.6.3　表关系的删除

Access 提供了删除表关系的功能，步骤如下。

操作步骤

❶ 单击【数据库工具】选项卡【关系】组中【关系】按钮。

❷ 在弹出的【关系管理器】窗口中，单击要删除的关系线，被选中的关系线变粗。

❸ 按 Delete 键或右击鼠标，在弹出的快捷菜单中选择【删除】项即可删除关系。

思考与练习

一、选择题

1. Access 2010 数据库六大对象中，(　　) 是实际存放数据的地方。

A. 表　　B. 查询　　C. 报表　　D. 窗体

2. 在一个数据库中存储着若干个表，这些表之间可以通过（　　）建立关系。

A. 内容不相同的字段　　B. 相同内容的字段

C. 第一个字段　　D. 最后一个字段

3. （　　）是用来配合有效性规则使用的。当输入的数据违反的有效性规则，系统会用设置的它来提示出错。

A. 字段标题　　B. 有效性规则

C. 输入掩码　　D. 有效性为本

4. 假设表 A 与表 B 建立了“多对一”关系，下述说法中正确的是（　　）。

A. 表B中的一条记录能与表A中的多条记录匹配
B. 表A中的一条记录能与表B中的多条记录匹配
C. 表B中的一个字段能与表A中的多个字段匹配
D. 表A中的一个字段能与表B中的多个字段匹配

5. 在表的设计视图，不能完成的操作是（　　）。
A. 修改字段的名称　　B. 删除一个字段
C. 修改字段的属性　　D. 删除一条记录

二、填空题

1. 在Access 2010中，表关系的类型有________、________和________。

2. ________是数据表中其值能唯一标识一条记录的一个字段或多个字段组成的一个组合。

3. 如果字段的取值只有两种可能，字段的数据类型应选用________类型。

4. 在Access 2010数据库中，OLE对象和________类型字段可以存储二进制数据和文件。

5. 如果表中的一个字段不是本表的主关键字，而是另外一个表的主关键字和候选关键字，这个字段就称为________。

第3章　查　询

在 Access 2010 系统中，查询是第二大对象。它以数据库表中的数据为数据源，根据给定的条件从指定的表或查询中检索出用户需要的数据。此外，查询也可作为其他对象的数据源。

学习要点：

- 查询的概念及功能
- 创建选择查询的各种方法
- 查询向导的用法
- 查询【设计视图】的用法
- 条件查询的建立
- 参数查询、交叉表查询的创建
- 操作查询的创建
- SQL 查询的创建

学习目标：

- 理解查询的基本概念及功能
- 掌握使用查询向导创建查询的方法
- 熟练掌握使用设计视图创建查询的方法，掌握查询条件及查询编辑的方法
- 掌握选择查询、参数查询和交叉表查询的创建方法
- 掌握生成表查询、删除查询、追加查询和更新查询的创建方法
- 理解 SQL 语句的语法，掌握查看利用查询向导、设计视图创建的查询所对应 SQL 代码的方法

3.1　查询简介

查询是以数据库表中的数据为数据源，根据给定的条件从指定的表或查询中检索出用户需要的数据，形成一个新的数据集合。本质上讲，查询是对数据的筛选，只不过这种筛选比较固定，一旦创建好了就可重复调用。所以在 Access 中，把查询作为 Access 数据库中的一个重要对象。

3.1.1　查询的功能

在 Access 中，查询对象能够提供的功能很强大，具体功能如下：

- 可以同时对多张表数据进行查询；
- 可以对查询的记录集进行统计与计算；
- 可以批量地向数据表中添加、删除或修改数据；
- 可以利用查询的记录集生成新的数据表；
- 可以显示重复和不匹配的记录；
- 可以为 Access 中其他对象提供数据源，如报表、窗体和表等对象。

3.1.2　查询的类型

Access 中，查询分为 5 种，分别是选择查询、交叉表查询、参数查询、操作查询和 SQL 查询。5 种查询的应用目标不同，对数据源的操作方式和操作结果也不同。

1. 选择查询

选择查询是最常用的查询类型。顾名思义，它是根据指定条件，从一个或多个数据源中获取数据并显示结果。也对记录进行分组，并且对分组的记录进行总计、计数、平均以及其他类型的计算。如查找在珠海工作的客户，或统计 2012 年上半年签订的订单数等。

2. 交叉表查询

交叉表查询将来源于某个表或查询中的字段进行分组，一组列在数据表左侧，一组列在数据表上部，然后在数据表行与列的交叉处显示数据源中某个字段统计值。如查询各专业在不同省份的招生数量，要求行标题显示省份，列标题显示专业，表的交叉处显示统计的人数。

3. 参数查询

参数查询是一种根据用户输入的条件或参数来检索记录的查询。输入不同的值，可以得到不同的结果。因此，参数查询可以提高查询的灵活性。如可以设计一个参数查询，用户从窗体输入分数值，然后检索出高于指定分数的所有记录。

4. 操作查询

操作查询与选择查询相似，都需要指定查找记录的条件，但选择查询是检查符合特定条件的一组记录，不会改变源数据，而操作查询是在一次查询操作中对所得结果进行编辑等操作。操作查询有 4 种：生成表查询、删除查询、更新查询和追加查询。

- 生成表查询：利用查询的结果建立新表。
- 删除查询：其执行结果可以直接从一个或多个表中删除记录。
- 更新查询：可以对一个或多个表中的一组记录进行修改。
- 追加查询：可将一个或多个表中的数据追加到另一个表的尾部。

5. SQL 查询

SQL 查询是使用 SQL 语句来创建的一种查询。因为有些查询比较复杂，无法在设计视图中创建，所以需要编写 SQL 语句来完成查询。

3.2 创建查询

在 Access 2010 中，可以利用【查询向导】和【设计视图】来创建查询，【查询向导】一般用来快速创建简单的查询，但对于其他的查询，如指定条件查询、参数查询和其他较为复杂的查询，就不太适合使用查询向导来创建了，这种情况下可以使用【设计视图】来创建较为复杂的查询。

3.2.1 利用查询向导创建查询

利用【查询向导】可以创建选择查询、交叉表查询、查找重复项查询和查找不匹配项查询。下面分别介绍。

1. 创建选择查询

利用【查询向导】可以很方便地建立选择查询，利用选择查询可以实现以下功能：

- 对一个或多个数据表进行检索查询；
- 生成新的查询字段并保存结果；
- 对记录进行总计、计数、平均值及其他类型的数据计算。

下面以“销售管理系统”数据库的“入库记录”表、“供应商”表和“产品信息”表作为数据源，创建“进货资料查询”为例，说明创建选择查询步骤。

操作步骤

❶ 打开“销售管理系统”数据库，单击【创建】选项卡下【查询】组中的【查询向导】按钮，如图 3-1 所示。

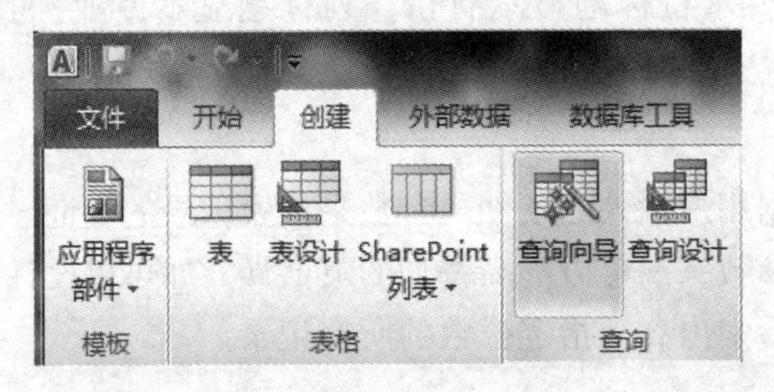

图 3-1 【查询向导】按钮

❷ 在弹出【新建查询】对话框中，选择【简单查询向导】选项，单击【确定】按钮，如图 3-2 所示。

❸ 在弹出【简单查询向导】对话框中，选择【表/查询】下拉列表框中要建立查询的数据源，这里选择“入库记录”表，然后在【可用字段】列表框中分别选择“入库编号”、“业务类别”、“产品编号”、“入库时间”、“入库单价”、“入库数量”、“入库金额”和“经办人”字段，单击 > 按钮，将选中的字段添加到右边的【选定字段】列表框中，如图 3-3 所示。

❹ 用同样的方法分别在【表/查询】下拉列表框选中“产品信息”表，并通过 > 按钮把“产品名称”和“产品类别”字段添加到【选定字段】列表框中。选择“供应商”表，并把“供应商编号”和“供应商名称”字段添加到【选定字段】列表框中。从三个表中选择相应字段，如图 3-4 所示。

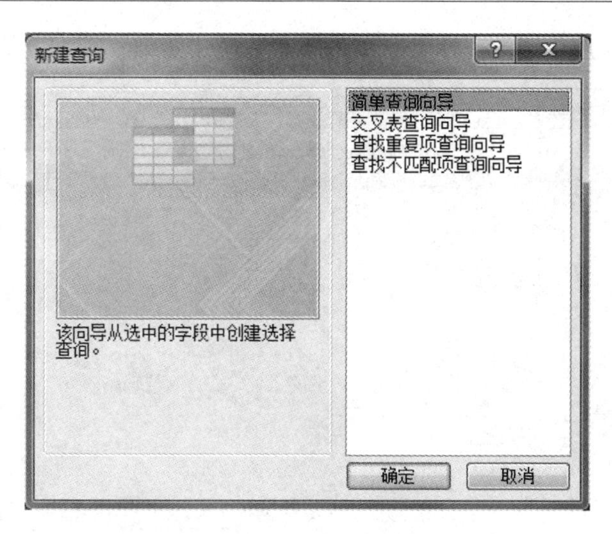

图3-2　查询设计向导

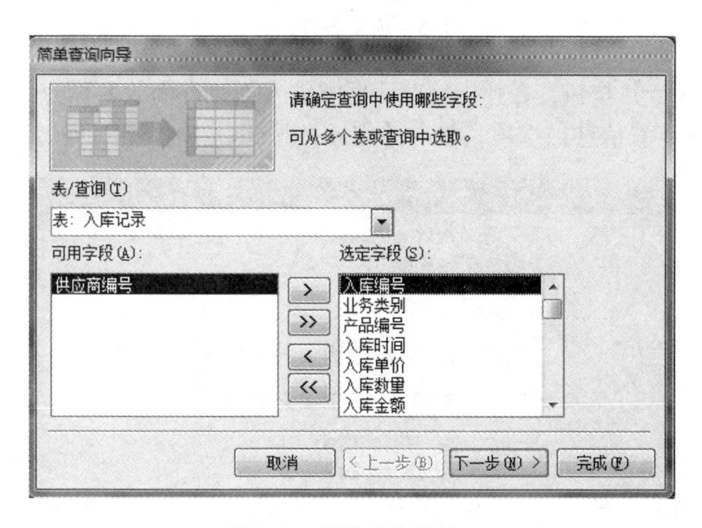

图3-3　简单查询向导1

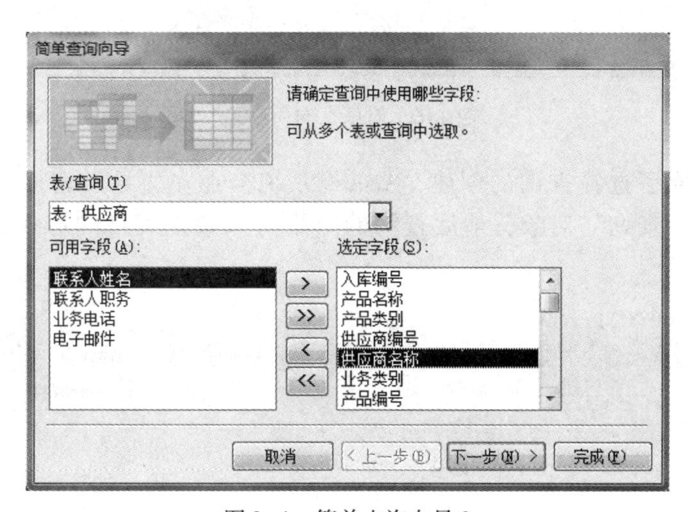

图3-4　简单查询向导2

❺ 单击【下一步】按钮，在弹出的对话框中选择“明细”查询，如图 3-5 所示。

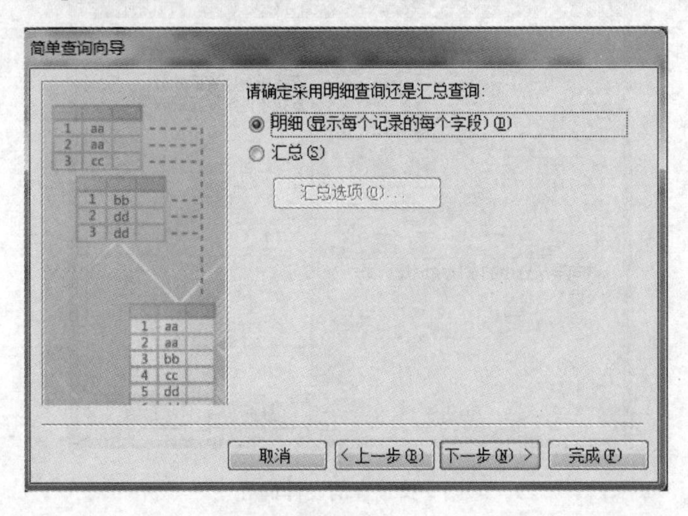

图 3-5 简单查询向导 3

❻ 单击【下一步】按钮，在弹出的对话框中输入创建查询的名称为“进货资料查询”，并选中【打开查询查看信息】选项，单击【完成】按钮，如图 3-6 所示。

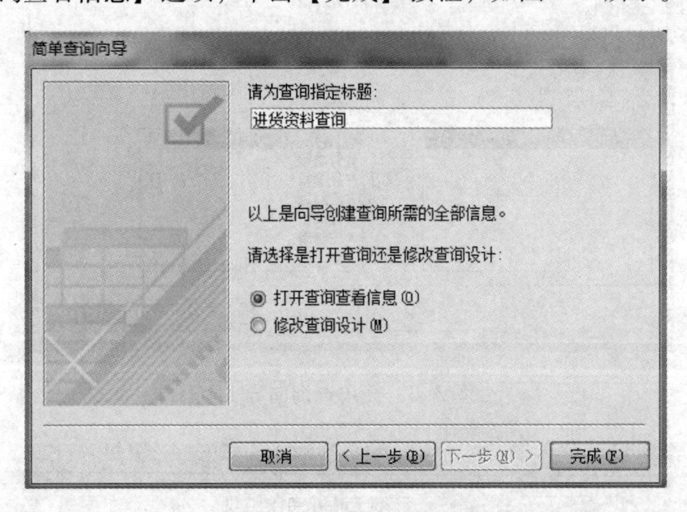

图 3-6 简单查询向导 4

❼ 到此就完成了选择查询的创建，Access 系统会在左边导航窗格中的查询栏中添加一个“进货资料查询”对象，最后查询的结果将以数据表格的形式显示，如图 3-7 所示。

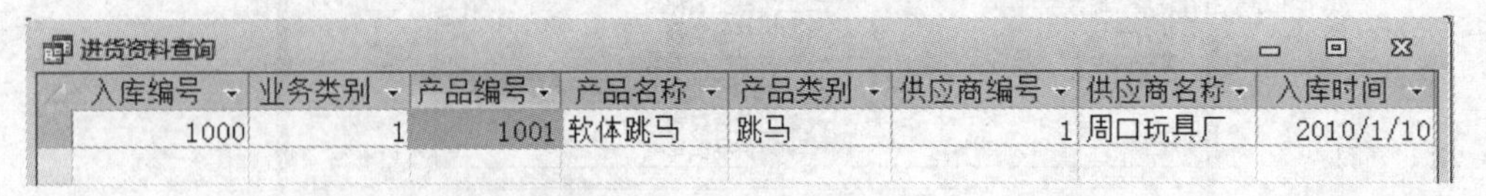
进货资料查询

入库编号	业务类别	产品编号	产品名称	产品类别	供应商编号	供应商名称	入库时间
1000	1	1001	软体跳马	跳马	1	周口玩具厂	2010/1/10

图 3-7 查询结果视图

2. 创建交叉表查询

“交叉表查询”是将来源于某个表中的字段进行分组，一组列在交叉表左侧，一组列在交叉表上部，并在交叉表行与列交叉处显示表中某个字段的统计值。

在创建交叉表查询时，需要指定3种字段：一是放在交叉表最左端的行标题，它将某一字段的相关数据放入指定的行中；二是放在交叉表最上面的列标题，它将某一字段的相关数据放入指定的列中；三是放在交叉表行与列交叉位置上的字段，需要为该字段指定一个总计项，如总计、平均值、计数等。在交叉表查询中，只能指定一个列字段和一个总计类型的字段。

创建交叉表查询主要有两种方法，一种是利用【查询向导】，另一种是利用【查询设计】视图。有关利用【查询设计】视图的创建交叉表查询的方法在3.2.2节中介绍，这里先介绍如何利用【查询向导】来创建交叉表查询。

下面以“销售管理系统”数据库中建立“供应商供应产品数量统计”交叉表查询为例，介绍利用【查询向导】创建交叉表查询的方法。要求统计每个供应商供应的产品数量，交叉表的左侧显示供应商的名称，上部显示每种产品的名称，行列交叉处显示每个供应商供应各产品数量的统计信息，创建步骤如下。

操作步骤

❶ 打开“销售管理系统”数据库，单击【创建】选项卡下【查询】组中的【查询向导】按钮。

❷ 在弹出的【新建查询】对话框中，选择【交叉表查询向导】选项，单击【确定】按钮，如图3-8所示。

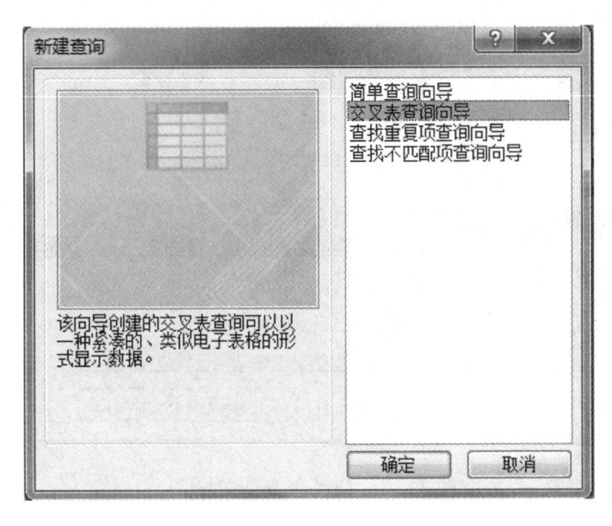

图3-8 交叉表查询向导1

❸ 在弹出的【交叉表查询向导】对话框中，选中【查询】复选按钮，然后选择“供应商销售查询”作为数据源，单击【下一步】按钮，如图3-9所示。

❹ 在弹出提示选择行标题对话框中，选择可用字段作为交叉查询的行标题，交叉查询的行标题最多可以选择3个，这里在【可用字段】列表框中选择“供应商名称”字段，并将其添加到【选定字段】列表框中。单击【下一步】按钮，如图3-10所示。

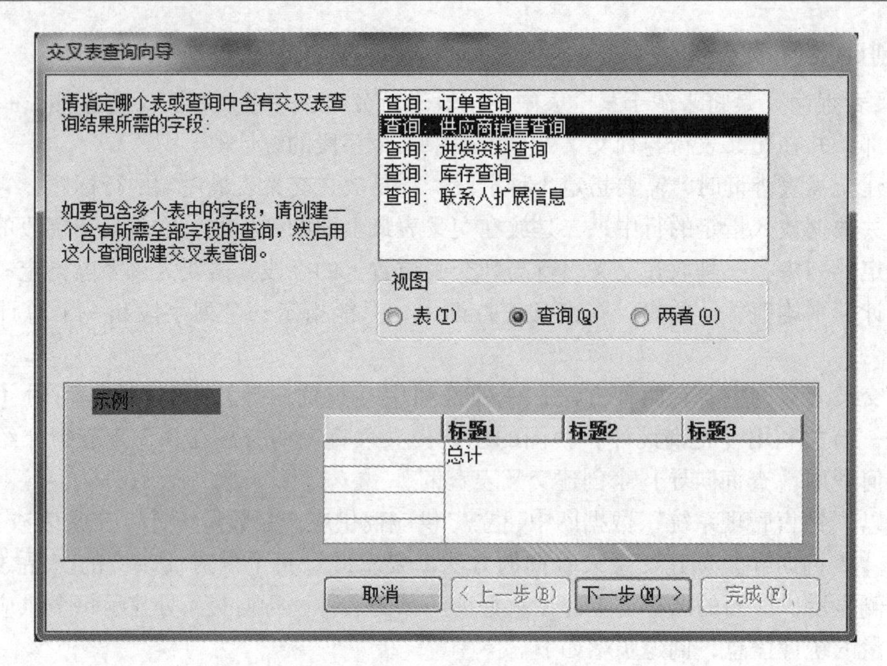

图 3-9 交叉表查询向导 2

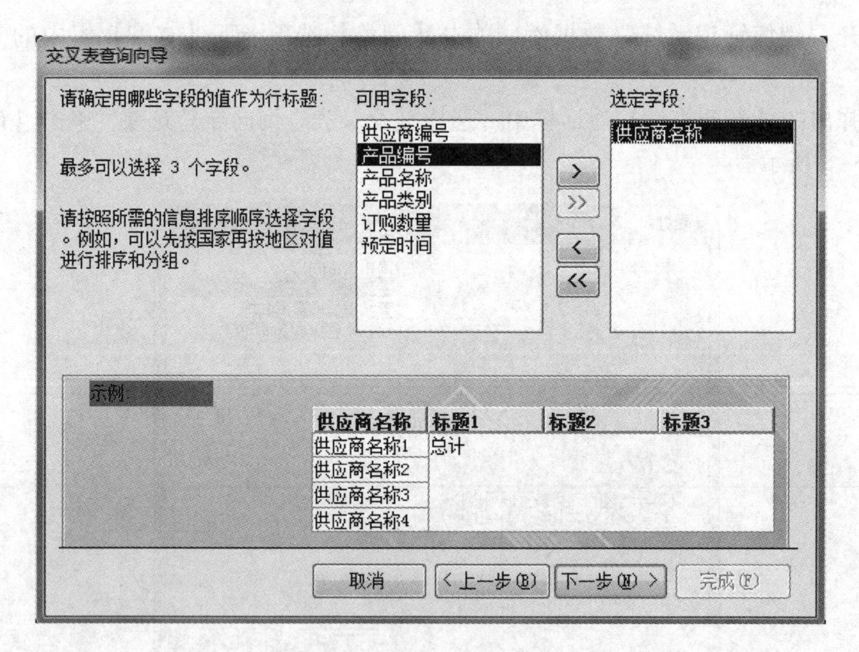

图 3-10 交叉表查询向导 3

❺ 在弹出提示选择列标题对话框中，选择可用字段作为交叉查询的列标题，交叉查询的列标题最多可以选择 1 个，这里选择“产品名称”字段，单击【下一步】按钮，如图 3-11 所示。

❻ 在弹出的对话框中选择要在交叉点处显示的字段，以及针对该字段的统计函数，这里要在交叉表中统计“供应商”供应的产品数量，所以选择“订购数量”字段作为交叉点显示的字段，并选择“Sum”函数作为数量统计函数，如图 3-12 所示。

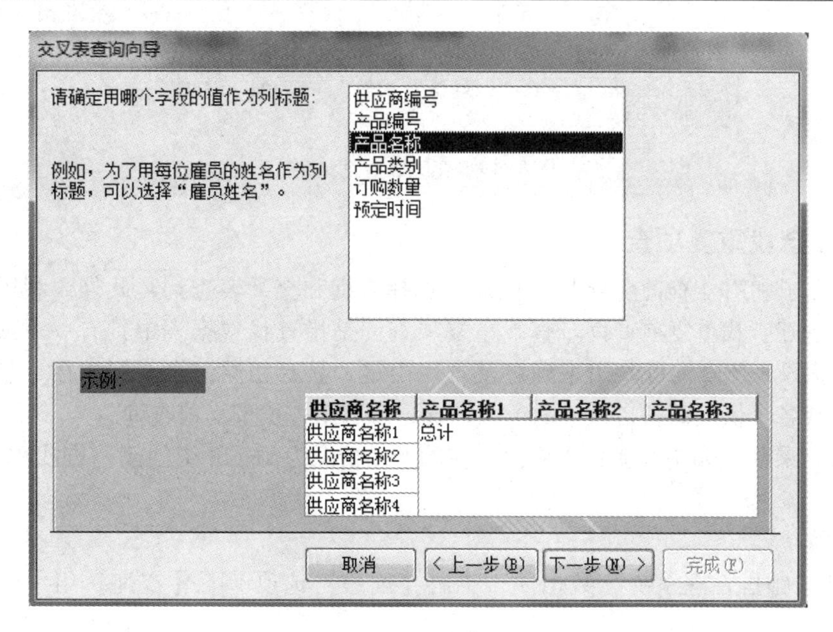

图 3-11　交叉表查询向导 4

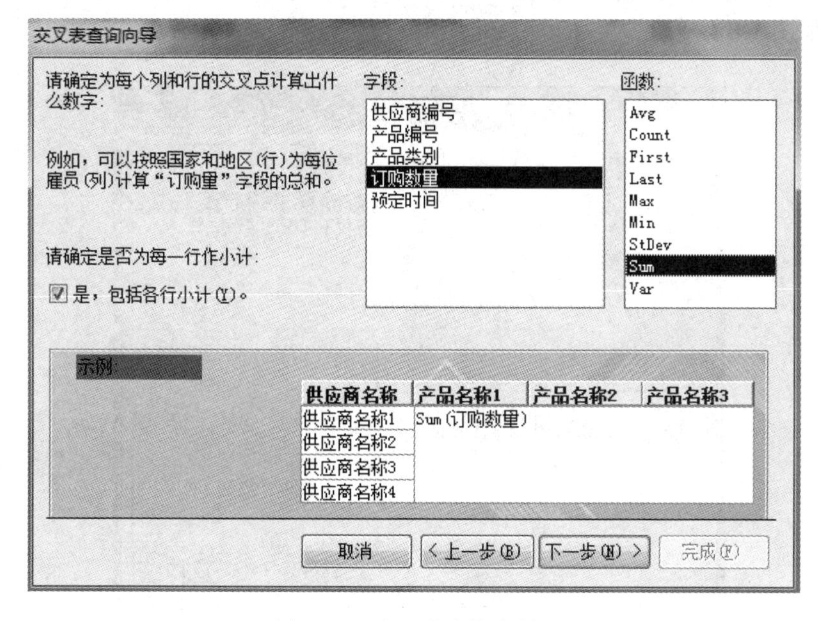

图 3-12　交叉表查询向导 5

❼ 单击【下一步】按钮，在弹出的对话框中输入新创建查询的名称“供应商供应产品数量统计”，单击【完成】按钮，即完成整个交叉表查询的创建。创建完成后，数据库生成了一个“供应商供应产品数量统计”查询，运行该查询，结果如图 3-13 所示。

需要说明的是：操作步骤中的第 3 步中查询的数据源选择了“供应商销售查询”作为数据源，而不是表，是因为利用向导创建“交叉表查询”时，所使用字段不允许来自多张数据表，如果使用的字段不在同一个表或查询中，则应先建立一个查询，将它们放在一起。

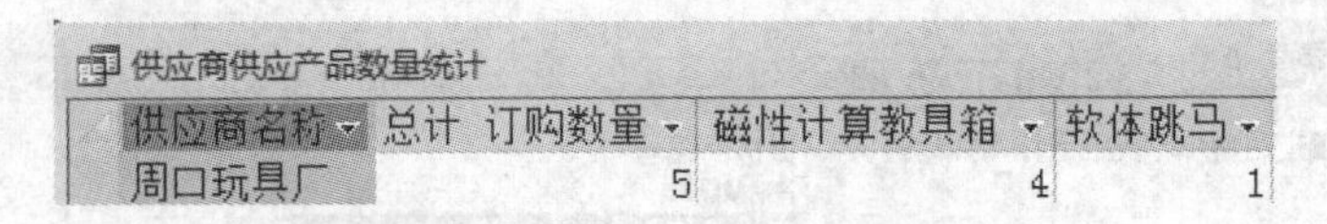

图 3-13 交叉表查询结果

3. 创建查找重复项查询

上面介绍了利用【查询向导】如何建立选择查询和交叉表查询，此外，利用【查询向导】还可以创建查找重复项查询。查找重复项查询是指查找数据表中具有一个或多个字段内容相同的记录，此查询可以用来确定基本表中是否具有相同记录。例如在“销售管理系统”中，查找各个供应商各自供应的产品情况，就属于查找重复项查询。

下面以“采购”表中查找各供应商供应的产品情况为例，介绍创建“查找重复项查询”的步骤。

操作步骤

❶ 打开“销售管理系统”数据库，单击【创建】选项卡下【查询】组中的【查询向导】按钮。

❷ 在弹出的【新建查询】对话框中，选择【查找重复项查询向导】选项，单击【确定】按钮，如图 3-14 所示。

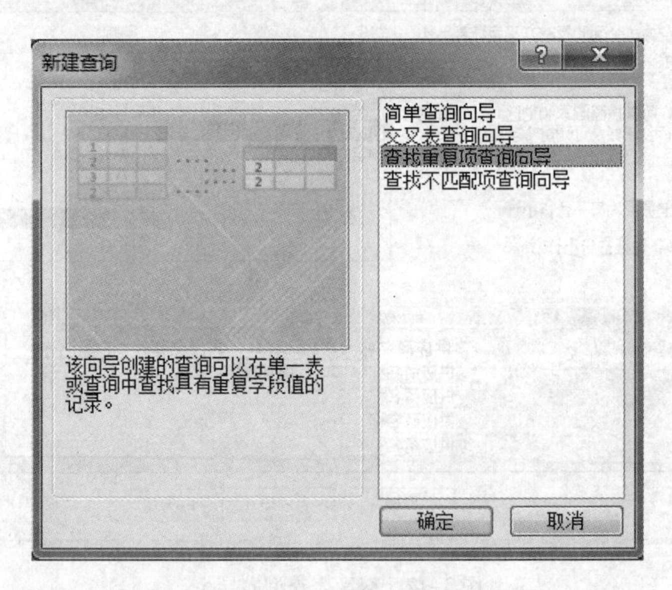

图 3-14 重复项查询向导 1

❸ 在弹出的【查找重复项查询向导】对话框视图中，选择【表】单选按钮，并在列表框中选择“采购”表，即表示创建重复项查询的数据来源为“采购”表，如图 3-15 所示。

❹ 单击【下一步】按钮，在弹出的对话框中的【可用字段】列表框中选择“供应商编号”作为要进行查找重复项查询的字段，如图 3-16 所示。

❺ 单击【下一步】按钮，在弹出的对话框中选择“产品编号”、“采购单价”、“采购数量”、“采购金额”和“采购日期”等字段作为要显示的其他字段，如图 3-17 所示。

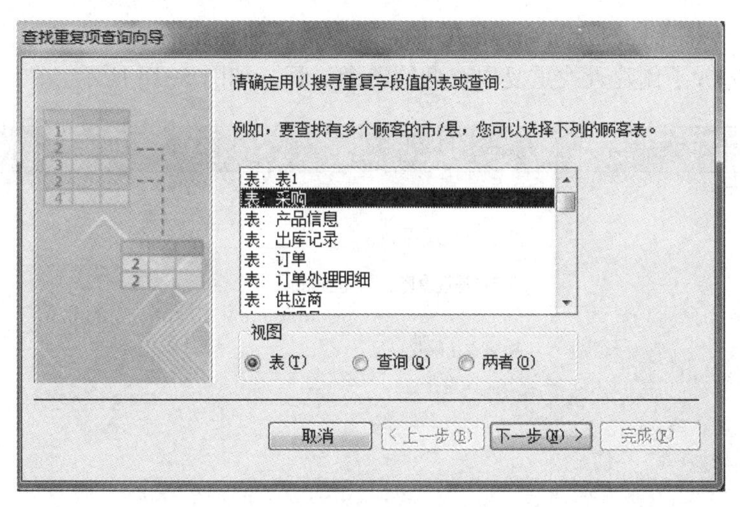

图 3-15　重复项查询向导 2

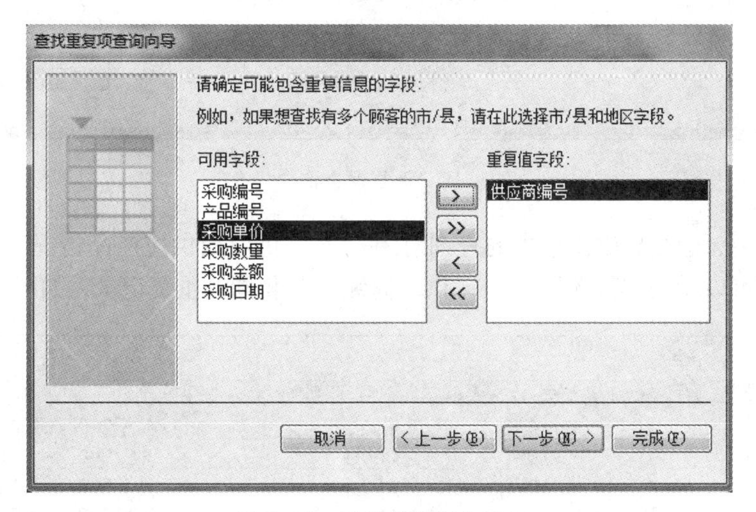

图 3-16　重复项查询向导 3

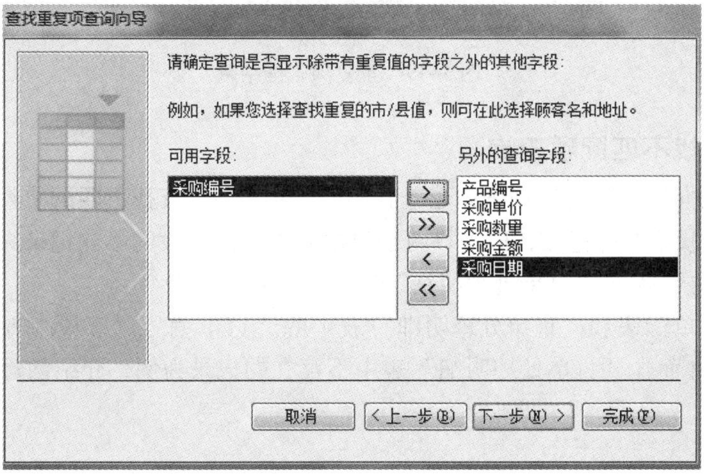

查找重复项查询向导
请确定查询是否显示除带有重复值的字段之外的其他字段:
例如，如果您选择查找重复的市/县值，则可在此选择顾客名和地址。
可用字段:
采购编号
另外的查询字段:
产品编号
采购单价
采购数量
采购金额
采购日期
取消
< 上一步(B)
下一步(N) >
完成(F)

图 3-17　重复项查询向导 4

❻ 单击【下一步】按钮，在弹出的对话框中输入新创建的查询的名称，然后单击【完成】按钮，即完成了创建查找重复项查询的整个过程，如图 3-18 所示。

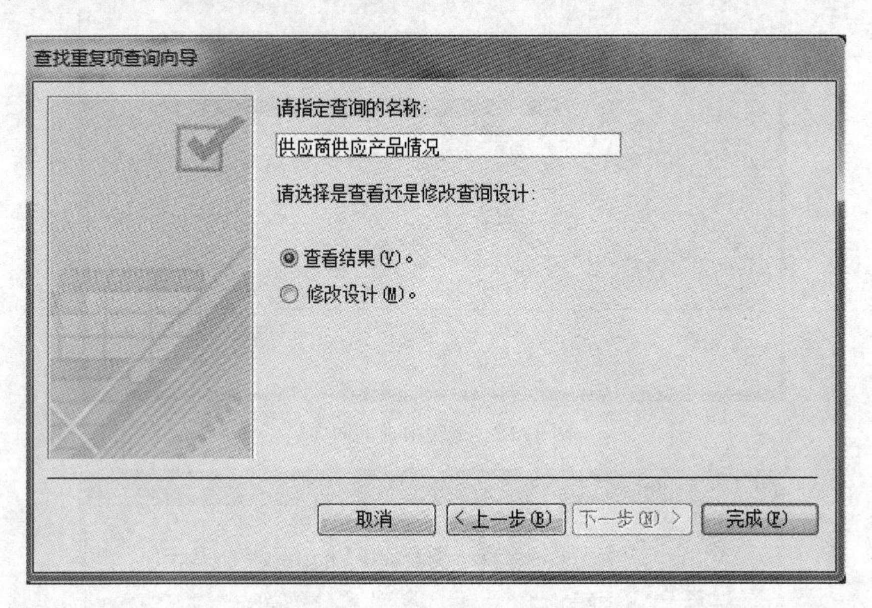

图 3-18 重复项查询向导 5

创建完成后，运行导航窗格中的查询对象栏下“供应商供应产品情况”查询，从执行结果中，用户可以看到“采购”表中“供应商编号”相同的重复记录，如图 3-19 所示。

供应商供应产品情况

供应商编号	产品编号	采购单价	采购数量	采购金额	采购日期
1	1002	￥100	2	￥200	2013/3/1
1	1001	￥1,000	1	￥1,000	2013/2/5
1	1006	￥100	5	￥500	2012/9/19
2	1005	￥4,000	1	￥4,000	2012/12/12
2	1004	￥2,000	1	￥2,000	2013/1/3
*					

图 3-19 重复项查询结果

4. 创建查找不匹配项查询

利用【查询向导】还可以用来创建查找不匹配项查询。查找不匹配项查询是指用来帮助用户在数据中查找不匹配记录，即查找两个数据表中相同字段的不同记录。例如可以查询在“订单”表中存在，而在“订单处理明细”表中不存在的记录。

下面以“订单”表和“订单处理明细”表中的“订单编号”字段为查询字段，查询在“订单”表中存在而在“订单处理明细”表中不存在的记录为例，介绍创建查找不匹配项查询的步骤。

操作步骤

❶ 打开“销售管理系统”数据库，单击【创建】选项卡下【查询】组中的【查询向导】按钮。

❷ 在弹出的【新建查询】对话框中，选择【查找不匹配项查询向导】选项，单击【确定】按钮，如图3-20所示。

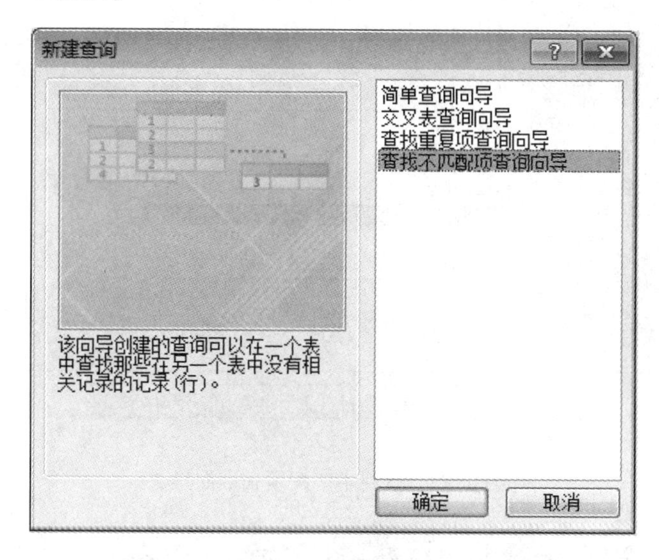

图3-20 选择“查找不匹配项查询向导”

❸ 在弹出的【查找不匹配项查询向导】对话框视图中，选中【表】单选按钮，并在列表框中选择“订单”表，即表示创建“不匹配项查询”的数据来源为“订单”表，如图3-21所示。

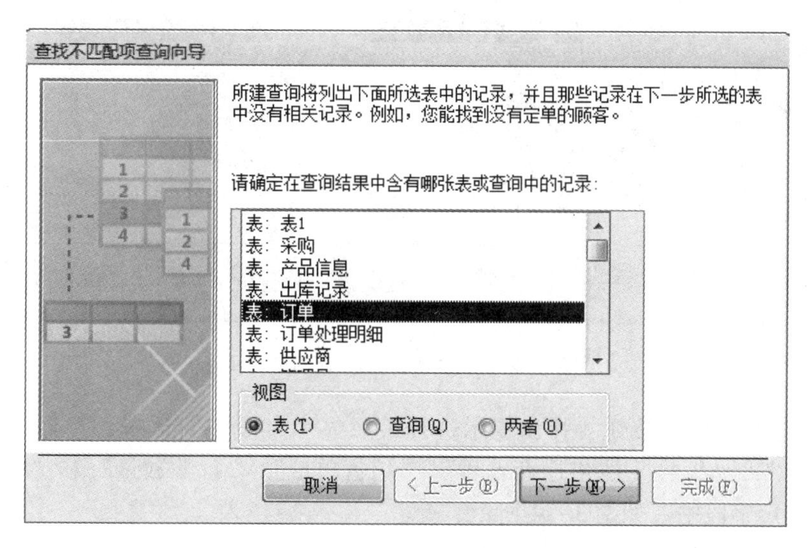

图3-21 查找不匹配项查询向导1

❹ 单击【下一步】按钮，在弹出的对话框中，选择“订单处理明细”表作为要进行比较的表，如图3-22所示。

❺ 单击【下一步】按钮，在弹出的【选择对比字段】的对话框中，选择上面指定两张表中的公共字段“订单编号”作为要进行对比的字段，并单击中间的按钮 <=> ，如图3-23所示。

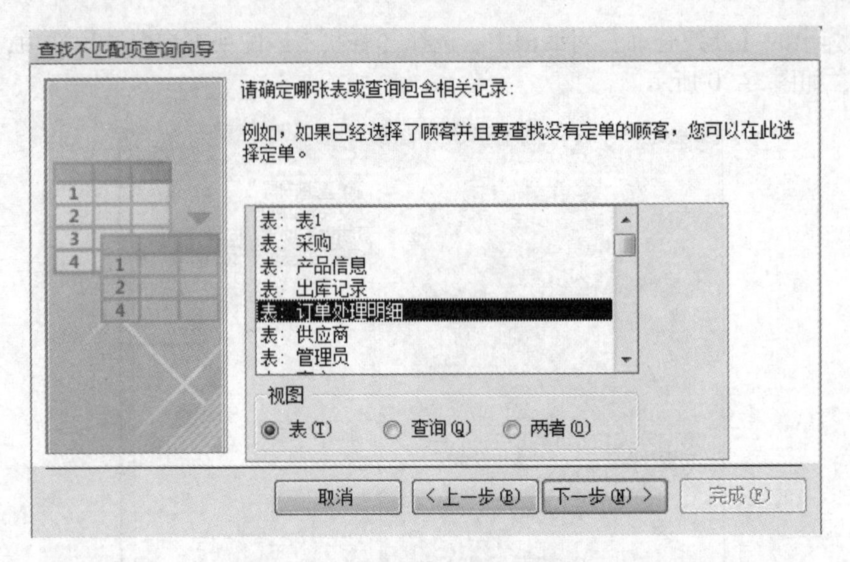

图 3-22 查找不匹配项查询向导 2

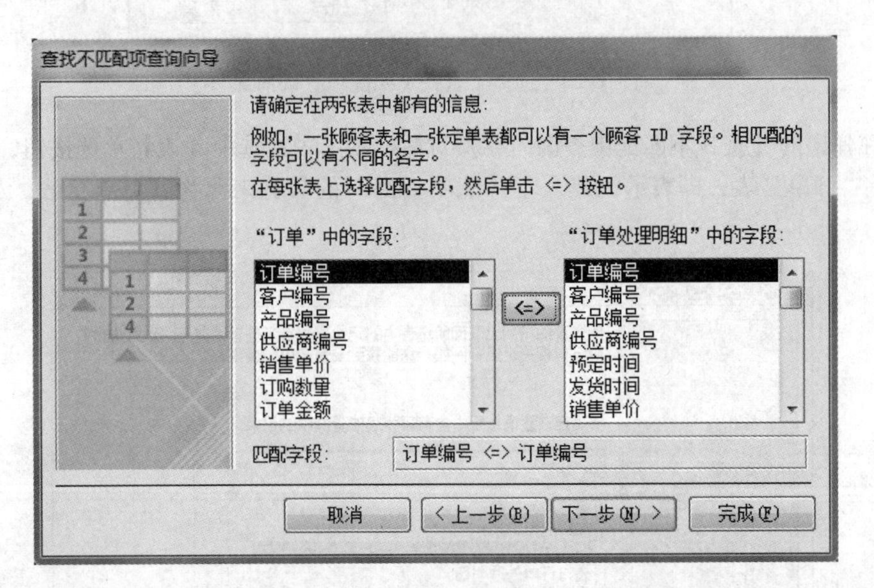

图 3-23 查找不匹配项查询向导 3

❻ 单击【下一步】按钮，弹出提示选择最后显示字段的对话框，选择“订单编号”、“客户编号”、“产品编号”、“供应商编号”、“销售单价”、“订购数量”和“订单金额”等字段添加到选定字段中，如图 3-24 所示。

❼ 单击【下一步】按钮，在弹出的对话框中输入创建的查询的名称，然后单击【完成】按钮，即完成了创建查找不匹配项查询的整个过程，如图 3-25 所示。

创建完成后，运行导航窗格中的查询对象栏下“订单与订单处理明细不匹配”查询。从执行结果中，用户可以看到那些在“订单”表中存在，但是在“订单处理明细”表中不存在的记录，如图 3-26 所示。

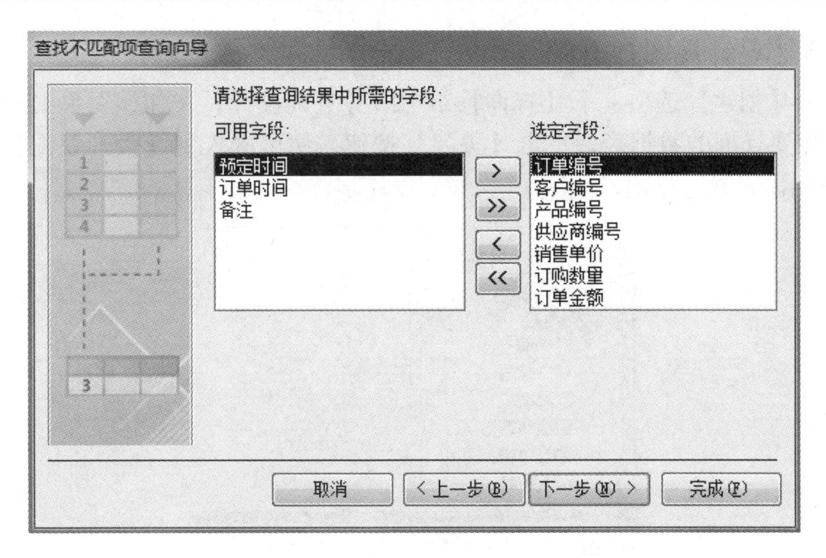

图 3-24 查找不匹配项查询向导 4

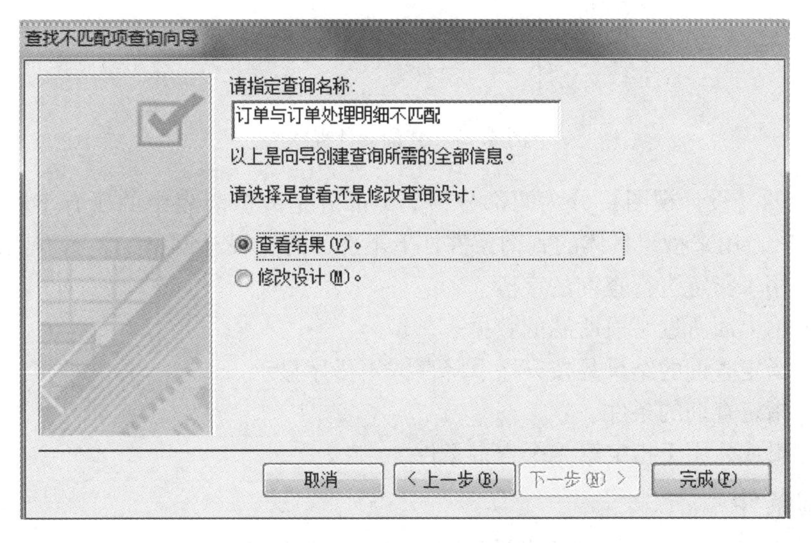

图 3-25 查找不匹配项查询向导 5

订单与订单处理明细不匹配

订单编号	客户编号	产品编号	供应商编号	销售单价	订购数量	订单金额
3002	1235	1006	1	￥50	4	￥200
*						

图 3-26 不匹配项查询结果

3.2.2 利用设计视图创建查询

对于较为复杂的查询，采用查询【设计视图】来创建更为合适。利用查询【设计视图】，用户可以自定义查询条件，从而创建更为灵活的查询。此外，利用查询【设计视图】还可以修改已经创建好的查询。

1. 查询【设计视图】介绍

通过单击【创建】选项卡下【查询】组中的【查询设计】按钮，在弹出的【显示表】对话框中添加要查询的数据表，单击【关闭】按钮，便可进入到【设计视图】的主界面，如图 3-27 所示。

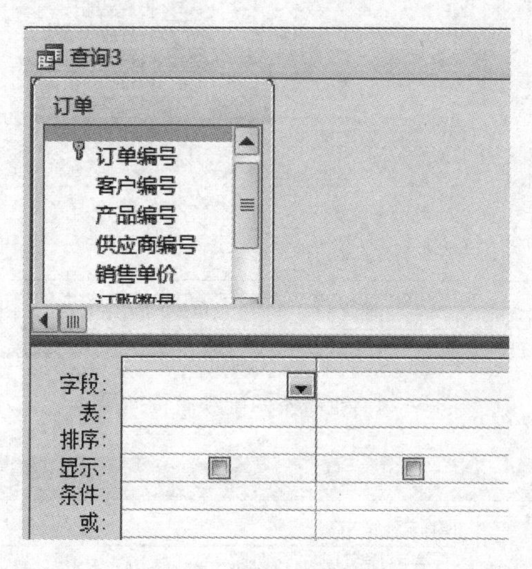

图 3-27 查询设计视图

整个查询的【设计视图】分为两部分，上半部分是数据源表中的所有字段，下半部分是“设计网格”，用来指定具体的查询条件，下半部分的“设计网格”各行介绍如下。

- 字段：用来指定进行查询的字段。
- 表：表示上面所选字段所属的数据表。
- 排序：指定查询的结果是按升序、降序或不排序显示。
- 条件：指定查询的条件。
- 或：逻辑或，用于指定第二个查询条件。

2. 查询条件

从上面的介绍可知，在查询【设计视图】的“设计网格”中有“条件”行，用于设定查询的条件。查询条件类似于一种公式，它是由引用的字段、运算符和常量组成的字符串。查询中含有各种运算符，既有算术运算符又有逻辑运算符等，例如：>、<、> =、Is、In、Or、Not、And、Like 等。常用的查询条件如表 3-1 所示。

表 3-1 常用的查询条件

条件	说明
<=100	返回数字小于或等于 100 的记录
Between 100 And 120	等于“ >100 And <120”，返回数字大于 100 而小于 120 的记录
Like C *	返回所有以 C 开拓的字符串的记录，如 China 等
In(12,24,36)	返回字段的值为 12、24 或 36 的所有记录
Like“China”	返回所有包含“China”字符串的记录

3. 创建条件查询

利用查询【设计视图】可以创建带查询条件的查询，下面以在“订单”表中查询出2010年1月5号之后签订的且商品数量大于100的订单为例，介绍创建条件查询的步骤。

操作步骤

❶ 打开“销售管理系统”数据库，单击【创建】选项卡下【查询】组中的【查询设计】按钮。弹出【设计视图】和【显示表】对话框，如图3-28所示。

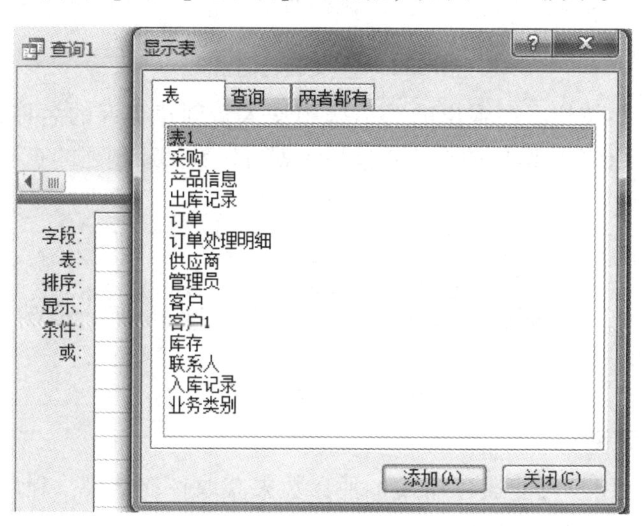

图3-28　【显示表】对话框

❷ 在【显示表】对话框中，选择“订单”表作为查询的数据源，单击【添加】按钮，把“订单”表添加到【设计视图】中，然后单击【关闭】按钮，如图3-29所示。

❸ 分别双击“订单”表中的“订单编号”、“销售单价”、“订购数量”、“订单金额”和“订单时间”等字段，把查询字段添加到【设计视图】的下半部分的“字段”行中。当然也可以通过鼠标拖动相应字段到“字段”行中，如图3-30所示。

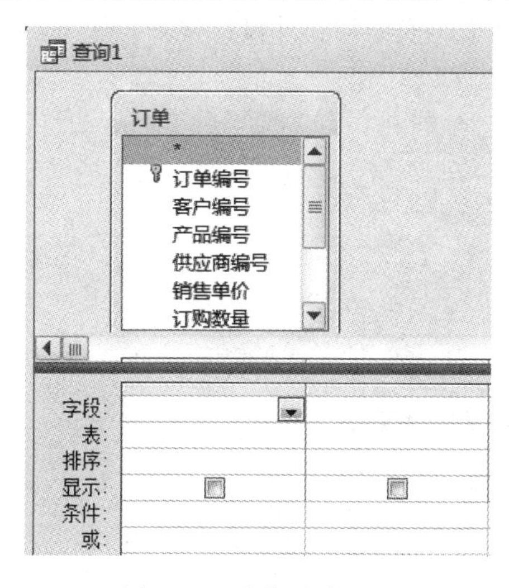

图3-29　查询设计视图

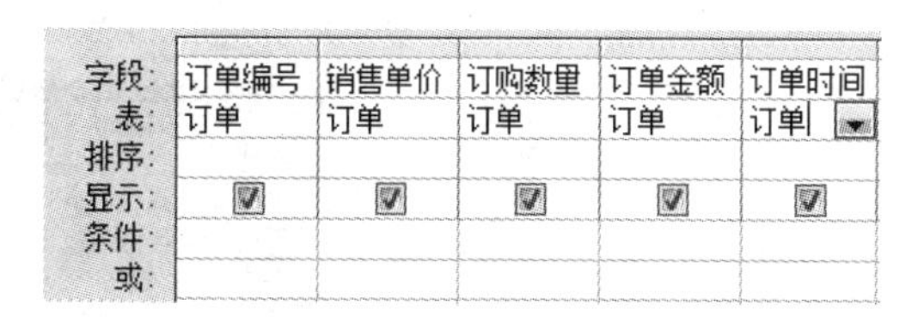

图3-30　查询设计网格1

❹ 在【设计视图】的下半部分的“条件”行中的“订购数量”列中输入“>100”，且在同行的“订单时间”输入“>#2010/1/5#”，表示在“订单”表中查询出 2010 年 1 月 5 号之后签订的且商品数量大于 100 的订单记录，如图 3-31 所示。

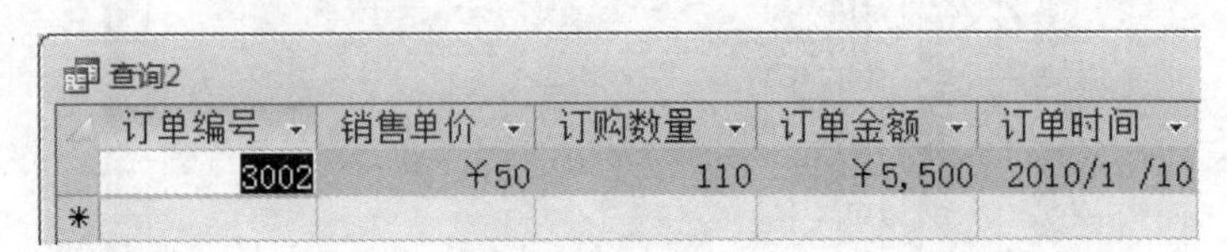

图 3-31　查询设计网格 2

❺ 单击【保存】按钮，在弹出的对话框中输入新创建查询的名称，单击【确定】按钮。用户在左边的导航窗格窗口的查询对象栏中就可以看到新创建的查询，运行查询结果如图 3-32 所示。

查询2

订单编号	销售单价	订购数量	订单金额	订单时间
3002	￥50	110	￥5,500	2010/1 /10
*				

图 3-32　查询结果

4. 创建参数查询

在实际生活中，用户可能通过输入各种参数来获取查询结果，利用查询【设计视图】也可以创建带参数输入的参数查询。

参数查询，顾名思义就是在查询时要求有一定的查询参数，来实现对相同的数据表查询，不同参数对应不同结果的查询。

下面以创建依据用户输入的订单编号来查询订单记录为例，介绍参数查询的创建步骤。

操作步骤

❶ 打开“销售管理系统”数据库，单击【创建】选项卡下【查询】组中的【查询设计】按钮。弹出【设计视图】和【显示表】对话框，在【显示表】对话框中，选择“订单”表作为查询的数据，单击【添加】按钮，把“订单”表添加到【设计视图】中，然后单击【关闭】按钮，如图 3-33 所示。

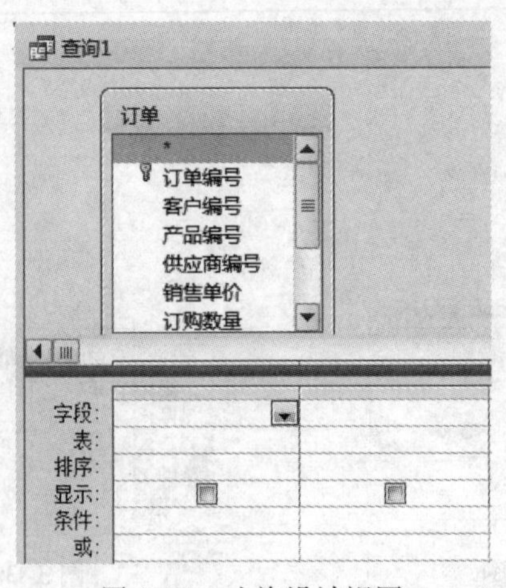

图 3-33　查询设计视图

❷ 通过双击把“订单”表中的所有字段添加到【设计视图】的下半部分的“字段”行中。当然也可以通过鼠标拖动相应字段到“字段”行中，并在“条件”行中的“订单编号”列中输入[请输入订单编号:]，如图3-34所示。

字段:	订单编号	客户编号	产品编号	供应商编号	销售单价	订购数量
表:	订单	订单	订单	订单	订单	订单
排序:						
显示:	☑	☑	☑	☑	☑	☑
条件:	[请输入订单编号:]					
或:						

图3-34　查询设计网格

❸ 单击【保存】按钮，在弹出的对话框中输入新创建查询的名称，单击【确定】按钮。用户在左边的导航窗格的查询栏中就可以看到刚才创建的查询，运行该查询，系统会自动弹出对话框，如图3-35所示。

❹ 在对话框中输入查询参数，如输入订单编号“3002”，单击【确定】按钮，便可看到查询结果，如图3-36所示。

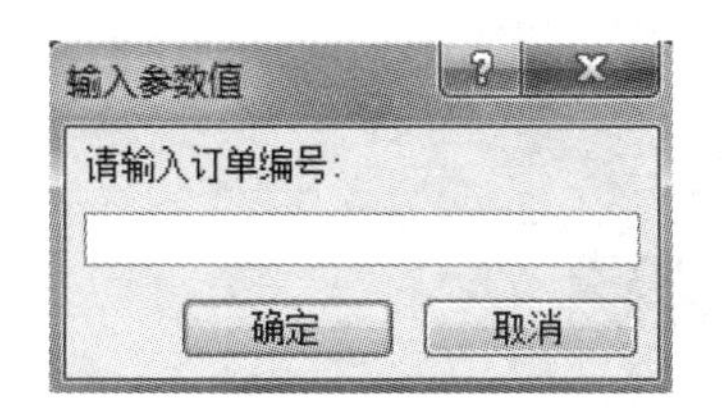

图3-35　【输入参数值】对话框

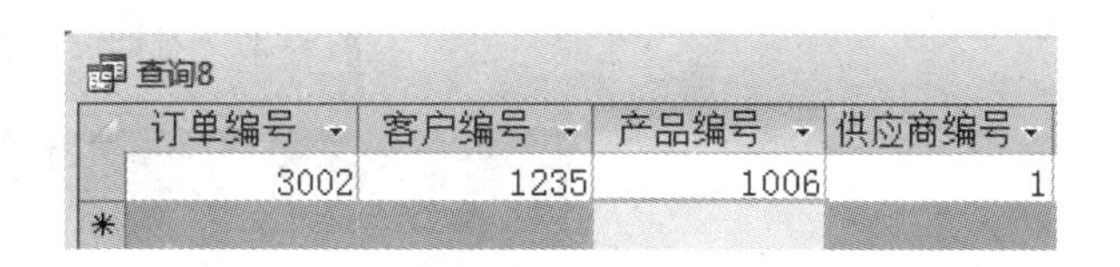
查询8

	订单编号	客户编号	产品编号	供应商编号
	3002	1235	1006	1
*				

图3-36　查询结果

5. 创建交叉表查询

3.2.1节介绍了如何利用【查询向导】来创建交叉表查询，现介绍如何利用查询【设计视图】来创建交叉表查询。

还是以在“销售管理系统”数据库中建立“供应商供应产品数量统计”交叉表查询为例，介绍利用查询【设计视图】创建交叉表查询的方法。要求统计每个供应商供应的产品数量，交叉表的左侧显示供应商的名称，上部显示每种产品的名称，行列交叉处显示每个供应商供应各产品数量的统计信息，创建步骤如下。

操作步骤

❶ 打开“销售管理系统”数据库，单击【创建】选项卡下【查询】组中的【查询设计】按钮。

❷ 在弹出的【显示表】对话框中，由于采用“采购”表、“产品信息”表和“供应商”表作为交叉表查询的数据源，所以可通过【添加】按钮，分别把“采购”表、“产品信息”表和“供应商”表添加到【设计视图】中，然后单击【关闭】按钮，如图3-37所示。

❸ 单击【设计】选项卡下【查询类型】组中的【交叉表】按钮，如图3-38所示。

❹ 通过双击或用鼠标拖动“供应商”表中的“供应商名称”字段，把该字段添加到【设计视图】的下半部分的“字段”行中，并在【设计视图】的下半部分的“交叉表”行

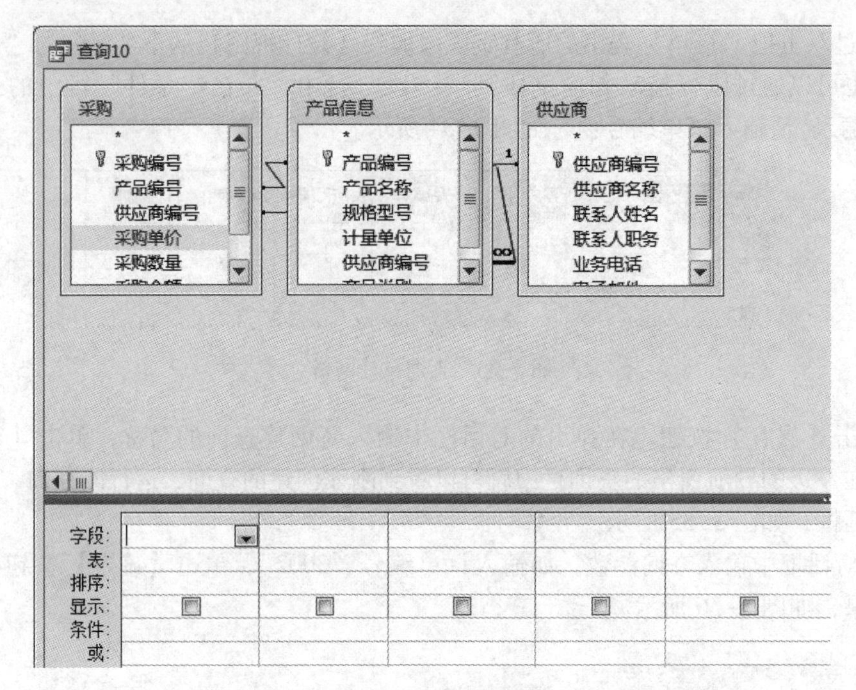

图 3-37 查询设计视图

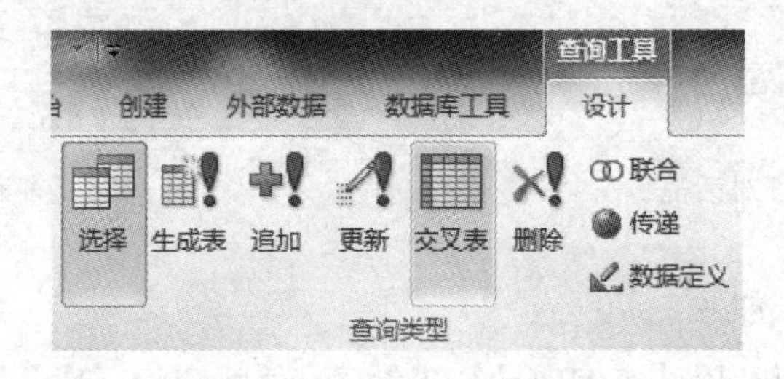

图 3-38 【查询类型】组

中选择“行标题”选项，用同样的方法分别把“产品信息”表中的“产品名称”字段添加到【设计视图】的下半部分的“字段”行中，并在【设计视图】的下半部分的“交叉表”行中选择“列标题”选项，把“采购”表中的“采购数量”字段添加到【设计视图】的下半部分的“字段”行中，并分别在【设计视图】的下半部分的“交叉表”行中选择“值”选项和“总计”行中选择“合计”选项，最终结果如图 3-39 所示。

❺ 单击【保存】按钮，在弹出的对话框中输入新创建查询的名称“供应商供应产品数量统计 - 设计视图”，单击【确定】按钮。用户在导航窗格的查询对象栏中就可以看到刚才创建的交叉表查询，到此为止，便完成了整个交叉表查询的创建。运行该查询，结果如图 3-40 所示。

6. 创建操作查询

到目前为止，本书前面介绍的所有查询都仅是对数据源中的数据进行筛选，并没有对数据源的数据进行修改。而操作查询是指不仅能对数据进行筛选，而且还能对数据源中的数据进行修改。在 Access 系统中，按照修改数据的方式不同，操作查询分为生成表查询、更新查询、追加查询和删除查询四种类型。

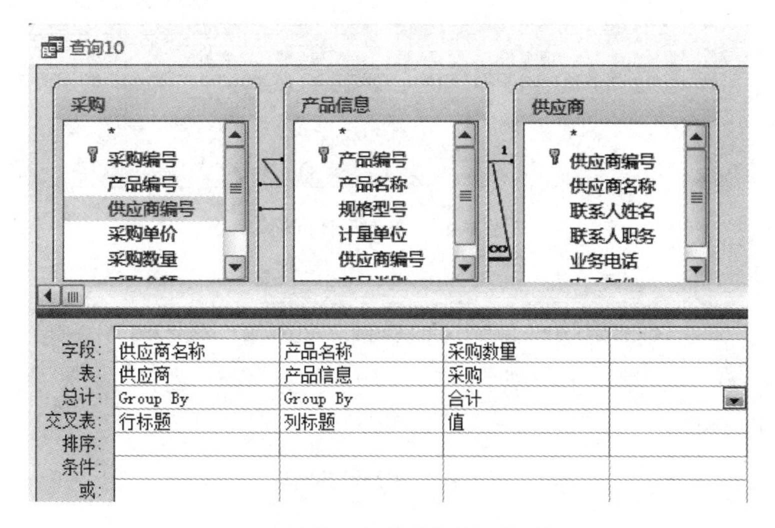

图3-39 查询设计视图

供应商供应产品数量统计-设计视图

供应商名称	蹦床	磁性计算教	软体跳马	熊猫滑梯
周口玩具厂		5	1	2
珠海健身设备厂	2			

图3-40 交叉查询结果

(1) 创建生成表查询

生成表查询是指从一个或多个数据表中筛选出数据并把它们添加到一个新数据表中。

下面以“销售管理系统”数据库中的“订单处理明细”表作为数据源，将订单“状态”为“已处理”的订单详细信息保存在一个新表中为例，介绍生成表查询的创建步骤。

操作步骤

❶ 打开“销售管理系统”数据库，单击【创建】选项卡下【查询】组中的【查询设计】按钮。弹出【设计视图】和【显示表】对话框，在【显示表】对话框中，选择“订单处理明细”表作为查询的数据，单击【添加】按钮，把“订单处理明细”表加入到【设计视图】中，然后单击【关闭】按钮，如图3-41所示。

❷ 通过分别双击“订单处理明细”表中的“订单编号”、“销售单价”、“订购数量”、“订单金额”、“发货人”和“状态”等字段，把查询字段添加到【设计视图】的下半部分的“字段”行中，如图3-42所示。

❸ 在【设计视图】的下半部分的“条件”行的“状态”列中输入“已处理”，如图3-43所示。

❹ 单击【设计】选项卡下【查询类型】组中的【生成表】按钮，如图3-44所示。

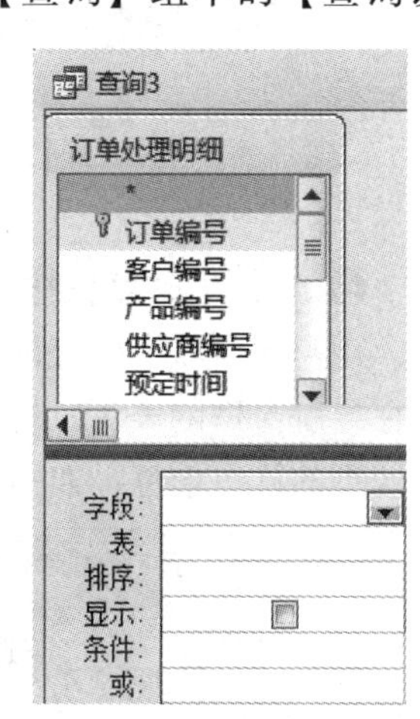

图3-41 查询设计视图

字段:	订单编号	销售单价	订购数量	订单金额	发货人	状态
表:	订单处理明细	订单处理明细	订单处理明细	订单处理明细	订单处理明细	订单处理明细
排序:						
显示:	☑	☑	☑	☑	☑	☑
条件:						
或:						

图 3-42　查询设计网格

字段:	订单编号	销售单价	订购数量	订单金额	发货人	状态
表:	订单处理明细	订单处理明细	订单处理明细	订单处理明细	订单处理明细	订单处理明细
排序:						
显示:	☑	☑	☑	☑	☑	☑
条件:						="已处理"
或:						

图 3-43　查询设计网格

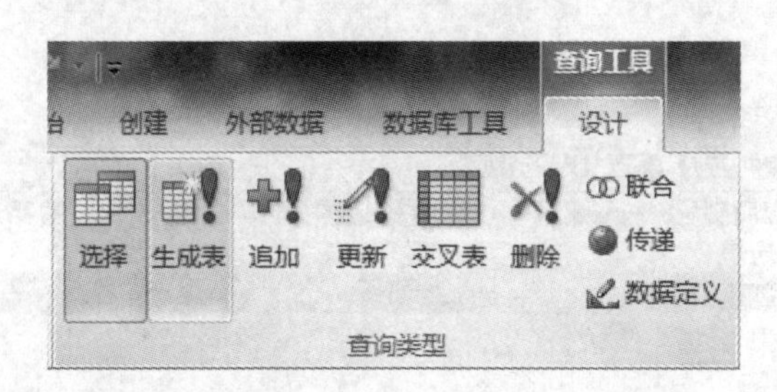

图 3-44　【生成表】按钮

❺ 在弹出的【生成表】对话框中输入“已处理订单表”作为新生成表的名称，并选择【当前数据库】单选按钮，单击【确定】按钮，如图 3-45 所示。

图 3-45　【生成表】对话框

❻ 单击【保存】按钮，在弹出的对话框中输入新创建查询的名称，单击【确定】按钮。用户在导航窗格查询栏中就可以看到刚才创建的生成表查询，运行该生成表查询，便可以在导航窗格的表对象栏中就可以看到新创建的表，打开表，便可以看到表中的记录为全部已处理的订单信息，如图 3-46 所示。

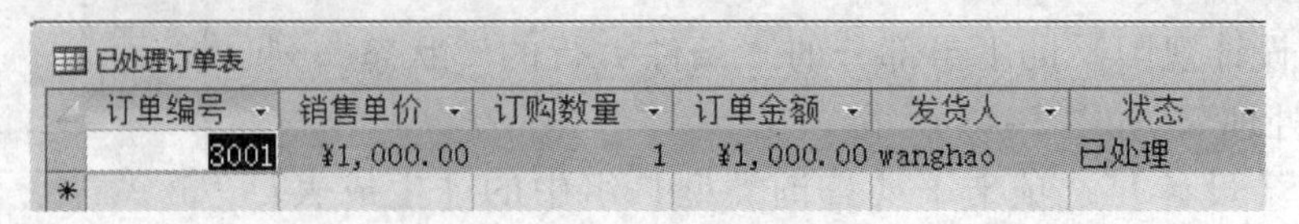
已处理订单表

订单编号	销售单价	订购数量	订单金额	发货人	状态
3001	¥1,000.00	1	¥1,000.00	wanghao	已处理
*					

图 3-46　生成表查询结果视图

(2) 创建更新查询

更新查询是指能够成批地修改记录值。用更新查询更改记录的数据项以后，无法用“撤消”命令取消操作。更新查询可以同时更新多个数据源和多个字段的值。

下面以“销售管理系统”数据库中的“订单处理明细”表作为数据源，将订单“状态”为“未处理”的订单记录值更新为“已处理”为例，介绍更新查询的创建步骤。

操作步骤

❶ 打开“销售管理系统”数据库，单击【创建】选项卡下【查询】组中的【查询设计】按钮，弹出【设计视图】和【显示表】对话框，在【显示表】对话框中，选择“订单处理明细”表作为查询的数据，单击【添加】按钮，把“订单处理明细”表加入到【设计视图】中，然后单击【关闭】按钮，如图3-47所示。

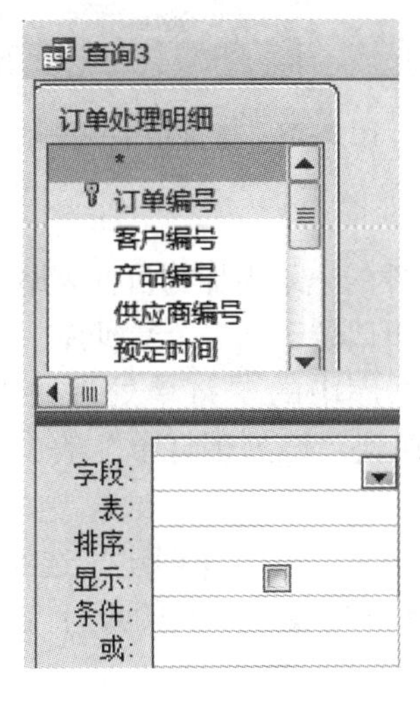

图3-47　查询设计视图

❷ 通过双击“订单处理明细”表中的“状态”字段，把“状态”字段添加到【设计视图】的下半部分的“字段”行中，并在【设计视图】的下半部分的“条件”行中的“状态”列中输入“未处理”，如图3-48所示。

❸ 单击【设计】选项卡下【查询类型】组中的【更新】按钮，如图3-49所示。

图3-48　查询设计网格

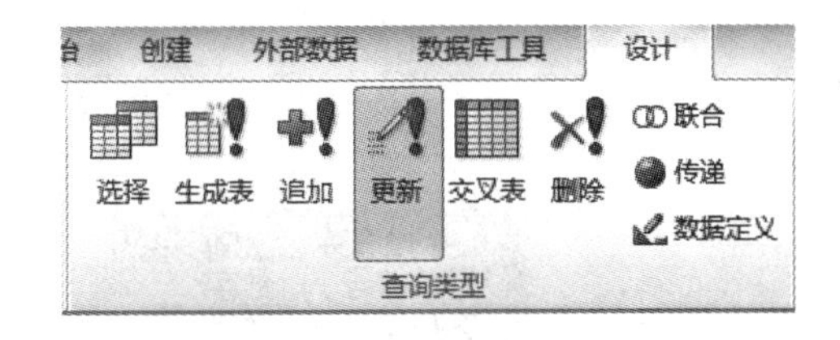

图3-49　【更新】按钮

❹ 在【设计视图】的下半部分的“更新到”行中的“状态”列中输入“已处理”，如图3-50所示。

❺ 单击【保存】按钮，在弹出的对话框中输入新创建查询的名称，单击【确定】按钮。用户在导航窗格的查询对象栏中就可以看到刚才创建的更新查询，运行该更新查询后，

打开“订单处理明细”表，可以看到所有的订单记录已从“未处理”状态更新为“已处理”状态，如图3-51所示。

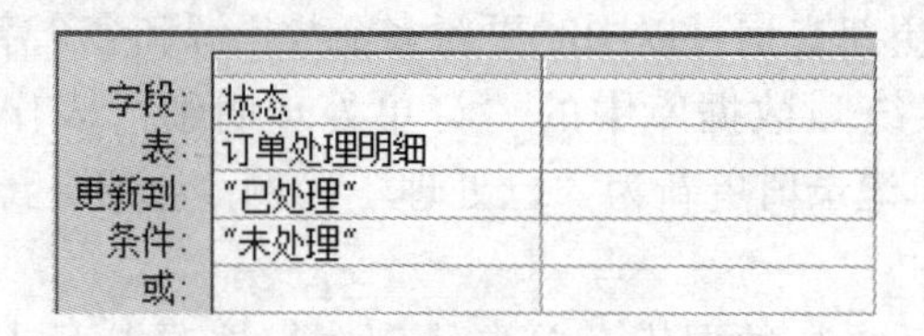

图3-50 查询设计网格

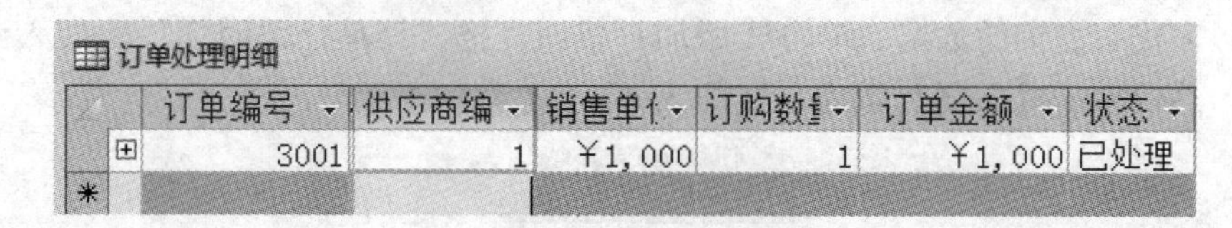

图3-51 查询结果视图

(3) 创建追加查询

追加查询能将数据源中符合条件的记录追加到目标表尾部。数据源可以是表或查询，追加的去向是一个表。数据源和目标表可以位于同一个数据库中，也可以位于不同的数据库中。

下面以“销售管理系统”数据库中的“订单处理明细”表作为数据源，将订单“状态”为“已处理”的订单记录追加到“已处理订单”表中为例，介绍创建追加查询的步骤。

操作步骤

❶ 打开“销售管理系统”数据库，单击【创建】选项卡下的【表设计】按钮，进入表的设计视图，新建一个“已处理订单”表，字段的设计与“订单处理明细”表的字段完全相同，如图3-52所示。

❷ 单击【创建】选项卡【查询】组中的【查询设计】按钮。弹出【设计视图】和【显示表】对话框，在【显示表】对话框中，选择“订单处理明细”表作为查询的数据源，单击【添加】按钮，把“订单处理明细”表加入到【设计视图】中，然后单击【关闭】按钮，如图3-53所示。

字段名称	数据类型
订单编号	数字
客户编号	数字
产品编号	数字
供应商编号	数字
预定时间	日期/时间
发货时间	日期/时间
销售单价	货币
订购数量	数字

图3-52 表设计视图

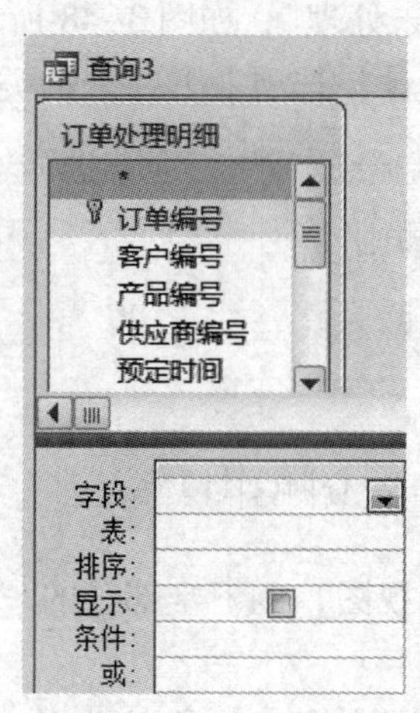

图3-53 查询设计视图

❸ 单击【设计】选项卡下【查询类型】组中的【追加】按钮，输入表名称为“已处理订单”，并选择当前数据库，如图3-54所示。

图3-54　【追加】对话框

❹ 单击【确定】按钮，返回到查询【设计视图】窗口，把“订单处理明细”表中所有的字段添加到【设计视图】的下半部分的“字段”行中。在设计视图的下半部分的“条件”行中的“状态”列中输入“已处理”。由于创建“已处理订单”表时，是完全按照“订单处理明细”表中的字段来创建的，所以在设计视图的下半部分的“追加到”行中填写的值与“字段”行中的值一样就可以了，如图3-55所示。

字段:	付款方式	付款时间	发货地址	发货人	状态
表:	订单处理明细	订单处理明细	订单处理明细	订单处理明细	订单处理明细
排序:					
追加到:	付款方式	付款时间	发货地址	发货人	状态
条件:					"已处理"
或:					

图3-55　查询设计网格

❺ 单击【保存】按钮，在弹出的对话框中输入新创建查询的名称，单击【确定】按钮。用户在导航窗格的查询对象栏中就可以看到刚才创建的追加查询，运行该追加查询，打开“已处理订单”表，可以看到所有的订单记录状态为“已处理”的记录被追加到“已处理订单”表中了，如图3-56所示。

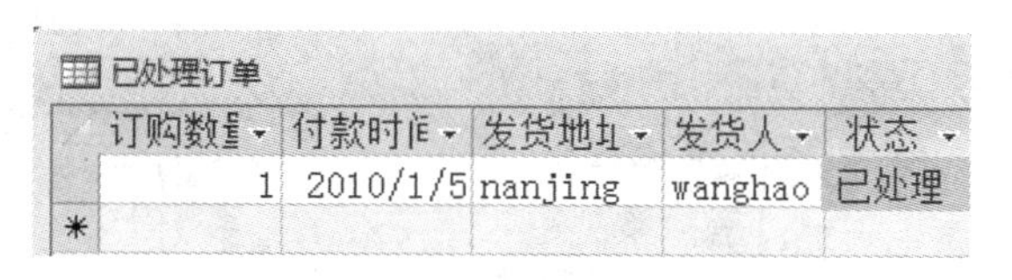
已处理订单

订购数量	付款时间	发货地址	发货人	状态
1	2010/1/5	nanjing	wanghao	已处理
*				

图3-56　查询结果

（4）创建删除查询

删除查询能将数据表中符合条件的记录成批的删除。删除查询可以给单个表删除记录，也可以给建立了关系的多个表删除记录，多个表之间要建立参照完整性，并选择了“级联删除”选项。运行删除查询后，被删除的表中记录不能用“撤消”命令恢复。

下面以“销售管理系统”数据库中的“客户”表作为数据源，将姓名为“小王”的客户记录删除为例，介绍删除查询创建步骤。

操作步骤

❶ 打开“销售管理系统”数据库，单击【创建】选项卡下【查询】组中的【查询设

计】按钮，弹出【设计视图】和【显示表】对话框，在【显示表】对话框中，选择“客户”表作为查询的数据源，单击【添加】按钮，把“客户”表加入到【设计视图】中，然后单击【关闭】按钮，如图3-57所示。

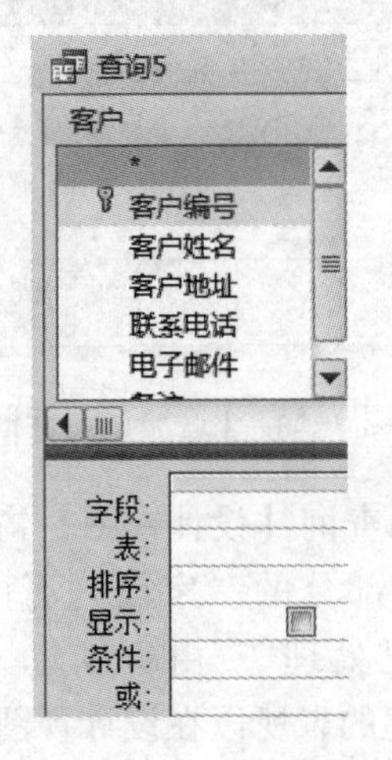

图3-57 查询设计视图

❷ 单击【设计】选项卡下【查询类型】组中的【删除】按钮，如图3-58所示。

❸ 把“客户”表中“姓名”字段添加到【设计视图】的下半部分的“字段”行中，并在“条件行”中输入删除记录的条件“小王”，同样的方法，将“客户”表中的星号“*”添加下半部分的“字段行”中，如图3-59所示。

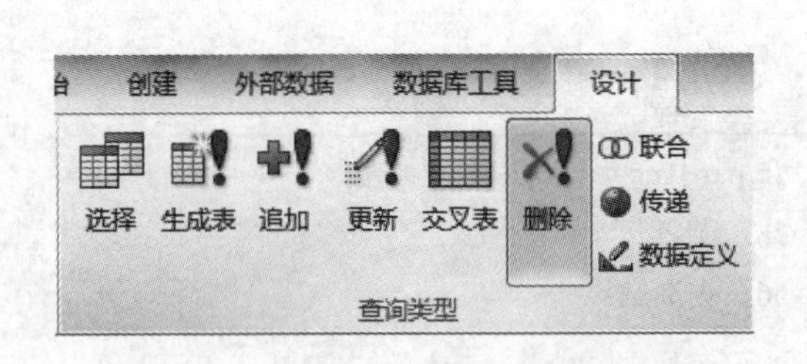

图3-58 【查询类型】组

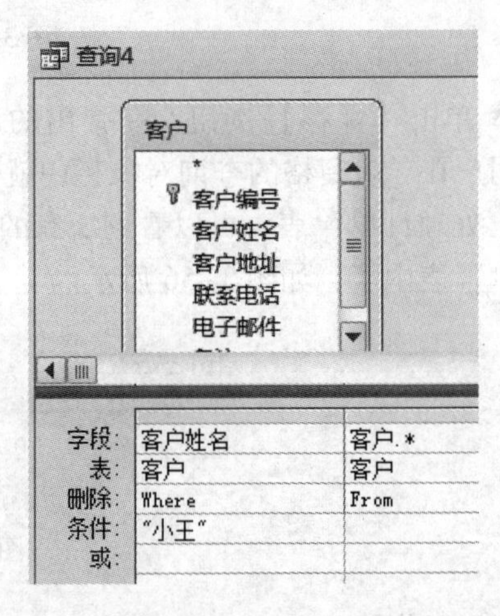

图3-59 查询设计视图

❹ 单击【保存】按钮，在弹出的对话框中输入新创建查询的名称，单击【确定】按钮。用户在导航窗格的查询栏中就可以看到刚才创建的删除查询，运行该删除查询，打开“客户”表，可以看到所有的客户信息中姓名为“小王”的记录被删除了。

3.2.3 利用SQL语句创建查询

对于更为复杂的查询，采用SQL语句来创建较为合适。SQL语句在Access系统中可以创建“联合查询”、“子查询”、“数据定义查询”和“传递查询”。

1. SQL语句介绍

SQL（Structured Query Language）称为结构化查询语言，被所有关系型数据库支持，SQL语言是一门较为复杂的语言，所以有很多书籍专门对它进行了介绍。这里只简单介绍SQL语句对数据库的基本操作命令。

（1）Select语句：用于按一定的规则选择记录。

语法格式：Select 字段1,字段2,…,字段n from 表名 where 查询条件

例如，要从学生表student中查询姓名为“小王”的记录，Select语句可以如下书写：

```
Select * from student where 姓名='小王'
```

（2）Insert语句：用于在数据表中插入记录。

语法格式：Insert into 表名(字段1,字段2,…,字段n) Values(值1,值2,…值n)

例如，给学生表student中添加一条学生记录，insert语句可以如下书写：

```
Insert into student(学号,姓名,班级,电话) Values("053677","小王","1班","07563455899")
```

（3）Delete语句：用于删除数据表中的记录。

语法格式：Delete from 表名 where 查询条件

例如，从学生表student中删除姓名为“小王”的记录，Delete语句可以如下书写：

```
Delete from student where 姓名='小王'
```

（4）Update语句：用于更新数据表中的记录。

语法格式：Update 表名 set 字段1=值1,字段2=值2 … 字段n=值n where 查询条件

例如，在学生表student中，把学号为“053677”的学生所在班级更新为“2班”，Update语句可以如下书写：

```
Update student set 班级='2班' where 学号='053677 '
```

2. 查看查询对象的SQL代码

前面介绍的利用【查询向导】和【查询设计】创建的各种查询，利用这些查询对象所获得查询结果，其实质还是系统在后台自动执行SQL语句的结果。所以前面利用【查询向导】和【查询设计】创建的各种查询在系统后台必定有相应的SQL语句相对应。用户可以通过查询对象的【SQL视图】来查看或修改针对该查询对象而自动生成的SQL语句，具体步骤如下。

操作步骤

❶ 在左边的导航窗格右击某个查询对象（如“销售管理系统”数据库中的“订单查询”对象），在弹出的快捷菜单中选择【设计视图】选项，便进入该查询对象的【设计视图】。

❷ 在查询对象的【设计视图】的空白处右击，在弹出的快捷菜单中选择【SQL视图】选项，便可以进入该查询对象的【SQL视图】，如图3-60所示。

在弹出的【SQL视图】中便可以看到系统针对查询对象而自动生成的SQL语句了，如图3-61所示。

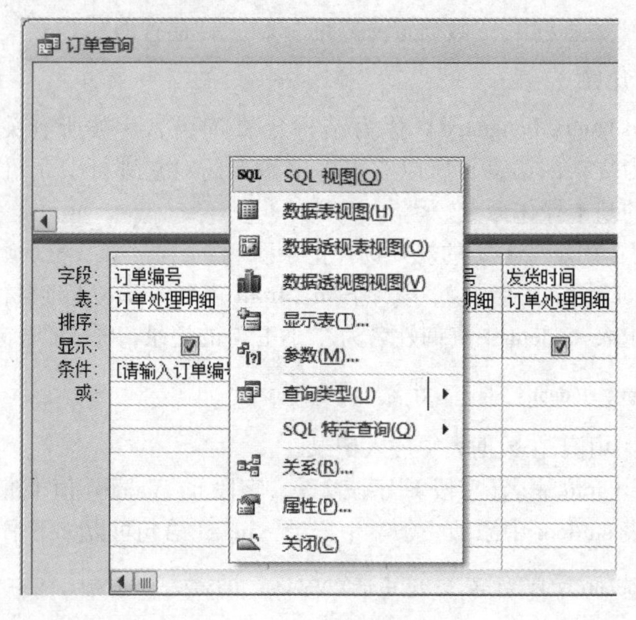

图 3-60　查询设计视图

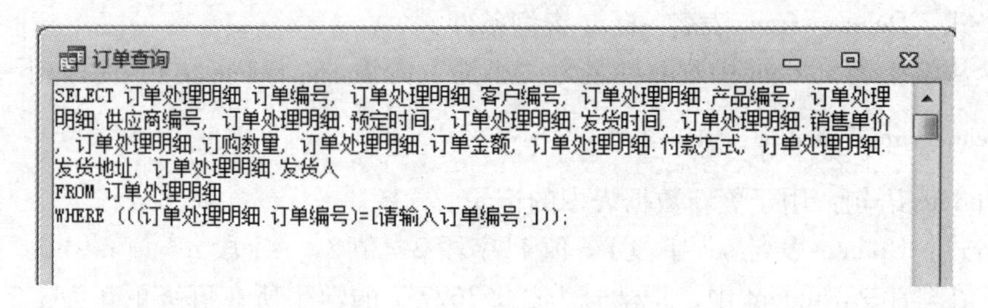

图 3-61　SQL 语句视图

3. SQL 语句创建查询

前面介绍的利用【查询向导】和【查询设计】创建的各种查询，如：选择查询、参数查询、交叉表查询和操作查询，这些查询已经能够基本上满足大多数查询工作的需要。但是在 Access 的高级应用中，经常会使用到一些查询，这些查询是用【查询向导】和【查询设计】都无法创建的，如：联合查询、传递查询和数据定义查询等。所以 Access 2010 提供了用户手动编写 SQL 语句创建查询的功能。下面介绍手动编写 SQL 语句创建查询的方法。

(1) 利用 SQL 语句创建简单查询

这里创建的简单查询是指查询的结果不会对数据源进行任何修改。

下面以“销售管理系统”数据库中的“客户”表作为数据源，查询所有客户信息为例，介绍利用 SQL 语句创建查询的步骤。

操作步骤

❶ 打开“销售管理系统”数据库，单击【创建】选项卡下【查询】组中的【查询设计】按钮，弹出【设计视图】和【显示表】对话框，在【显示表】对话框中，选择“客户”表作为查询的数据，单击【添加】按钮，把“客户”表加入到【设计视图】中，然后单击【关闭】按钮，如图 3-62 所示。

❷ 在查询【设计视图】中右击，在弹出的快捷菜单中选择【SQL 视图】命令，如图 3-63 所示。

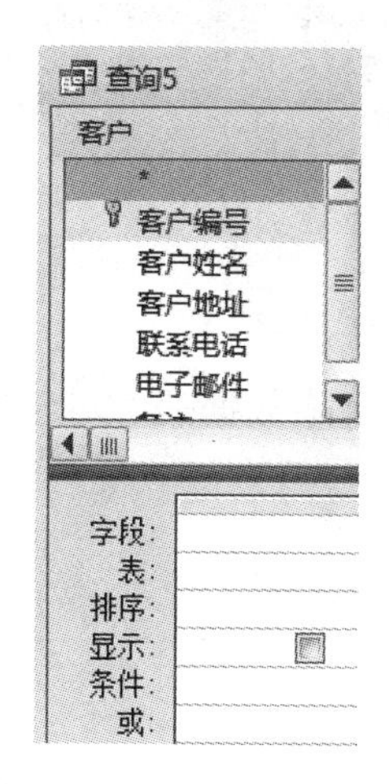

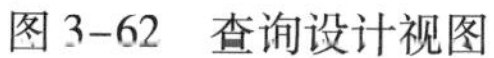

图 3-62 查询设计视图

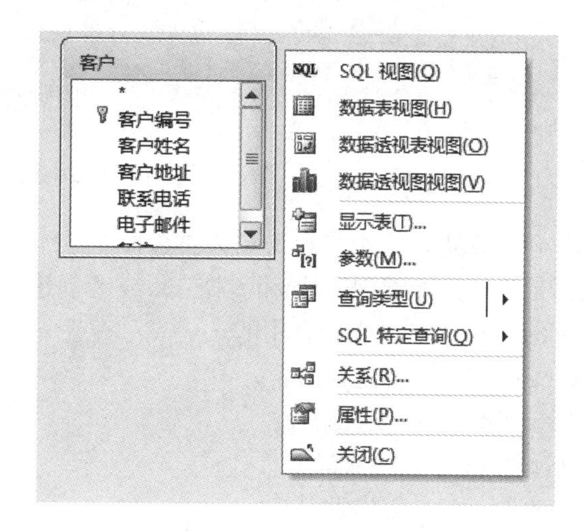

图 3-63 查询设计视图弹出菜单

❸ 即可进入该查询的 SQL 视图，如图 3-64 所示。

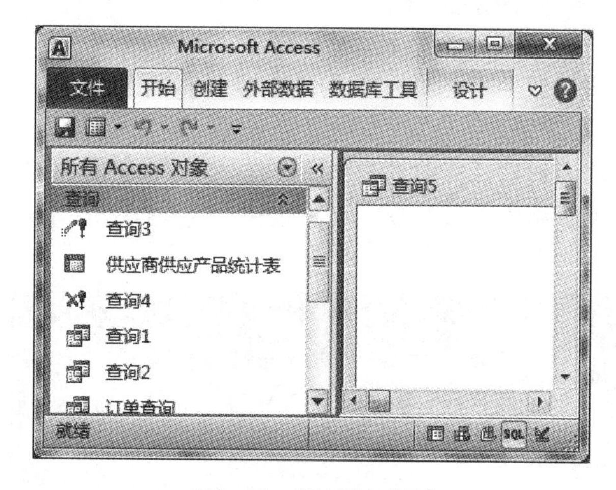

图 3-64 SQL 语句视图

❹ 在【SQL 视图】的空白区域输入如图 3-65 所示的 SQL 代码。

图 3-65 SQL 语句视图

❺ 保存查询，运行该查询，查询结果如图 3-66 所示。

客户编号	客户姓名	客户地址	联系电话	电子邮件
1234	张三	珠海	0756-8489123	zhangsan@sina.com
1235	李四	广州	020-35667890	lisi@gmail.com
1236	小王	珠海	0756-8489144	
*				

图 3-66 查询结果

（2）利用 SQL 语句创建数据定义查询

数据定义查询能够创建或删除索引，或者创建、更改、删除数据表。对于数据定义查询，以下的 SQL 语句是十分有用的。

- Create Table：创建数据表。
- Alter Table：修改数据表。
- Drop Table：删除数据表。
- Create Index：创建索引。
- Drop Index：删除索引。

下面以“销售管理系统”数据库中创建“客户基本信息”表并且在此表中插入一条记录为例，介绍数据定义查询的创建步骤。

操作步骤

❶ 打开“销售管理系统”数据库，单击【创建】选项卡下【查询】组中的【查询设计】按钮。

❷ 在弹出的【显示表】对话框中不选择任何表，进入空白的查询【设计视图】。

❸ 单击【查询类型】组中的【数据定义】按钮，进入查询的【SQL 视图】，如图 3-67 所示。

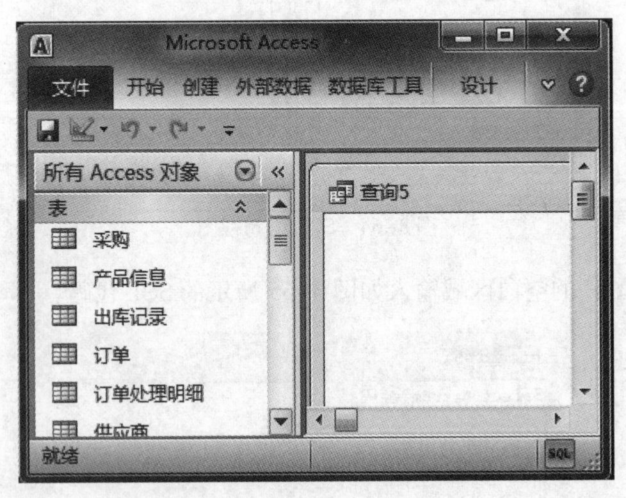

图 3-67 SQL 视图 1

❹ 在【SQL 视图】的空白区域输入以下 SQL 语句：

```
Create Table 客户基本信息表
(客户编号 int,客户姓名 char(30),客户地址 char(50),联系电话 char(100),电子邮件 char (100))
```

此时的【SQL视图】如图3-68所示。.

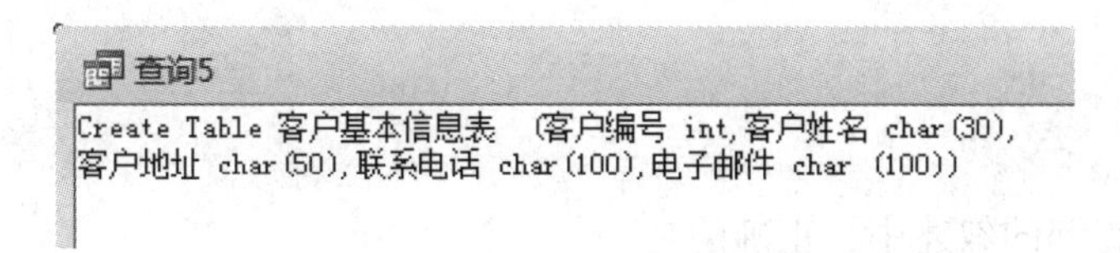

图3-68 SQL视图2

❺ 保存该数据定义查询，并将该查询命名为“新建表”。打开该查询的设计视图，单击【设计】选项卡下【结果】组中的【运行】按钮，得到的运行结果如图3-69所示。

客户基本信息表

	客户编号	客户姓名	客户地址	联系电话	电子邮件
*					

图3-69 SQL语句查询结果视图

❻ 创建一个新的数据定义查询，在【SQL视图】中输入以下所示的代码：

```
Insert into 客户基本信息表 (客户编号,客户姓名,客户地址,联系电话,电子邮件) values (1237,
'小孙','佛山','0757 - 3211774 ','tom@ qq. com ')
```

此时的【SQL视图】如图3-70所示。

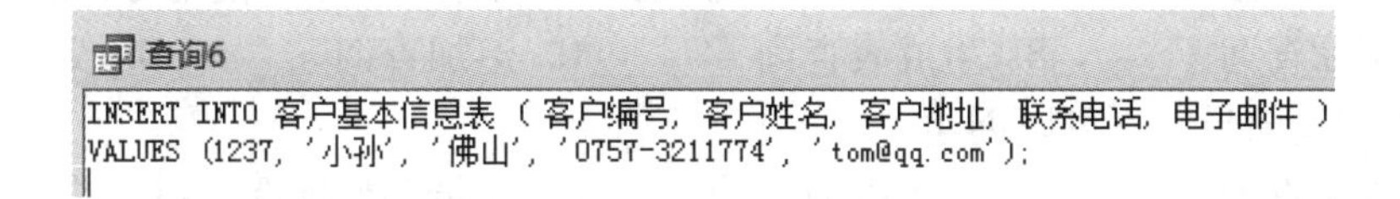

图3-70 SQL视图3

❼ 保存该数据定义查询，并将该查询命名为“插入记录”。打开该查询对象的【设计视图】，单击【设计】选项卡下【结果】组中的【运行】按钮，得到的运行结果如图3-71所示。

客户基本信息表

	客户编号	客户姓名	客户地址	联系电话	电子邮件
	1237	小孙	佛山	0757-321177	tom@qq.com
*					

图3-71 SQL语句查询结果

通过SQL语句还可以创建联合查询、子查询和传递查询，感兴趣的读者可以参考有关资料自行学习和练习。

思考与练习

一、选择题

1. 以下关于查询的叙述中，正确的是（　　）。
   A. 只能根据表创建查询
   B. 只能根据已有查询创建查询
   C. 可以根据表和已有查询创建查询
   D. 不能根据已有查询创建查询
2. 关于删除查询，下面叙述正确的是（　　）。
   A. 每次操作只能删除一条记录
   B. 每次只能删除单个表中的记录
   C. 删除过的记录能用“撤销”命令恢复
   D. 每次可以删除多条记录
3. 操作查询包括（　　）。
   A. 生成表查询、更新查询、删除查询和交叉表查询
   B. 生成表查询、删除查询、更新查询和追加查询
   C. 选择查询、普通查询、更新查询和追加查询
   D. 选择查询、参数查询、更新查询和生成表查询
4. 将表 A 的记录复制到表 B 中，且不删除表 B 中的记录，可以使用的查询是（　　）。
   A. 删除查询　　B. 生成表查询　　C. 追加查询　　D. 交叉表查询
5. 使用查询向导，不可以创建（　　）。
   A. 单表查询　　B. 多表查询　　C. 不带条件查询　　D. 带条件查询

二、填空题

1. 在交叉表查询中，只能有一个________和值，但可以有一个或多个________。
2. 在 Access 2010 中，________查询的运行可能会导致数据表中数据发生变化。
3. 在 Access 中，将指定记录复制到指定新表的查询是________。
4. 选择查询可以从一个或多个________中获取数据并显示结果。
5. 在成绩表中，查找成绩在 75 ~ 85 之间的记录时，条件为________。

第 4 章　窗　　体

窗体是 Access 的重要对象。通过窗体用户可以方便地输入数据、编辑数据、显示和查询数据。利用窗体可以将数据库中的对象组织起来，形成一个功能完整、风格统一的数据库应用系统。

学习要点：

- 窗体的组成与视图
- 简单窗体的创建方法
- 控件的设计与编辑
- 统计窗体的创建方法
- 窗体设计

学习目标：

通过对本章内容的学习，首先认识窗体的基本概念，然后熟悉 Access 窗体的各种创建方法，了解布局视图和设计视图，最后掌握控件与窗体的设计。

4.1　认识窗体

窗体用于控制用户对数据库的访问，使用窗体可以显示、输入、编辑数据表或查询中的数据，可以使用窗体来控制对数据的访问。有效的窗体可以省略搜索所需内容的步骤，更便于用户使用数据库。而且外观引人入胜的窗体可以增加使用数据库的乐趣和效率。

4.1.1　窗体的功能

窗体具有以下几项基本功能。

- 显示、修改和输入数据记录。如图 4-1 所示是一个显示、修改、输入订单信息的窗体。
- 作为程序的导航面板，可提供程序导航功能。用户只需要单击窗体上的按钮，就可以进入不同的程序模块，调用不同的程序。如图 4-2 所示是一个作为导航面板的窗体。
- 用作自定义对话框。接受用户的输入及根据输入执行操作，如图 4-3 所示。

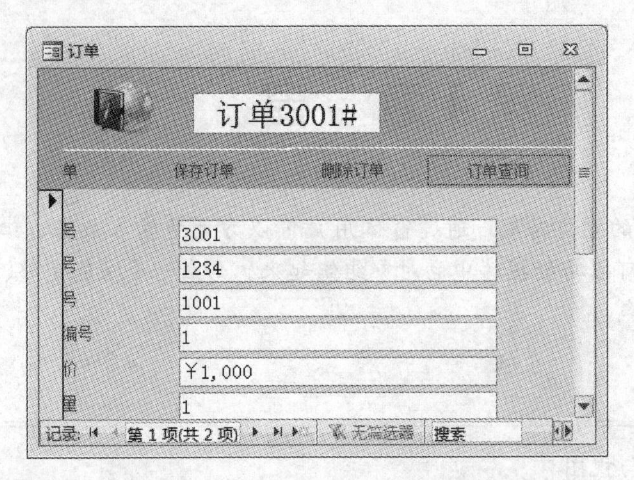

图 4-1　显示、修改、输入订单信息的窗体

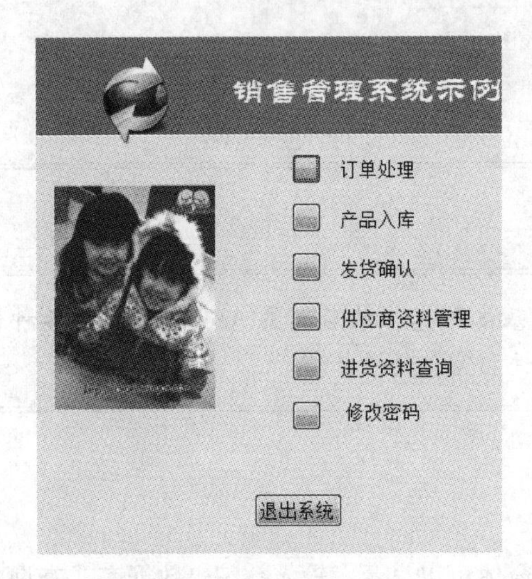

图 4-2　导航面板窗体

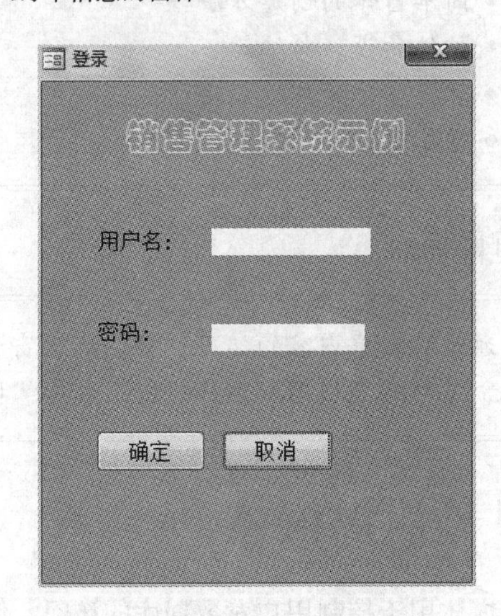

图 4-3　用户自定义对话框窗体

4.1.2　窗体的组成结构

窗体最多可由 5 个节组成，从上而下分别是窗体页眉、页面页眉、主体节、页面页脚和窗体页脚。其中主体节是所有窗体都必须有的。其他节可通过鼠标右击主体节，在弹出菜单中找到，如图 4-4 所示。

每个节都有特定的用途，窗体的信息可根据不同需求设置在各个节上。

- 窗体页眉：显示对每条记录都相同的信息，可用于显示窗体的标题、命令按钮或常规消息等。
- 页面页眉：用于在每个打印页的顶部显示对每一页都相同的信息，如列标题等。
- 主体：可在屏幕或页上显示一条或多条记录的信息，用于查看或输入数据。
- 页面页脚：用于在每个打印页的底部显示信息，如页码等。
- 窗体页脚：显示对每条记录都相同的信息，如导航信息等。

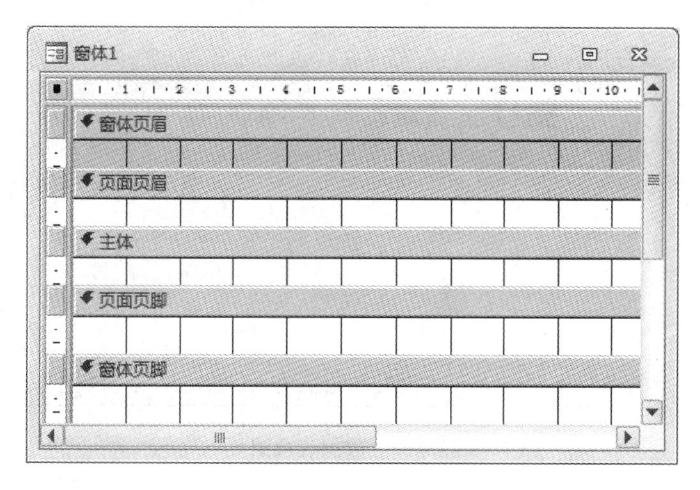

图4-4　窗体的组成

4.1.3　窗体的视图

在创建窗体前，首先简单介绍一下窗体的各个视图。

打开任一窗体，然后单击屏幕左上角的【视图】按钮，可以弹出视图选择菜单。和表一样，Access也提供多种视图查看方式，如图4-5所示。

图4-5　视图选择菜单

【窗体视图】：该视图是窗体的运行界面，在该视图中不能修改任何控件，在该视图中可以检查窗体控件或数据是否符合预设的结果，如图4-6所示。

【数据表视图】：该视图是将窗体上显示的数据以数据表的方式显示多条数据，如图4-7所示。

【数据透视表视图】：该视图用于统计和分析交叉信息之间的影响，如图4-8所示。

【数据透视图视图】：该视图以图形的方式显示统计与分析的数据，如图4-9所示。

【设计视图】：在该视图中，可以添加和删除窗体的各个组成节；还可以在窗体的各个组成节中创建和编辑所有的控件及设置各控件属性，如图4-10所示。

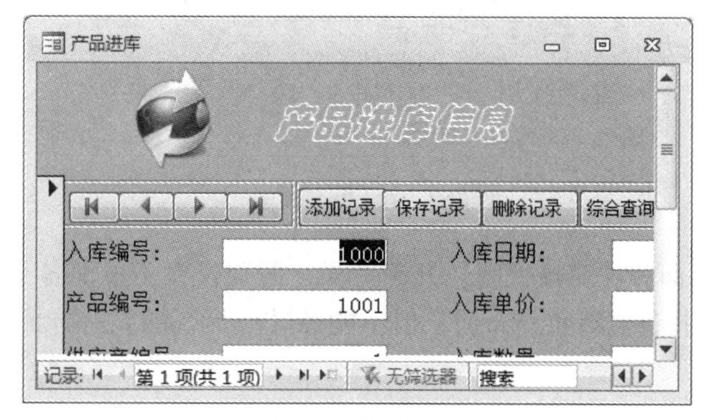

图4-6　窗体视图

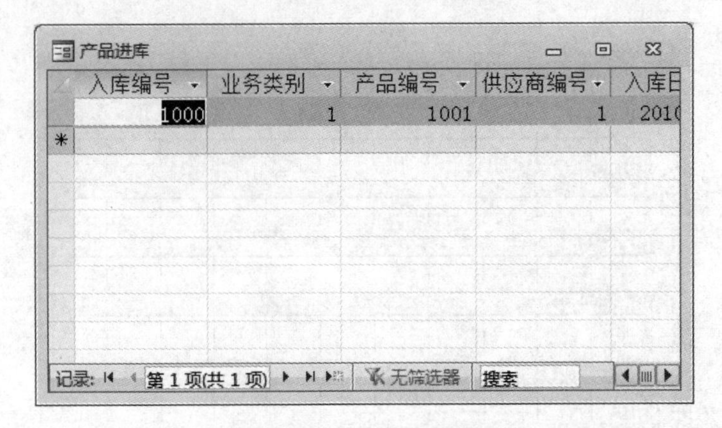

图 4-7　数据表视图

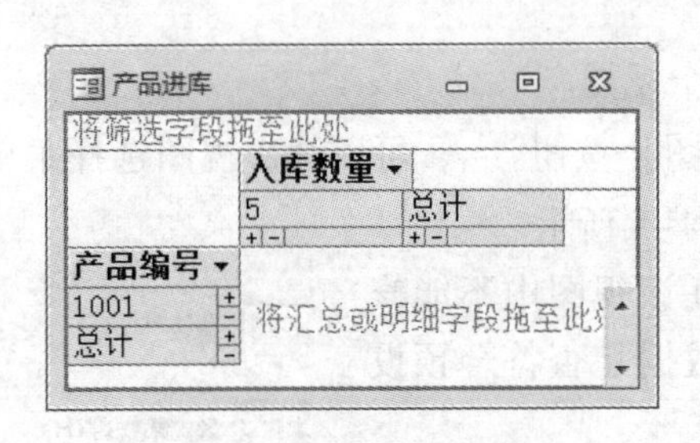

图 4-8　数据透视表视图

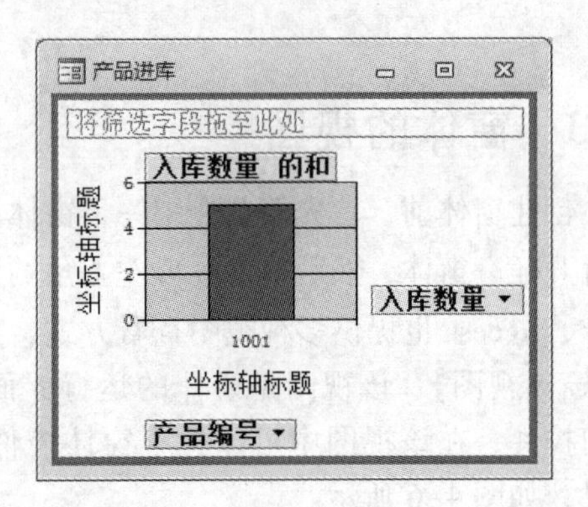

图 4-9　数据透视图视图

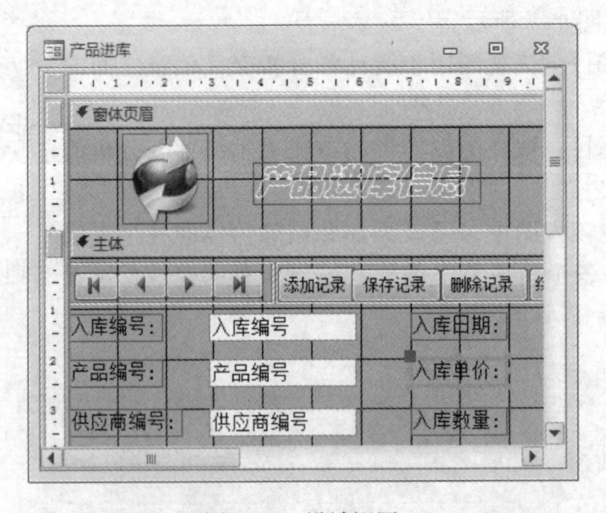

图 4-10　设计视图

【布局视图】：界面和【窗体视图】几乎一样，区别仅在于里面各个控件的位置可以移动，可以对现有的各控件进行重新布局，但不能像【设计视图】一样添加控件，如图 4-11 所示。

图 4-11　布局视图

4.2　创建普通窗体

在窗体的建立方式上，Access 2010 提供了比低版本 Access 功能更加强大而又简便的创建方式。原来只可以通过 Access 内置的【窗体向导】对话框或在【设计视图】中以手动方式创建窗体，而在 Access 2010 中提供了更加智能化的自动创建窗体的方式。

在 Access 2010 的【创建】选项卡下的【窗体】组中，可以看到创建各种窗体的按钮，如图 4-12 所示。

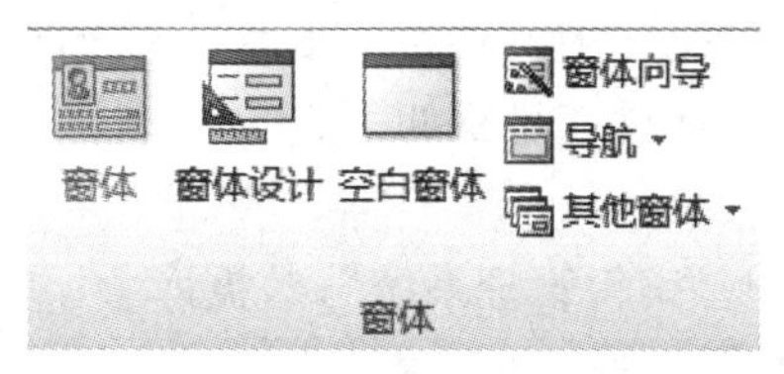

图 4-12　【窗体】组各种窗体创建按钮

【窗体】：利用当前打开（或选定）的数据表或查询自动创建的一个窗体。

【窗体设计】：进入窗体的【设计视图】，通过各种窗体控件设计完成一个窗体。

【空白窗体】：建立一个空白窗体，通过将选定的数据表字段添加进该空白窗体中建立窗体。

【窗体向导】：运用【窗体向导】帮助用户创建一个窗体。

单击【窗体】组中的【其他窗体】按钮，弹出一个选择菜单，在该菜单里 Access 2010 又提供了多种创建窗体的方式，如图 4-13 所示。

【多个项目】：利用当前打开（或选定）的数据表或查询自动创建一个包含多个项目的窗体。

【数据表】：立即利用当前打开（或选定）的数据表或查询自动创建一个数据表窗体。

【分割窗体】：利用当前打开（或选定）的数据表或查询自动创建一个分割窗体。

【模式对话框】：创建一个带有命令按钮的浮动对话框窗体。

【数据透视图】：一种高级窗体，以图形的方式显示统计数据，增强数据的可读性。

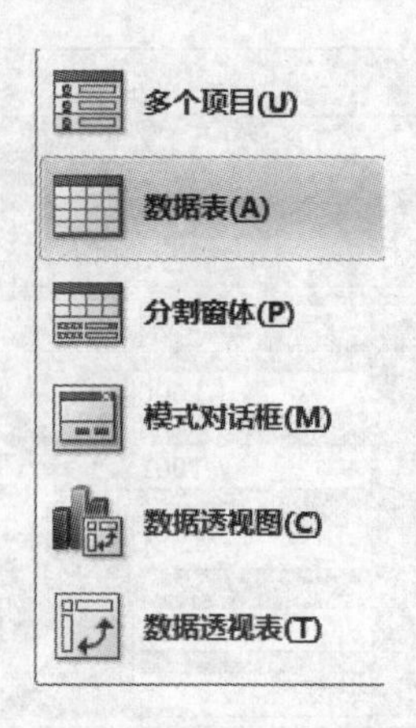

图4-13 多种创建窗体的方式

【数据透视表】：一种高级窗体，通过表的行、列、交叉点来表现数据的统计信息。

综上所述，Access 提供了多种不同的创建窗体的方法，以帮助用户建立功能强大的窗体。用户可以在实际应用时灵活选用。

下面分别介绍这几种方法。

4.2.1 使用“窗体”工具创建窗体

Access 2010 能够“智能”地收集和显示表中的数据信息，自动创建窗体。自动创建窗体的按钮有【窗体】、【分割窗体】和【多个项目】。通过单击不同的按钮，Access 2010 就可以自动创建相应的窗体。

下面以“销售管理系统”数据库中的任意一表作为数据源，体验一下在Access 2010 中使用“窗体”工具创建窗体，具体操作步骤如下。

操作步骤

❶ 启动 Access 2010，打开“销售管理系统”数据库。

❷ 打开数据库表对象的任意一表，如“客户”表。

❸ 单击【创建】选项卡【窗体】组中的窗体即可生成如图4-14 所示的窗体。

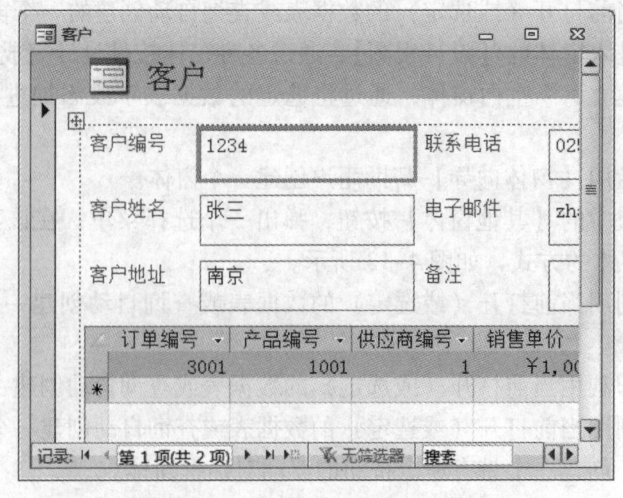

图4-14 窗体工具创建的窗体

❹ 保存该窗体，并将此窗体命名为“客户”。

4.2.2　使用“分割窗体”工具创建分割窗体

分割窗体可以在窗体中同时提供数据表的两种视图：“窗体视图”和“数据表视图”。

下面以本书提供的“销售管理系统”数据库中的任意一表作为数据源。使用“分割窗体”工具创建窗体的操作步骤如下。

操作步骤

❶ 启动 Access 2010，打开“销售管理系统”数据库。

❷ 打开“供应商”表。

❸ 单击【创建】选项卡下的【窗体】组中的【其他窗体】旁的下拉按钮，在弹出的下拉列表框中选择【分割窗体】，如图 4-15 所示。

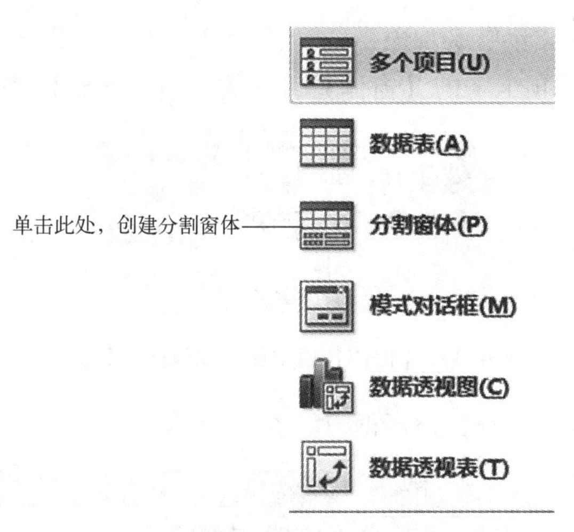

图 4-15　其他窗体下拉列表框

❹ 结果如图 4-16 所示，命名为供应商分割窗体。

供应商1

供应商

供应商编号 1　联系人职务 总经理

供应商名称 周口玩具厂　业务电话 0394-431087

联系人姓名 刘余良　电子邮件 kxwj@kxwj.com

供应商编号	供应商名称	联系人姓名	联系人职务	业务电话	电子邮件
1	周口玩具厂	刘余良	总经理	0394-431087	kxwj@kxwj.c
2	扬州小天地游	郝思礼	总经理	0514-862739	xtd@xtdplay

记录：第 1 项(共 2 项)　无筛选器　搜索

图 4-16　供应商分割窗体

可见分割窗体的上半部分是【窗体视图】，显示一条记录的详细信息，下半部分是原来的【数据表视图】，显示数据表的记录。这两种视图连接同一数据源，并且总是保持同步。

使用分割窗体可以在一个窗体中同时利用两种窗体类型的优势。例如，可以使用窗体的数据表部分快速定位记录，然后使用窗体部分查看或编辑记录。

4.2.3 使用“窗体向导”创建窗体

除了以上介绍的建立窗体的方法以外，还可以利用【窗体向导】创建窗体，按照向导的提示，输入窗体的相关信息，一步一步地完成窗体的设计工作。

1. 创建基于单表的窗体

操作步骤

❶ 打开“销售管理系统”数据库。

❷ 单击【创建】选项卡下的【窗体】组中的【窗体向导】按钮，如图 4-17 所示。

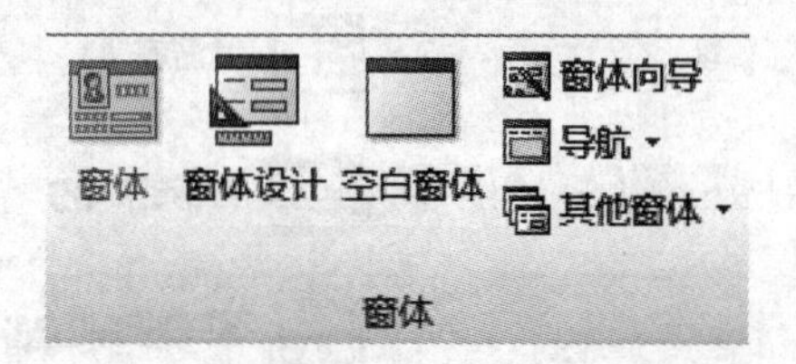

图 4-17 【窗体】组中的【窗体向导】按钮

❸ 系统将弹出【窗体向导】对话框，如图 4-18 所示。

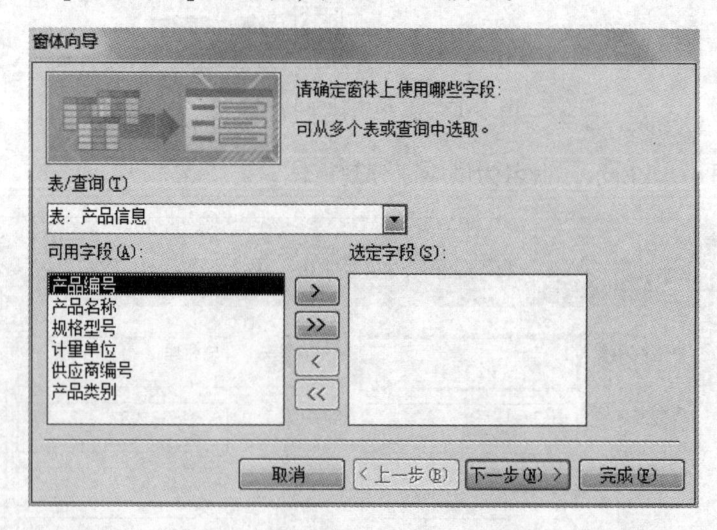

图 4-18 【窗体向导】对话框

❹ 打开【窗体向导】对话框中的【表/查询】下拉列表框，可以看到该数据库中的所有表和查询数据源。这里选择“表：产品信息”选项作为该窗体的数据源，在【可用字段】列表框中列出了“产品信息”表中的所有字段。

❺ 在【可用字段】列表框中选择要显示的字段，单击 > 按钮将所选字段添加到【选

定字段】列表框中，或直接单击 >> 按钮，选中所有字段，如图 4-19 所示。

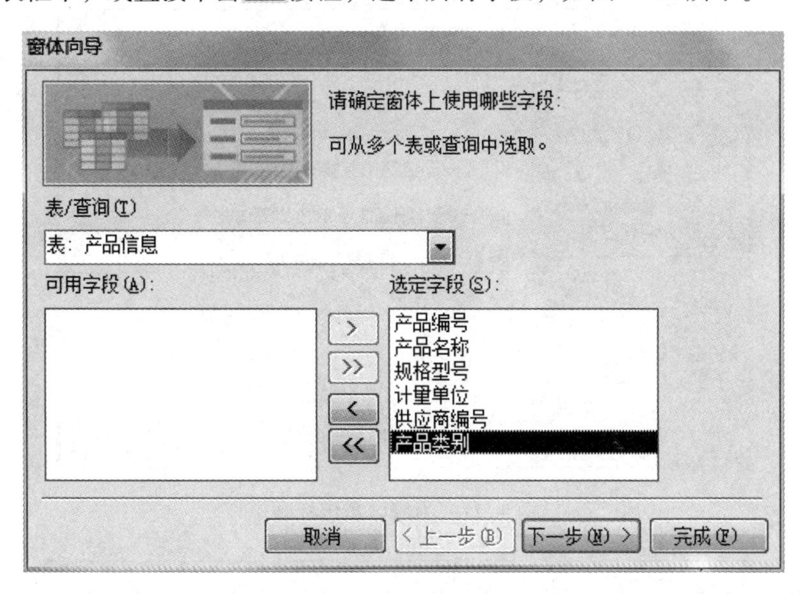

图 4-19 添加选定字段

❻ 单击【下一步】按钮，选择窗体布局，其中提供了 4 种布局方式，即【纵栏表】、【表格】、【数据表】和【两端对齐】方式。在本例中选择【纵栏表】布局方式，如图 4-20 所示。

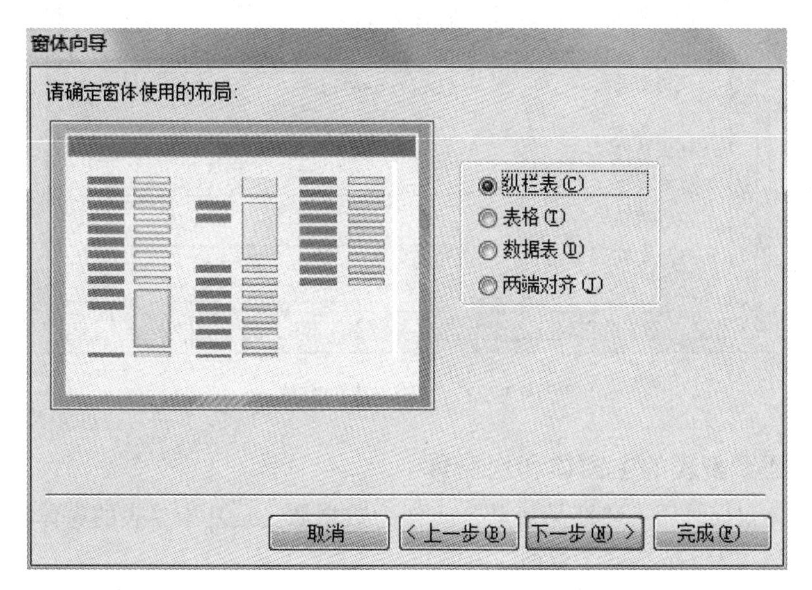

图 4-20 选择窗体布局方式

❼ 单击【下一步】按钮，为窗体指定标题，输入窗体标题为“产品信息”，然后可以选择是查看窗体还是在【设计视图】中修改窗体。本例中选择【打开窗体查看或输入信息】单选按钮，如图 4-21 所示。

❽ 单击【完成】按钮，即可完成此窗体的创建。创建的效果如图 4-22 所示。

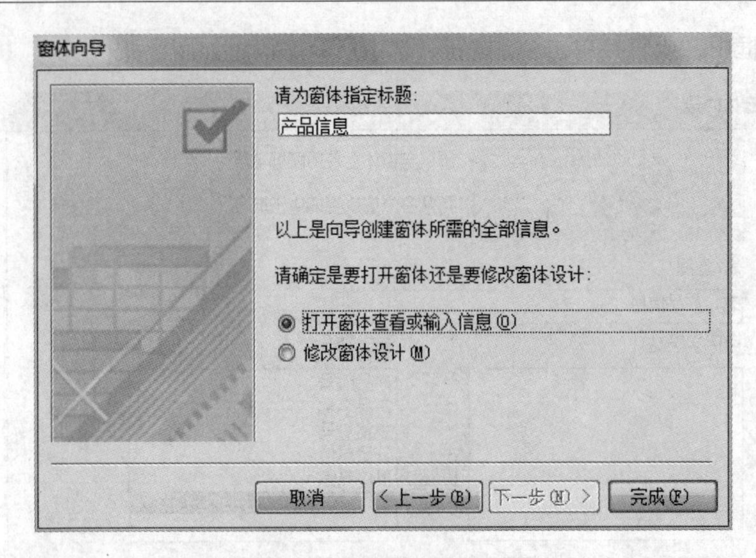

图 4-21 为窗体指定标题

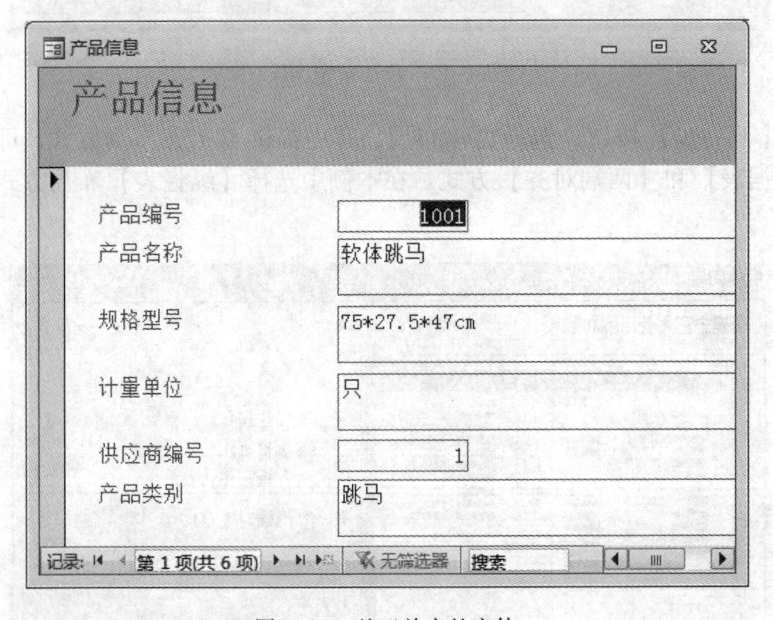

图 4-22 基于单表的窗体

2. 创建基于多表的主窗体和次窗体

上面的窗体仅仅采用了“产品信息”表作为数据源，是基于单表的窗体。利用窗体向导，也可以创建基于多表或多个查询的窗体。

创建单表窗体和多表窗体是不一样的。下面就以“销售管理系统”数据库中的“产品信息”表和“出库记录”表为数据源，介绍建立基于多表窗体的方法。

操作步骤

❶ 打开“销售管理系统”数据库，单击【创建】选项卡下的【窗体】组中的【窗体向导】按钮 窗体向导。

❷ 在弹出的【窗体向导】对话框中单击【表/查询】下拉列表框中的下拉按钮，选择

“表：产品信息”作为该窗体的数据源，单击 > 按钮将所选字段添加到【选定字段】列表框中。

❸ 重新选择“表：出库记录”作为该窗体的另一数据源，单击 > 按钮将所选字段添加到【选定字段】列表框中，如图 4-23 所示。

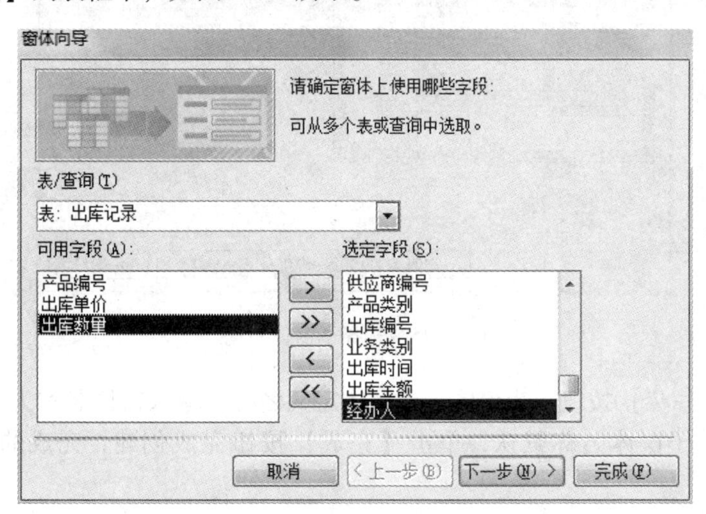

图 4-23　添加窗体上显示的字段

注意：这里用的表，必须是建立了关系的。根据关系是“一对一”还是“一对多”，系统将有不同的提示对话框。

❹ 单击【下一步】按钮，选择数据查看方式，由于数据来源于两个表，因此有“通过产品信息”和“通过出库记录”两种查看方式。这里选择“通过产品信息”方式查看，如图 4-24 所示。

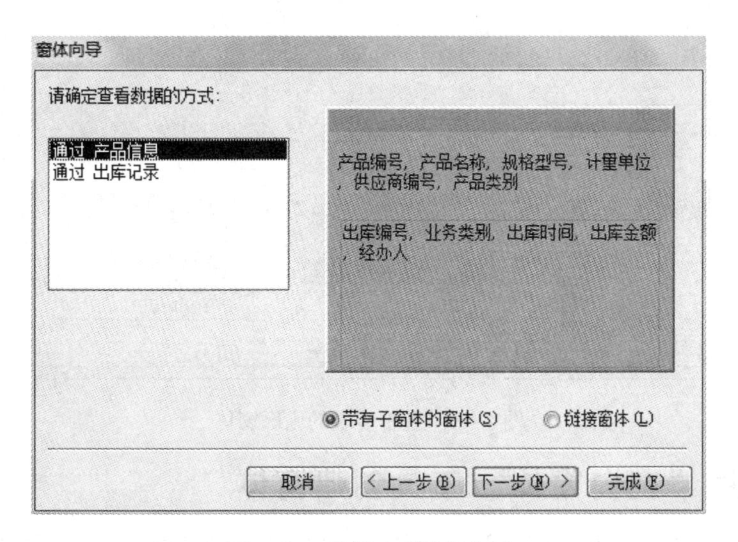

图 4-24　选择查看数据方式

❺ 单击【下一步】按钮，选择子窗体布局。在本例中选择【表格】布局方式，如图 4-25 所示。

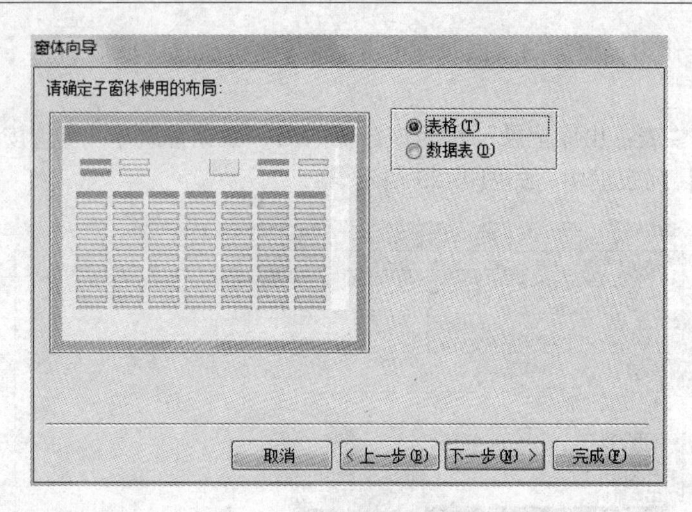

图 4-25 选择子窗体布局

❻ 单击【下一步】按钮，为窗体、子窗体定义名称，输入窗体名称为“产品信息出库记录多表窗体”，子窗体名称默认，单击【完成】按钮完成创建，完成的窗体如图 4-26 所示。

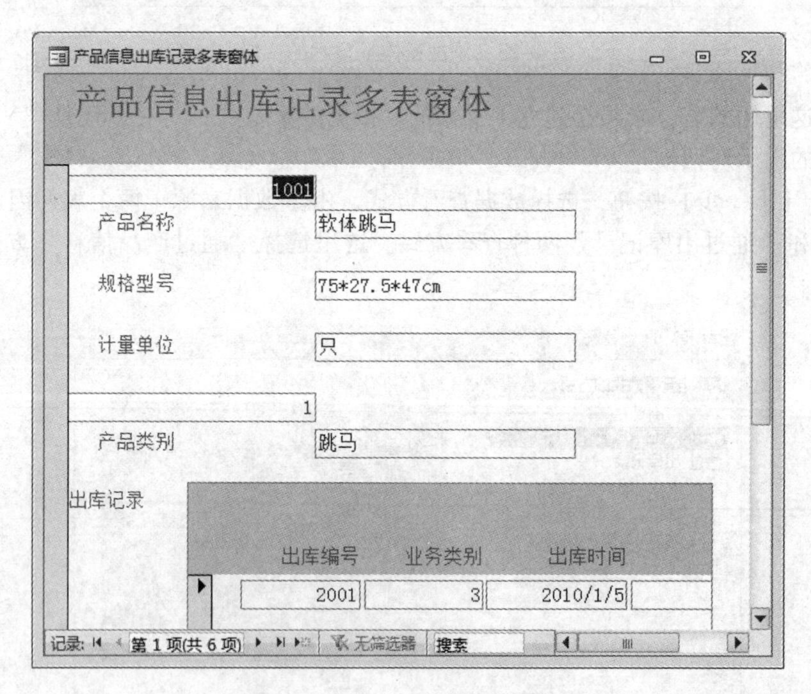

图 4-26 基于多表的主次窗体

4.2.4 使用“空白窗体”工具创建窗体

使用“空白窗体”工具也可以创建窗体。用户可以在这种模式下，通过拖动表的各个字段建立专业的窗体。

下面以本书提供的“销售管理系统”数据库为例，介绍如何使用“空白窗体”工具创建窗体。

操作步骤

❶ 打开“销售管理系统”数据库。在导航窗格中，打开任一表。本例中打开“订单”表。

❷ 单击【创建】选项卡下的【窗体】组中的【空白窗体】按钮，创建一空白窗体，如图 4-27 所示。

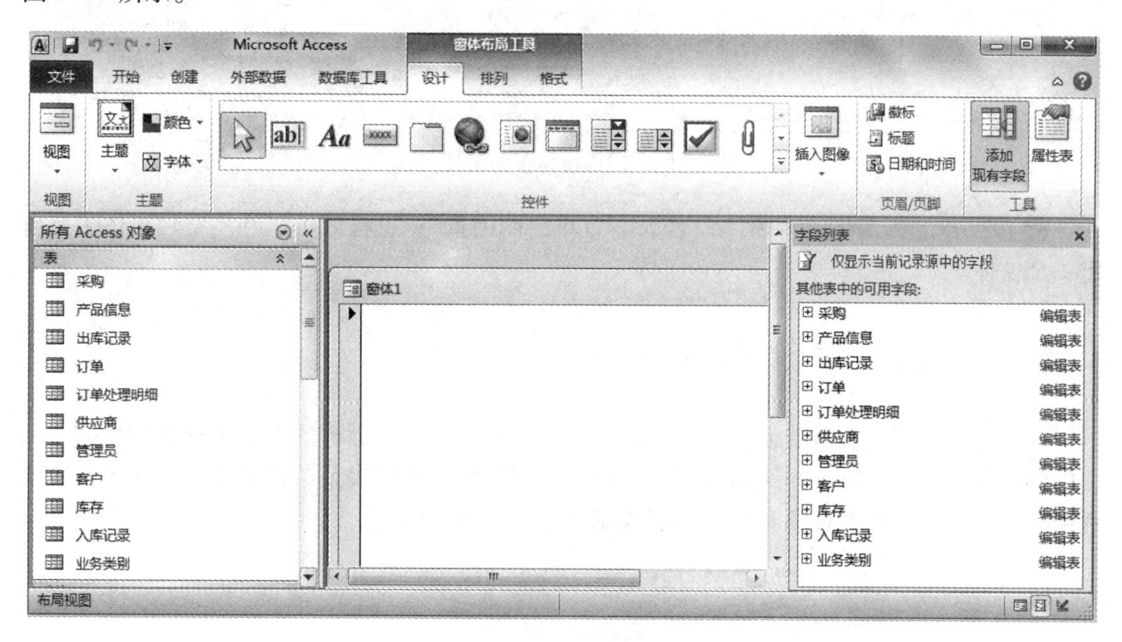

图 4-27　空白窗体

❸ 窗体右边的【字段列表】窗格中，显示了“订单”表中的所有字段，也显示了所有与该表相关联的表中的字段，以及其他表中的字段。直接双击要编辑的字段，或者拖动该字段到空白窗体中，建立窗体，如图 4-28 所示。

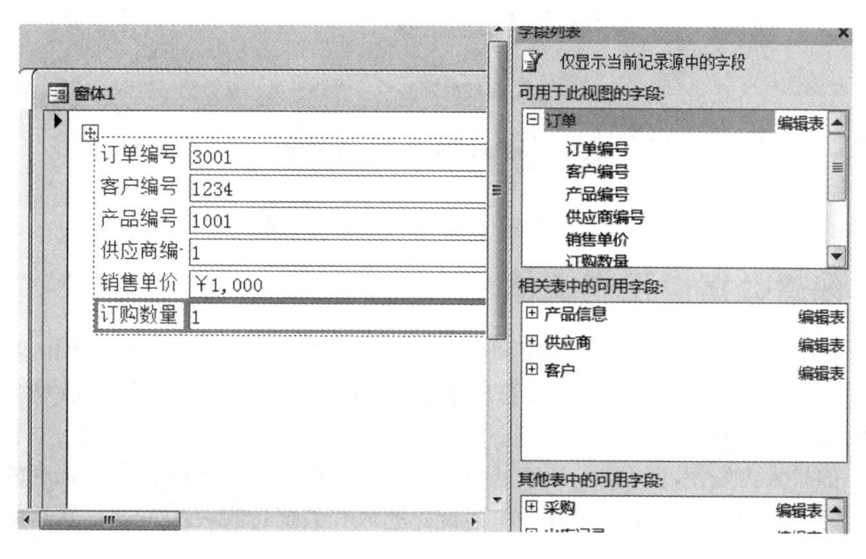

图 4-28　窗体添加字段

❹ 使用【窗体布局工具】选项卡下各种工具可以向窗体添加徽标、标题、页码及日期和时间等，如图 4-29 所示。

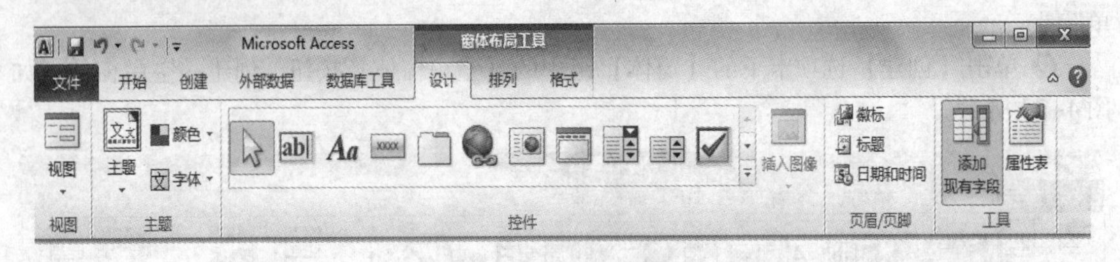

图 4-29 窗体布局工具

❺ 保存建立的窗体，将窗体命名为“订单简明信息”，这样就可以利用空白窗体工具新建一个窗体。

4.3 创建统计分析窗体

前面介绍了普通窗体的创建方法，但对基础数据进行统计分析的数据透视表和数据透视图的创建没有介绍。以下介绍通过使用数据透视图和数据透视表菜单创建数据透视图和数据透视表的方法。数据透视图和数据透视表菜单如图 4-30 所示。

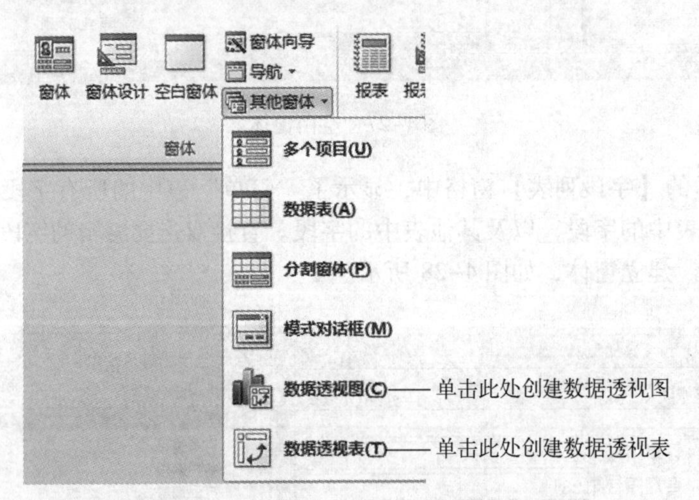

图 4-30 创建数据透视图和数据透视表菜单

4.3.1 创建数据透视表窗体

数据透视表窗体是对数据源表或查询的数据进行数据分析统计的结果体现。其形式类似于 Excel 中的数据透视表。在数据透视表窗体中，用户可以任意改变统计字段及统计方式以实现不同的数据统计要求。

例如，如果人力资源部门要统计雇员薪酬构成的详细情况，可以将各个福利的名称作为列标题放在透视表的顶端，而将雇员名作为行标题放在数据透视表的左端，然后就可以统计雇员各项薪酬福利的详细构成了。

下面以本书提供的“销售管理系统”数据库中的“库存”表作为数据源，建立一个数据透视表窗体，在表中能够按照供应商编号分类显示各类产品的库存量。

操作步骤

❶ 打开“销售管理系统”数据库。

❷ 在屏幕左边的导航窗格中打开“库存”表，表中的各个字段名称如图 4-31 所示。

产品编号	供应商编号	库存量	单击以添加
1001	1	20	
1002	1	3	
1003	1	2	
1004	2	1	
1005	2	1	
1006	1	5	

记录: 第 1 项(共 6 项)　无筛选器　搜索

图 4-31　库存表

❸ 单击【创建】选项卡下的【窗体】组中的【其他窗体】下拉按钮，在弹出的下拉列表框中选择“数据透视表”，进入数据透视表【设计视图】如图 4-32 所示。

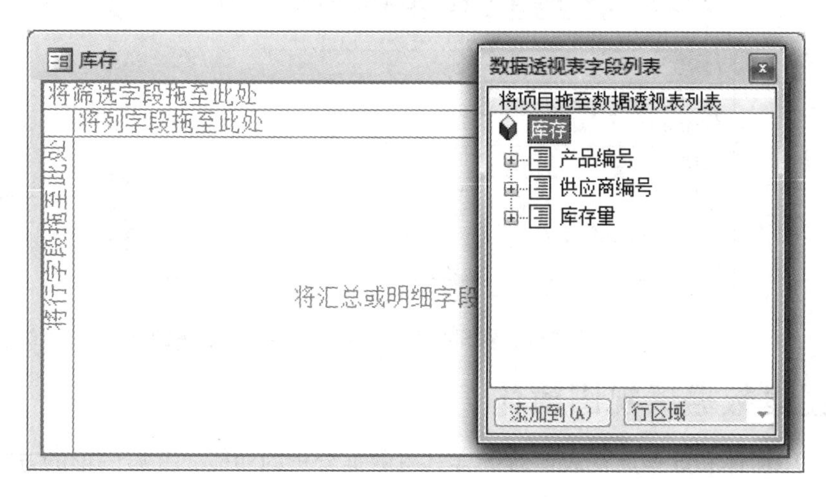

图 4-32　库存表的数据透视表设计视图

❹ 在弹出的【数据透视表字段列表】窗格中，选择要作为透视表行、列的字段。本例中要在透视表的左边列中显示产品编号，上边行中显示各供应商的编号，中间显示库存量，因此相应的操作过程为：选择“产品编号”字段，再选择下拉列表框“行区域”，然后单击【添加到】按钮，将“产品编号”添加到数据透视表中；或者直接将“产品编号”字段拖到“行区域”，如图 4-33 所示。

❺ 用同样的方法将“供应商编号”添加到列区域，将“库存量”字段添加到“明细数据区域”，得到的视图如图 4-34 所示。

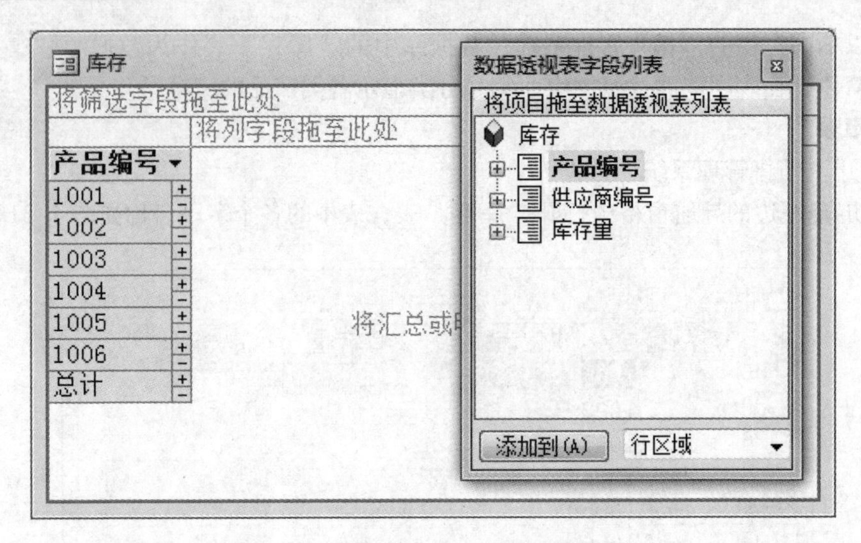

图 4-33 数据透视表行区域字段的选择

将筛选字段拖至此处

	供应商编号		
	1	2	总计
产品编号	库存量	库存量	无汇总信息
1001	20		
1002	3		
1003	2		
1004		1	
1005		1	
1006	5		
总计			

图 4-34 添加行、列和明细区域后的数据透视表视图

4.3.2 创建数据透视图窗体

数据透视图窗体和数据透视表窗体一样具有数据分析的功能，并以图形的方式更直观地显示分析结果。

下面以“销售管理系统”数据库中的“库存”表作为数据源，建立一个数据透视图窗体，在图中能够以分布直方图的形式统计各个产品的库存。本例要在透视图的下方显示各类产品的库存量。

操作步骤

❶ 打开“销售管理系统”数据库。

❷ 在屏幕左边的导航窗格中打开“库存”表，表中的各个字段名称如图 4-35 所示。

❸ 单击【创建】选项卡下的【窗体】组中的【其他窗体】下拉按钮，在弹出的下拉列表框中选择“数据透视图”，进入数据透视图【设计视图】，如图 4-36 所示。

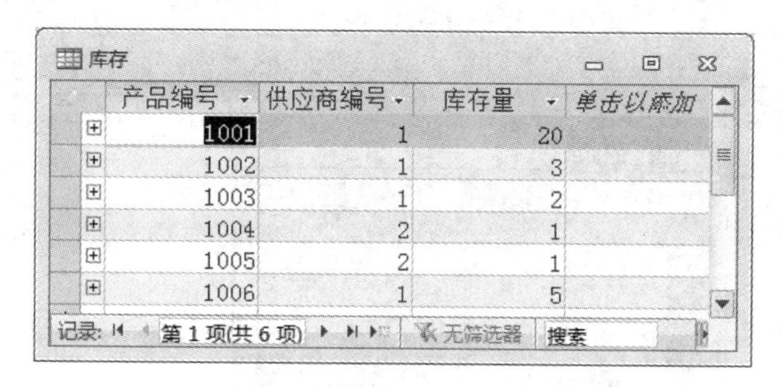

库存

产品编号	供应商编号	库存量	单击以添加
1001	1	20	
1002	1	3	
1003	1	2	
1004	2	1	
1005	2	1	
1006	1	5	

记录: 第1项(共6项) 无筛选器 搜索

图4-35 库存表

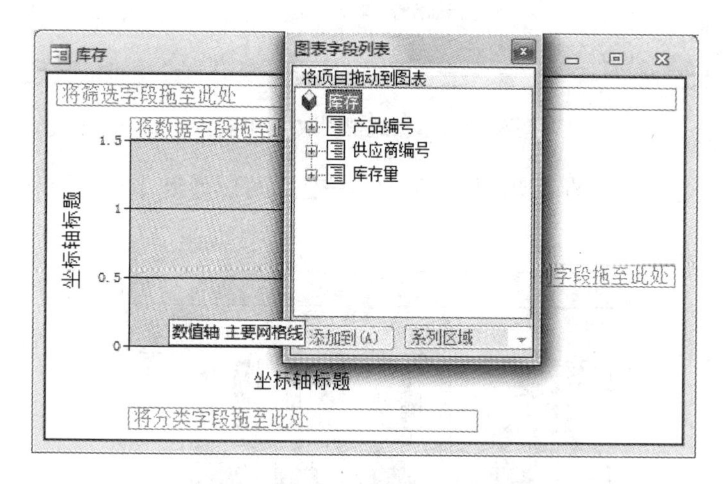

图4-36 库存表的数据透视图设计视图

❹ 在弹出的【图表字段列表】窗格中，选择要作为透视图分类的字段。选择“产品编号”字段，再选择下拉列表框中的“分类区域”，然后单击【添加到】按钮，将“产品编号”添加到数据透视图中，或者直接将“产品编号”字段拖到“分类区域”，如图4-37所示。

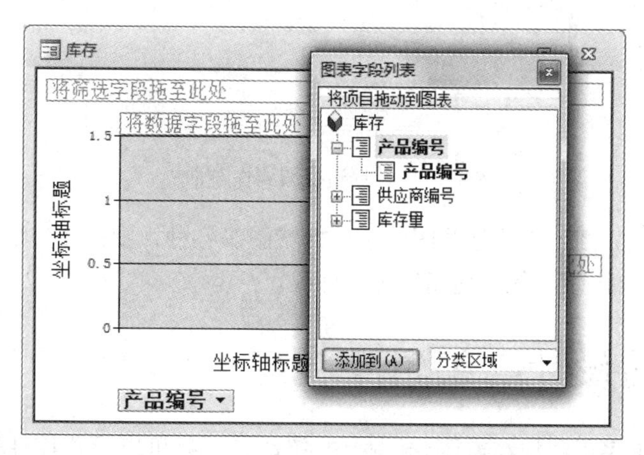

图4-37 数据透视图分类字段的选择

❺ 用同样的方法将“库存量”添加到数据区域，得到的视图如图4-38所示。

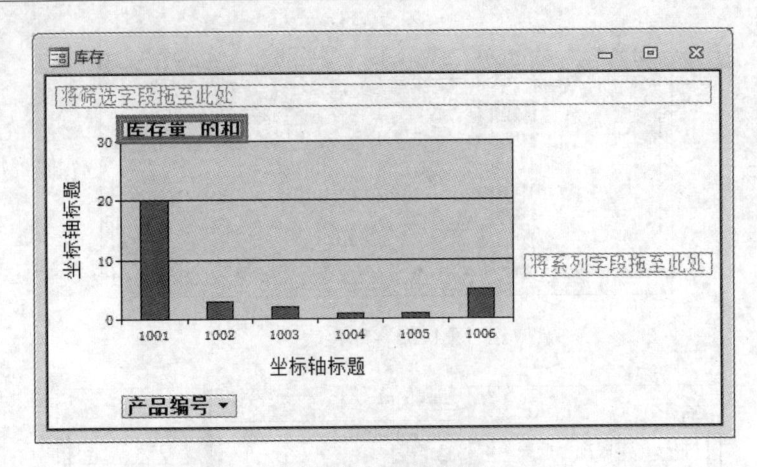

图 4-38　数据透视图数据的选择

单击【设计】选项卡下的【更改图表类型】按钮，可以弹出【属性】对话框，如图 4-39 所示。

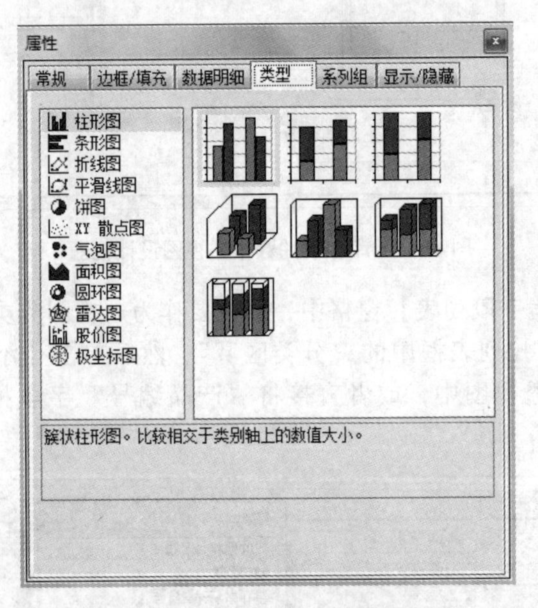

图 4-39　数据透视图属性对话框

可以创建平面直方图、立体柱状图、条形柱状图等各种视图，通过切换按钮还可以对数据明细、系列组及边框/填充等其他属性进行修改。

4.4　控件的设计与编辑

Access 提供了很多可添加在窗体/报表上的控件，并且可以设置控件事件和格式，以及在窗体上布局各种控件。本节以“销售管理系统”数据库为例介绍窗体控件的设计与编辑方法。

4.4.1 控件类型

可在窗体和报表中添加的对象都称为控件。控件是用于在窗体和报表上显示数据、执行操作或装饰版面的对象。控件可分为三种类型：绑定型控件、未绑定型控件和计算型控件。

绑定型控件：直接连接数据源中的某个字段，更新控件中的数据相当于直接更新数据源的数据。可设置控件来源的控件都可以设置为绑定型控件。文本框、列表框、组合框、复选框、选项按钮、切换按钮等都可以作为绑定型的控件。

未绑定型控件：未与数据源字段连接的控件，可用于标示、说明等。所有的控件都可以设置为未绑定型。其中徽标、标题、标签、直线和矩形控件都是未绑定型的。

计算型控件：以表达式作为数据来源，主要用于处理窗体运行时临时产生的结果。表达式可以是运算符（如 =、+）、控件名称、字段名称、返回单个值的函数等。例如，表达式“=［单价］*0.75”即为“单价”字段的值乘以常量值“0.75”来计算折扣率为25%的商品价格。表达式的值可以来自窗体的数据源表或查询中的字段，也可以来自窗体上的其他控件。

4.4.2 控件的创建

创建控件，一般是在设计视图中进行的。开启 Access 提供的“控件向导”，可以更便捷地创建控件。

1. 创建图像和标签控件

图像控件用于在窗体或报表上显示静态的图像信息。一般用于配合文字的显示。在窗体上创建图像的基本操作步骤如下。

操作步骤

❶ 在“设计视图”中打开窗体。

❷ 单击【设计】选项卡【控件】组中【图像】按钮，鼠标变为“+”形状。

❸ 在窗体上单击要放置图像的位置，用于建立和图片实际大小一样的范围；或者在窗体上拖曳鼠标至某个位置。

❹ 在出现“插入图片”对话框中选择图片文件，单击【确定】按钮。

标签控件用于在窗体或报表上显示说明性的信息。标签可以附加到另一个控件上，用于说明另一个控件的标识。例如在创建其他控件时，Access 会自动地给每个控件自动添加用于辅助说明该控件信息的捆绑标签。用户也可以另外创建独立的标签，不附加到任何其他控件上。

在窗体上创建独立标签的基本操作步骤如下。

操作步骤

❶ 在“设计视图”中打开窗体。

❷ 单击【设计】选项卡【控件】组中【标签】按钮。

❸ 在窗体上单击要放置标签的位置，则会创建一个默认固定大小的标签，然后在标签上输入文本信息。

例如在“产品信息”窗体的左上方分别创建图像控件和标签控件，如图 4-40 所示。

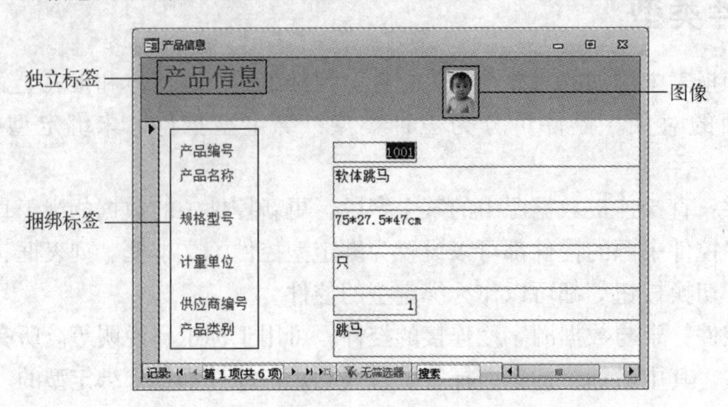

图 4-40 添加标签和图像控件后的窗体

2. 创建文本框控件

文本框控件主要用于在窗体及报表上显示数据。文本框可以设置为 3 种类型的控件。若文本框是绑定型的，则显示的数据来自数据源中的字段值，修改文本框数据的同时修改了数据源的字段值；若文本框是未绑定式的，则接收用户输入的数据不会影响任何数据源；若文本框是计算式的，则显示计算得到的结果。

创建未绑定型文本框的基本操作步骤如下。

操作步骤

❶ 打开窗体的设计视图。

❷ 单击【设计】选项卡【控件】组中【文本框】按钮。

❸ 在窗体上单击放置文本框的位置。

❹ 若“控件向导”开启，按照向导对话框中的提示，分别设置文本框的属性、输入法模式设置以及文本框的名称等。

❺ 单击文本框的附加标签，输入标签的内容。

创建计算型文本框的基本操作步骤如下。

操作步骤

❶ 先创建一个未绑定型文本框。

❷ 在文本框中输入以等号开头的表达式。

“销售管理系统”数据库中的“订单”窗体上面用于显示订单号的控件即为计算型文本框，文本框的内容为“=Replace("订单 #"," ",Nz([订单编号],"(新)"))”。(Replace(old_text,start_num,num_chars,new_text)，替换函数，其中 old_text 是字符串表达式，包含要替换的字符串，start_num 需替换字符串在原字符串中的位置，num_chars，需要替换的字符串的长度，new_text 新字符串，Nz(AA,"BB")意思是如果 AA 的值是空的话就用 BB 代替)，如图 4-41 所示。

3. 创建列表框和组合框

列表框和组合框控件都可用于从一个固定数据的列表中选择数据实现输入，减少重复输入以及出错概率。列表框的数据行直接显示在窗体上，只允许从列表中选择数据；组合框的数据

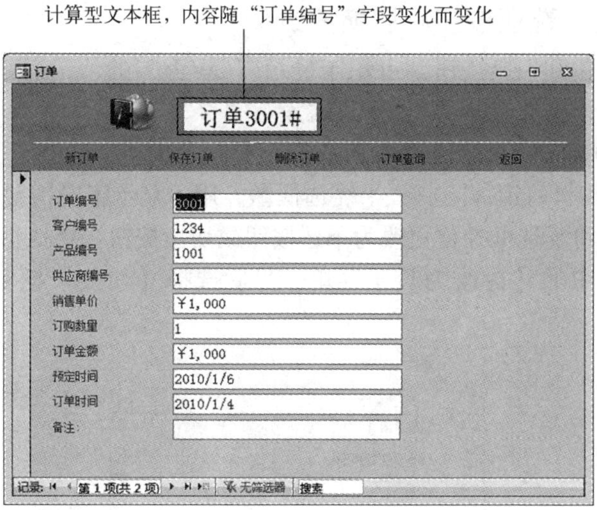

计算型文本框，内容随“订单编号”字段变化而变化

图4-41　计算型文本框

行只显示一行，其他数据都隐藏在下拉列表中，既可从列表中选择数据行又可输入新的数据。

下面以在窗体上创建一个“产品名称”组合框和“产品名称”列表框为例介绍组合框和列表框的创建方法。数据来自“产品信息”表中的“产品名称”字段。

创建组合框和列表框的基本操作步骤如下。

操作步骤

❶ 在设计视图中创建一个空白的窗体。

❷ 单击【设计】选项卡【控件】组中【组合框】按钮。

❸ 在窗体上单击要放置组合框的位置。

❹ 若“控件向导”开启，在弹出的向导对话框中选择获取数值的方式：使用组合框查阅表/查询中的值或自行输入所需的值。本例选择“使用组合框查询表/查询中的值”。

❺ 从已有表/查询中选择或手工输入组合框的数据来源。本例，选择“产品信息”表中的“产品名称”字段。

❻ 设置组合框中使用的排序字段和列的宽度。

❼ 设置组合框的附加标签显示的标题为“产品名称”。

同样的步骤创建列表框，只是选择控件时选择【列表框】按钮。结果如图4-42所示。

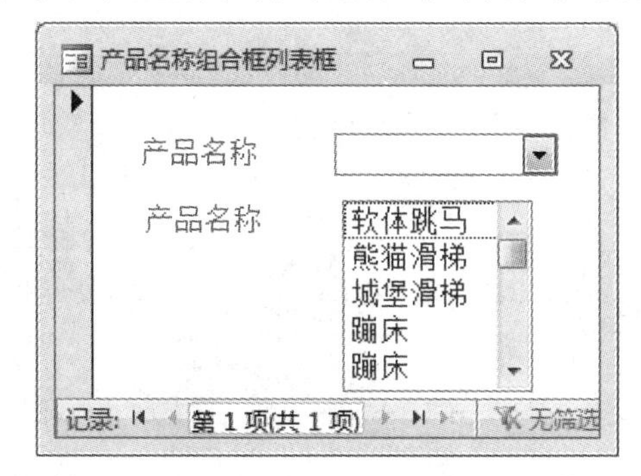

图4-42　添加了组合框列表框控件的窗体视图

4. 创建复选框、选项按钮和切换按钮

复选框、选项按钮和切换按钮都可用于显示“是/否”的值，通常可以与“是/否”类型的字段绑定。选中该控件表示“是”，反之表示“否”。

在“库存”表中新增一个字段“是否有库存”，类型为“是/否”，显示控件为“复选框”。创建“库存”窗体，窗体上有一个复选框☑，用于显示字段“是否有库存”。

如果需要，可以将复选框控件更改为单选按钮或切换按钮。要执行此操作，可以右击复选框，选择快捷菜单中的【更改为】子菜单，然后选择【切换按钮】或【选项按钮】命令，如图 4-43 所示。

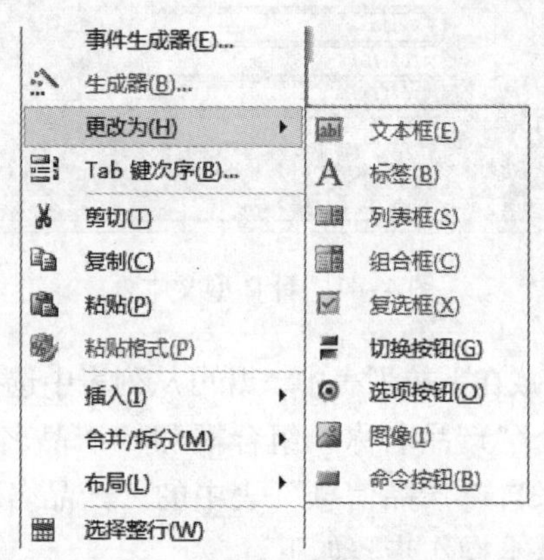

图 4-43 复选框控件更改为单选按钮或切换按钮时的右键属性选择

创建复选框可以使用下面任意一种方法。

- 设置原字段的“显示控件”属性为“复选框”，从字段列表中将该字段拖动到窗体。
- 先单击“设计”选项卡中“复选框”工具，然后将原始字段从字段列表当中拖到窗体内。
- 先单击“复选框”工具，通过单击和拖动将一个复选框添加到窗体当中，这种方法添加的是非绑定型控件。

5. 创建徽标和标题

徽标控件是自动在窗体页眉位置插入图像。标题控件是自动在窗体页眉位置插入标签，显示窗体或报表的标题，相当于标签的作用。

“产品进库”窗体，在窗体页眉中添加了徽标和标题，如图 4-44 所示。

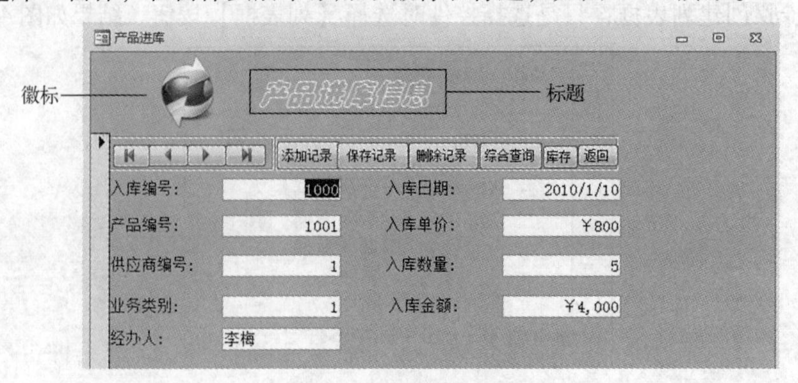

图 4-44 添加了徽标和标题的窗体

创建徽标的基本操作步骤如下。

操作步骤

❶ 在“设计视图”中打开窗体。

❷ 单击【设计】选项卡【控件】组中【徽标】按钮。

❸ 在弹出的对话框中选择图像文件，此时在窗体页眉位置出现图像。

创建标题的基本操作步骤如下。

操作步骤

❶ 在“设计视图”中打开窗体。

❷ 单击【设计】选项卡【控件】组中【标题】按钮。

❸ 此时在窗体页眉位置显示窗体名称作为标题控件的内容。

6. 创建选项组

选项组通常与多个复选框、单选按钮、切换按钮一起使用，用于在一组相关内容中选择一项。选项组可以设置为绑定型和非绑定型。

通常情况下，只有在选项的数目小于4个时，才使用选项组，大于或等于4个时推荐使用组合框控件，因为当选项大于或等于4个时，使用选项控件会占用太多的屏幕面积。

下面以在“销售管理系统”数据库中创建“选项组控件示例”窗体为例，要求在其中添加各种选项控件。具体操作步骤如下。

操作步骤

❶ 打开“销售管理系统”数据库，单击【创建】选项卡下的【空白窗体】按钮，新建一个空白窗体。

❷ 右击，在弹出的快捷菜单中选择【设计视图】命令，进入该窗体的【设计视图】。

❸ 单击“设计”选项卡下【控件】组中“选项组”按钮，在窗体空白处单击，将弹出【选项组向导】对话框，如图4-45所示。

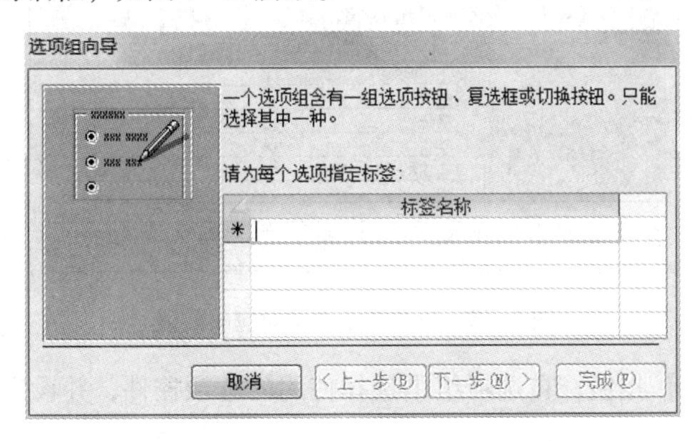

图4-45 【选项组向导】对话框

❹ 在对话框的【标签名称】下面输入各个选项的名称，在本例中输入各种职业，如图4-46所示。

❺ 单击【下一步】按钮，选择某一项为该选项组的默认选项，如图4-47所示。

❻ 单击【下一步】按钮，设置各个选项对应的数值，将选项组的值设置成选定的选项值，如图4-48所示。

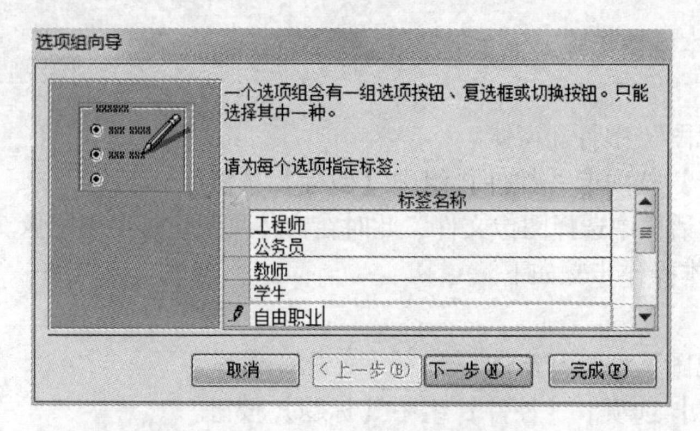

图 4-46 标签名称指定

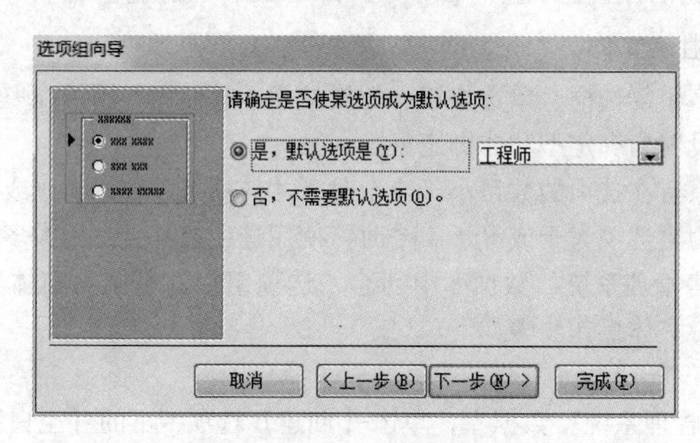

图 4-47 选项组默认选项的选择

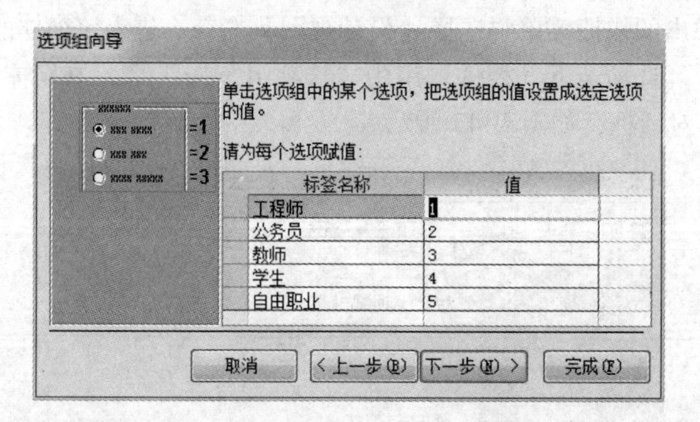

图 4-48 设置各个选项对应的数值

❼ 单击【下一步】按钮，在选项组中选择使用的选项控件，并设定所使用的样式，如图 4-49 所示。

❽ 单击【下一步】按钮，输入该选项组的名称为“您的职业”，如图 4-50 所示。单击【完成】按钮，完成该选项组的创建。

下面再为此窗体加上“您的兴趣”调查。由于选项组控件返回的只能是一个值，即只能是单选，而一个人的兴趣可能有多项，因此在这里使用复选框控件来实现此调查，具体操作步骤如下。

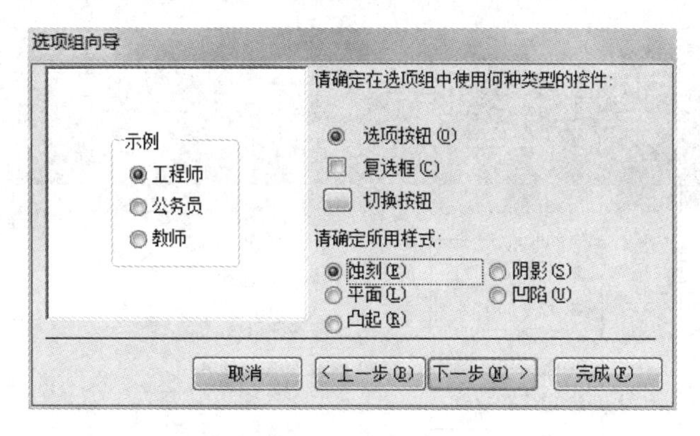

图4-49 选项组中选项控件及使用样式的选择

图4-50 为选项组指定标题

操作步骤

❶ 打开“销售管理系统”数据库，打开上例创建的“选项组控件示例”窗体，并进入该窗体的【设计视图】。

❷ 单击【控件】组中的【复选框】按钮，在窗体空白处单击，建立一复选框控件。

❸ 用同样的方法再建立两个复选框控件，并以此将各个控件的名称改为“体育活动”、“艺术欣赏”和“其他兴趣”，如图4-51所示。

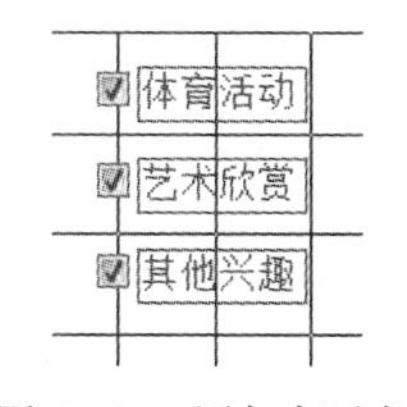

图4-51 添加复选框控件

❹ 给这组复选框控件添加标签“您的兴趣”。另外设置窗体标题、背景颜色等其他信息，最终窗体如图4-52所示。

7. 创建选项卡

通过选项卡控件可以把在同一个窗体的控件和数据进行分类设置，把实现相同目的的控件设置在同一个选项卡的页面中。默认状态选项卡有两个页面。当在窗体中创建了选项卡控件后，插入页控件才可用，该控件用于创建选项卡的显示页面。如图4-53所示是一个选项卡的例子。

创建选项卡的基本操作步骤如下。

操作步骤

❶ 单击【设计】选项卡【控件】组中【选项卡控件】按钮。

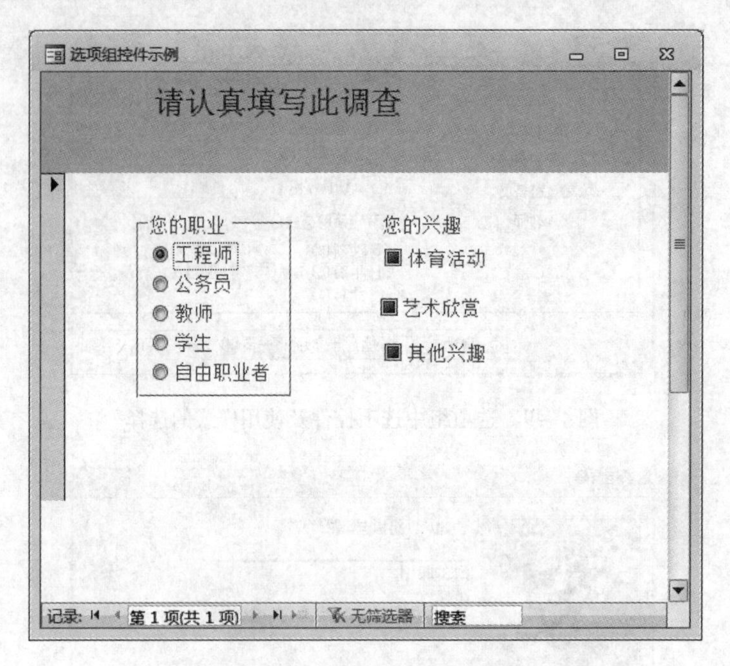

图 4-52 选项组控件示例窗体

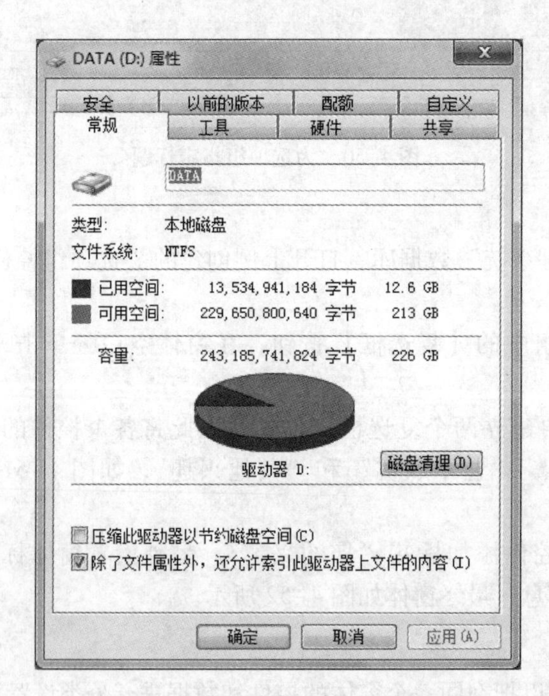

图 4-53 选项卡控件示例窗体

❷ 在窗体要插入选项卡的位置单击鼠标左键。

❸ 选定某一页面，输入当前页面的名称，并且在页面上创建控件。

❹ 若要增加页面，则单击【设计】选项卡【控件】组中【插入页】按钮。图 4-54 所示为添加了【选项卡】控件的“选项组控件示例”窗体。

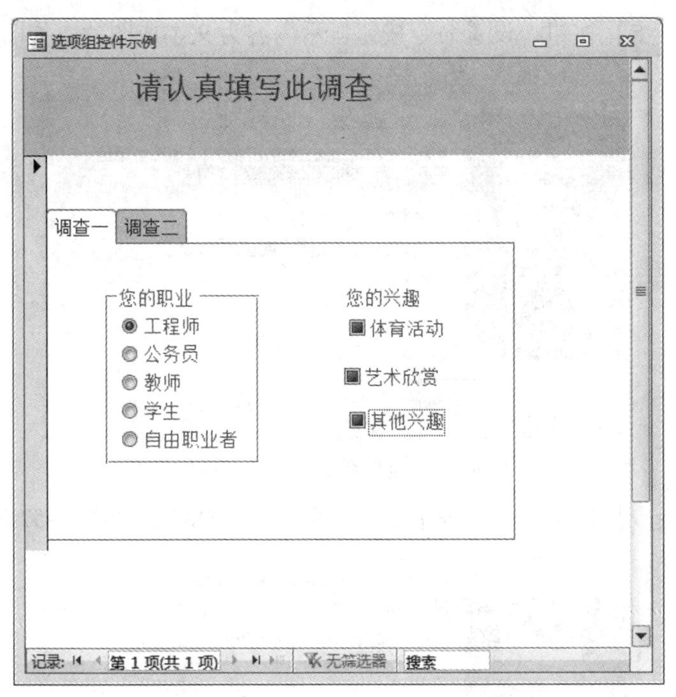

图 4-54　添加了【选项卡】控件的“选项组控件示例”窗体

8. 创建命令按钮

命令按钮主要用来控制程序的流程或者执行某个操作（如关闭当前窗体），平常所用的【确定】、【取消】等按钮都是命令按钮。

下面以给“销售管理系统”数据库中的“产品进库”窗体添加命令按钮为例，介绍命令按钮的创建过程，操作步骤如下。

操作步骤

❶ 打开“销售管理系统”数据库，并进入“产品进库”窗体的【设计视图】。

❷ 单击【控件】组中的【按钮控件】按钮，并在窗体【主体】区域中单击，弹出【命令按钮向导】对话框，然后再在【类别】列表框中选择“记录操作”选项，接着在右边的【操作】列表框中选择“保存记录”选项，如图 4-55 所示。

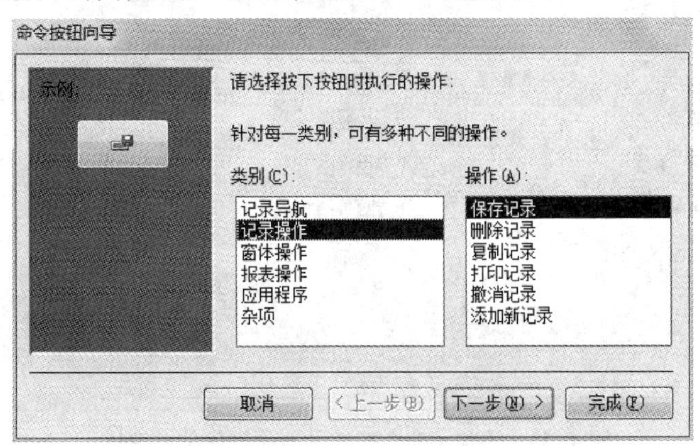

图 4-55　命令按钮向导选择类别、操作对话框

❸ 单击【下一步】按钮，设置命令按钮显示内容为文本或图片，如图 4-56 所示。

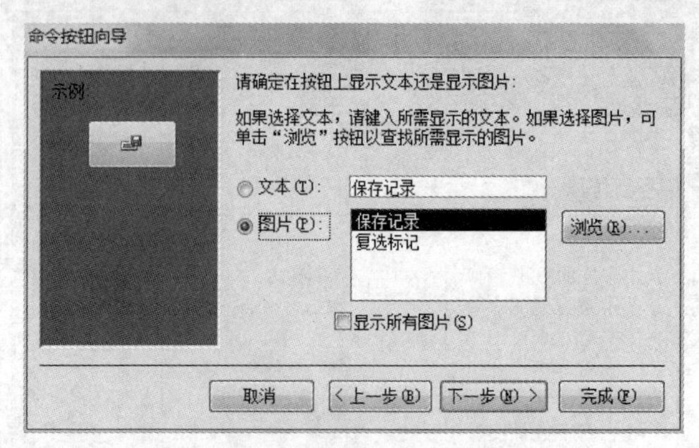

图 4-56　设置命令按钮显示内容

❹ 单击【下一步】按钮，将命令按钮命令命名为“OK”，如图 4-57 所示。

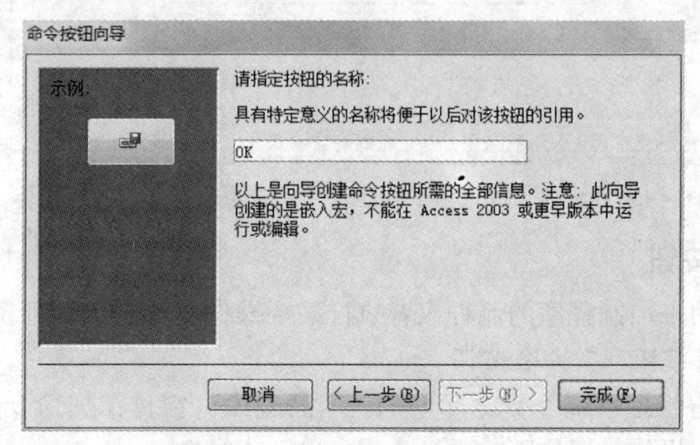

图 4-57　添加命令按钮名称对话框

❺ 单击【完成】按钮，完成该命令按钮的创建。

用相同的操作向导，为该窗体添加其他命令按钮。最终完成后的效果如图 4-58 所示。

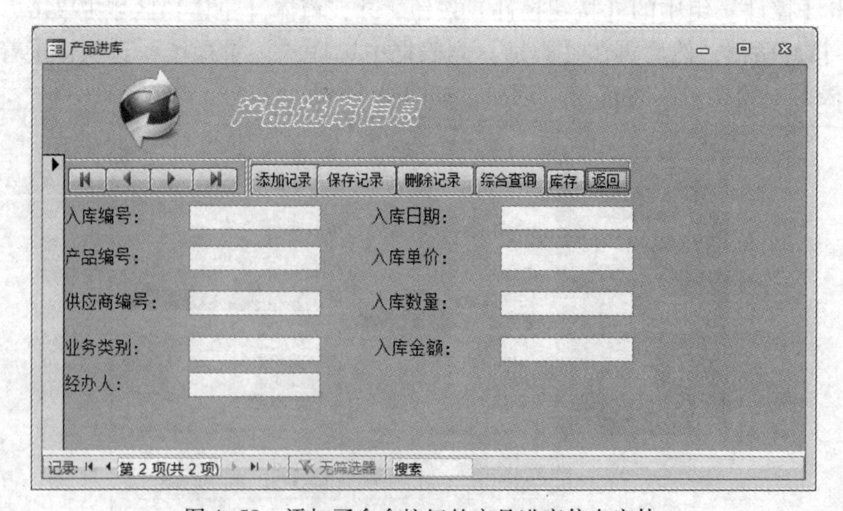

图 4-58　添加了命令按钮的产品进库信息窗体

在上面的向导中，为每个按钮选择了相应的操作，这种操作的实现很简单，当选择相应操作时，系统自动创建了相应的宏，利用宏来实现选定的操作。

了解了各种按钮的工作原理，就可以按照自己的需要创建宏程序或者 VBA 事件过程来执行相应的操作了。关于这部分知识，在后面的宏和 VBA 章节中详细介绍。

4.4.3 控件的属性

除了表、查询、窗体、报表具有属性以外，控件也一样具有其特有的属性。属性决定了各对象的特性。控件的属性包括结构、外观和行为。

设置控件的属性分成以下 3 步。

(1) 显示属性表。通过单击【设计】选项卡【工具】组中【属性表】按钮，把“属性表”窗格显示出来。

(2) 选择要设置的控件。用鼠标单击要设置的控件或通过“属性表”窗格中的对象选择下拉框中选择要设置的对象名称。

(3) 修改属性。窗体和控件的属性分成 4 组：格式、数据、事件和其他。其中“其他”属性用于设置控件的引用编辑等的信息。包括：名称、Tab 键索引、状态栏文字等。

对于不同的控件对象，其属性的设置项会有所改变，在此仅介绍一些常用的属性。

1. 格式属性

格式属性主要设置窗体和控件的显示外观格式。其常用的属性如下。

标题：窗体控件上的显示文本，主要用于标签、命令按钮、复选框、选项按钮、选项卡及插入页等控件的属性设置。

可见：用于设置控件的可见性。

字体粗细、倾斜字体、字体名称、字号：用于设置文本的显示格式。

上边距、左边距、宽度、高度：用于设置控件的位置以及大小。

背景样式、背景颜色：设置控件的背景格式，背景颜色是在背景样式是“常规”时才有效。

边框样式、边框颜色、边框宽度：设置控件的边框线。

特殊效果：用于设定控件的显示效果。

设置“格式”属性的基本操作步骤如下。

(1) 单击【设计】选项卡【工具】组中【属性表】按钮，显示“属性表”窗格。

(2) 按顺序选定要设置的控件，单击“属性表”窗格的“格式”选项卡。

(3) 设置选定控件的属性。

2. 数据属性

数据属性是用于设置控件的数据来源以及操作数据的规则。控件的数据属性包括：控件来源、输入掩码、默认值、有效性规则、有效性文本、可用、是否锁定等。

控件来源：是设置在绑定式控件上与之关联的数据源表或查询的字段名。在控件上显示的就是数据源中当前记录对应的字段值。

输入掩码、默认值和有效性规则等属性的设置和在表字段的设置方法一样。

将“子窗体/子报表”控件数据属性中的控件来源更改为源对象，其作用是给子窗体设置与之关联的数据源表、查询或窗体。

是否锁定：设置控件能否进行修改。

3. 窗体与控件的事件

对象的事件是由对象的动作和行为组成。某个对象的状态改变或用户对某个对象的操作等动作的发生可触发事件的发生并导致执行一系列行为。根据触发方式将事件为5类：窗口事件、鼠标事件、数据处理事件、焦点事件和键盘事件。对象常用的事件如表4-1所示。

表4-1 对象常用事件

事件名称	功能
Load	加载。打开窗体后，显示对象时发生的事件
Close	关闭。关闭窗体时发生的事件
Open	打开。打开窗体后，显示对象前发生的事件
Click	单击。鼠标单击对象时发生的事件
DblClick	双击。鼠标双击对象时发生的事件
MouseDown	鼠标按下。鼠标在对象上按下左键时发生的事件
MouseUp	鼠标释放。鼠标在对象上释放按下鼠标左键时发生的事件
MouseMove	鼠标移动。鼠标在对象上移动时发生的事件
BeforeUpdate	更新前。在控件或记录的数据被更新之前发生的事件
AfterUpdate	更新后。在控件或记录的数据被更新之后发生的事件
Change	更改。当控件的部分内容更改时发生的事件
GotFocus	获得焦点。当对象接收焦点时发生的事件
LostFocus	失去焦点。当对象失去焦点时发生的事件
KeyDown	键按下。当对象具有焦点并在键盘上按下任何键时发生的事件
KeyUp	键释放。在对象具有焦点并在键盘上释放一个按下的键时发生的事件
KeyPress	击键。在对象具有焦点并按下及释放键时发生的事件

4.5 窗体的美化

窗体和控件一样，都可以通过设置属性来改变其外观、数据来源等。本节主要介绍窗体的常用设置方法。

4.5.1 窗体的外观设计

1. 窗体的位置设置

窗体执行时所在位置是否处于居中位置可以通过格式属性中的“自动居中”属性值来设置，但“自动居中”属性必须在窗体执行时才起作用。默认情况下，窗体在执行时其位置可通过鼠标拖曳窗体的标题栏进行改变，若要禁止窗体执行时所处位置的更改，则要将“可移动的”属性值设为“否”。

2. 窗体的大小设置

窗体的大小可通过窗体的“宽度”属性和各节区域的“高度”属性进行设置，也可以通过鼠标拖动窗体边缘改变窗体的大小。窗体在执行时其大小也可通过鼠标的拖曳进行改变，或者通过窗体的最大最小化按钮进行改变。若要设定窗体在执行时显示最大最小化按钮，可通过“最大最小化按钮”属性设置，其属性值有 4 个选项：无、最小化按钮、最大化按钮、两者都有。若要设定窗体在执行时是否可调整大小，可通过“边框样式”属性设置。“边框样式”属性值有 4 个选项，分别表示的意义如下。

- 无：窗体的大小不能调整，没有标题栏。
- 细边框：窗体的大小不能任意调整，有标题栏，但控制菜单中的“大小”命令不可用。
- 可调边框：默认值，窗体大小可调整，有标题栏，而且任何标题栏的按钮及命令都可用。
- 对话框边框：窗体的大小不能调整，有标题栏，最大最小化命令都不能使用。

3. 窗体的视图设置

窗体共有 6 种视图方式，单击“开始”选项卡“视图”按钮列表中所显示的视图取决于窗体的属性设置，如图 4–59 所示。例如要禁止“布局”视图方式，只需把“允许布局视图”属性值设置为“否”。

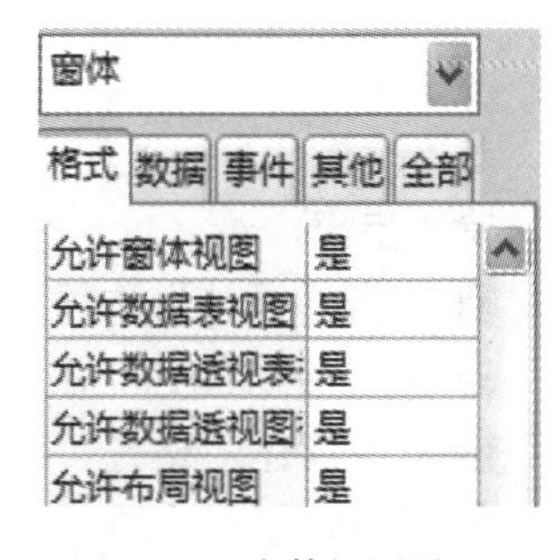

图 4–59　窗体视图设置

4. 窗体的浏览记录设置

窗体可以显示数据源表或查询的记录，默认情况下，在窗体的左下方提供导航按钮实现在数据源中不同的记录之间按顺序跳转；窗体无法显示所有的信息时自动出现滚动条；在窗体的左侧显示出记录选择器标出当前记录修改状态：▶表示数据已存盘，✎表示已修改数据未保存。

若要修改这些属性，可通过“导航按钮”属性、“滚动条”属性和“记录选择器”属性的设置。

5. 分割窗体的设置

分割窗体可通过下列的属性设置分割窗体。

- 分割窗体方向。设置数据表在窗体的位置，默认属性值是“数据表在下”，其他选项值为“数据表在上”、“数据表在左”、“数据表在右”。
- 分割窗体分隔条。用于设置是否显示数据表与表单之间的分隔条，其默认值为“是”。
- 分割窗体数据表。用于设置数据表是否可编辑。属性值为“允许编辑”表示能在数据表中直接修改记录，属性值为“只读”表示只能在表单中修改记录，数据表只能浏览记录。

6. 窗体背景的设置

通过向窗体添加控件，可以编辑窗体的外观。例如，向窗体添加直线、图像、矩形、背景图片等。

例如打开“库存”窗体，调整窗体的宽度为 7 cm、主体节的高度为 9. 3 cm，并给窗体添加背景图片，背景图片的格式为“中心对齐”，缩放模式为“拉伸”。设置背景后的窗体另存为“库存_ 背景”，结果如图 4-60 所示。

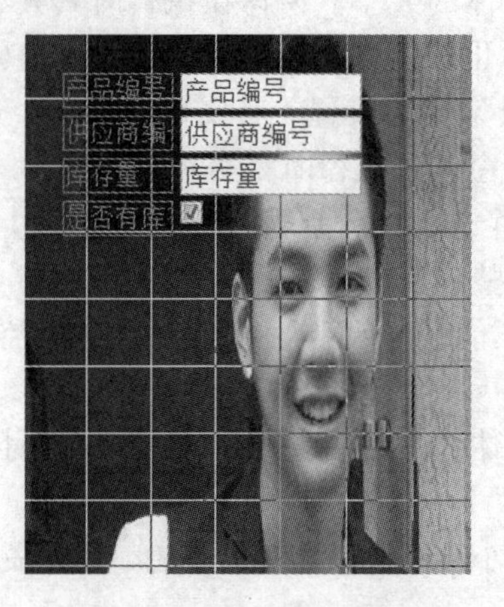

图 4-60　设置了背景的窗体

基本操作步骤如下。

操作步骤

❶ 单击【设计】选项卡【工具】组中【属性表】按钮，打开窗体及其控件的属性表。

❷ 调整窗体宽度和主体节的高度。

❸ 修改窗体“格式”中的“图片”属性，选择一个图像文件作为窗体的背景图。

❹ 设置背景图片的对齐方式和缩放模式。

❺ 将窗体另存为“库存_背景”。

7. 自动套用格式

可以选择系统提供的固定格式组合即自动套用格式进行窗体格式的设置。有以下 3 种设置方法。

- 通过窗体向导创建窗体时可选择窗体的自动套用格式。
- 通过窗体设计工具“排列”选项卡的“自动套用格式”组中的“自动套用格式”图标，在出现的格式系列中选择一种样式。
- 通过窗体布局工具“格式”选项卡的“自动套用格式”组中的“自动套用格式”图标，在出现的格式系列中选择一种样式。

4. 5. 2　数据的限定输入与锁定

一般情况下，窗体是可以允许用户对记录进行添加、编辑、删除、筛选等操作。但在某些情况下需要限制窗体的某些操作，则需要将允许的操作属性设置为“否”。

例如，窗体上的数据不允许用户进行删除操作，则要将“允许删除”属性设为“否”，如图 4-61 所示。

如果控件的值不允许操作者单击进入（获取焦点），那么该控件的“是否锁定”属性设置为“是”。

允许添加	是
允许删除	否
允许编辑	是
允许筛选	是

图 4-61　数据限定输入与锁定设置

4.5.3　设置 Tab 键次序

在窗体上的控件设置了 Tab 键索引值后按 Tab 键或 Enter 键，焦点就会根据控件的 Tab 键次序在窗体上的控件之间顺序移动。用户可以检查并且修改各控件的移动次序。

例如打开“库存”窗体，将“产品编号”文本框的 Tab 键次序设为第 1。

一般情况下，控件的 Tab 键索引是由数字 0 开始编号的。窗体运行时，每次按 Tab 键或 Enter 键时，总是从编号较小的控件跳到下一个编号较大的控件，要改变创建窗体时原有的顺序，可以通过修改控件的“Tab 键索引”属性来实现。

思考与练习

一、选择题

1. 在窗体的视图中，能够预览显示结果，并且又能够对控件进行调整的视图是（　　）。

A. 设计视图　　B. 窗体视图
C. 布局视图　　D. 数据表视图

2. 在窗体控件中，用于显示数据表中数据的最常用控件是（　　）。

A. 标签控件　　B. 复选框控件
C. 文本框控件　　D. 选项组控件

3. 窗体最多有 5 个组成节，其中必须存在的是（　　）。

A. 页面页眉　　B. 页面页脚
C. 主体　　D. 窗体页眉

4. 以下控件中不可以设定为绑定型控件的是（　　）。

A. 标签　　B. 文本框
C. 选项组　　D. 列表框

5. 以下控件中不可以和选项组一起组合使用的是（　　）。

A. 命令按钮　　B. 切换按钮
C. 复选框　　D. 选项按钮

二、问答与操作题

1. Access 2010 窗体按照不同的显示特性可以分为几类？各种类型窗体又有哪些功能？
2. 窗体的【控件】组中有哪些控件？各种控件又有怎样的作用？
3. 请同学们利用各种窗体控件，建立一个显示客户信息的窗体。

第5章　报　　表

报表对象是为数据的显示和打印而存在的，因此它具有专业的显示和打印功能。设计合理的报表，可以大大提高用户管理数据的效率。

学习要点：

- 报表的组成
- 报表的创建方法
- 报表的编辑方法
- 报表的排序和分组方法
- 报表实现计算和汇总的方法
- 主次报表的创建方法
- 交叉报表的创建方法
- 报表的打印设置

学习目标：

通过对本章内容的学习，了解数据库报表的基本概念，熟练掌握 Access 报表的创建和编辑方法，并学会如何创建复杂的统计报表。

此外还要掌握主次报表、交叉报表等高级报表的创建；掌握关于打印设置的一些知识。

5.1　认识报表

在前面的章节中，已经系统地介绍了 Access 数据库中表、查询、窗体的概念，以及它们的创建方法和使用，在这一章中，将主要介绍另外一个十分重要的数据库对象——报表。

简单地说，表对数据进行存储，查询对数据进行筛选，窗体对数据进行查看，而报表是对数据进行打印输出。Access 中的报表概念来源于经常提到的各种报表，比如财务报表、年度总结报表等。

报表提供了查看和打印摘要数据信息的灵活方法，报表按所希望的详细程度显示数据，并按不同的格式查看和打印信息，也可以给报表添加多级汇总、统计及图表等。

图 5-1 是一个典型报表的例子。

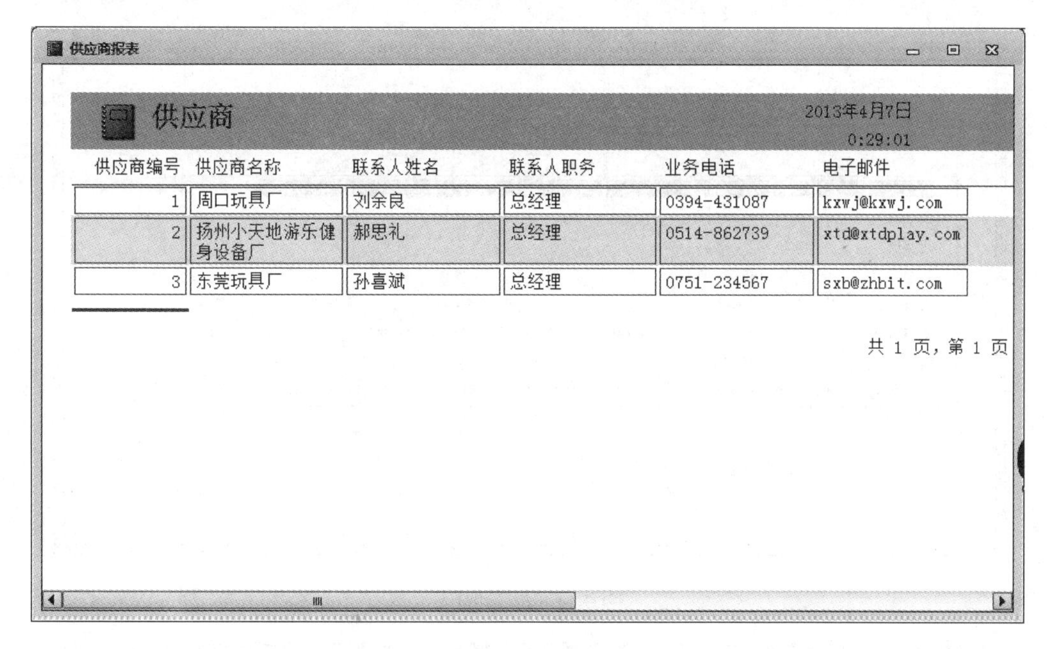

图5-1 报表举例

5.1.1 报表概述

报表是为将数据或信息输出到屏幕或者打印设备上而建立的一种对象。由于报表是为打印而诞生，因此它提供了其他数据库对象无法比拟的数据视图和分类能力。在报表中，数据可以被分组和排序，然后以分组次序显示数据，也可以把数值相加的汇总、计算的平均值或其他统计信息显示和打印出来。

5.1.2 报表的视图与分类

如同窗体一样，在介绍报表的各种创建方法之前，首先来介绍报表的各种视图。

打开任意一个报表，然后单击屏幕左上角的【视图】按钮，可以弹出视图选择菜单。和窗体一样，在 Access 中，报表也提供多种视图查看方式，如图5-2所示。

图5-2 报表的各种视图

下面对各视图进行简单介绍。

报表视图：报表的显示视图，在里面执行各种数据的筛选和查看方式，如图5-3所示。

打印预览视图：该视图中提前让用户观察报表的打印效果，如果认为效果不理想，可以随时更改设置，如图5-4所示。

布局视图：界面和报表视图几乎一样，但是该视图中各个控件的位置可以移动，用户可以重新布局各种控件，删除不需要的控件，设置各个控件属性等，但是不能像设计视图一样添加各种控件，如图5-5所示。

设计视图：用来设计和修改报表的结构，添加控件和表达式，设置控件的各种属性，美化报表等，如图5-6所示。

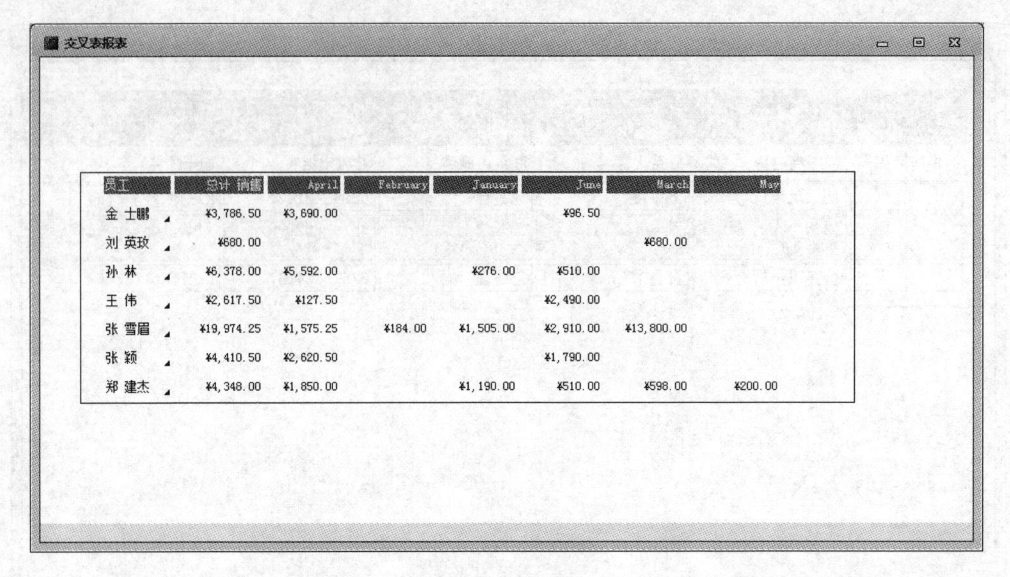

员工	总计 销售	April	February	January	June	March	May
金 士鹏	¥3,786.50	¥3,690.00			¥96.50		
刘 英玫	¥680.00					¥680.00	
孙 林	¥6,378.00	¥5,592.00		¥276.00	¥510.00		
王 伟	¥2,617.50	¥127.50			¥2,490.00		
张 雪眉	¥19,974.25	¥1,575.25	¥184.00	¥1,505.00	¥2,910.00	¥13,800.00	
张 颖	¥4,410.50	¥2,620.50			¥1,790.00		
郑 建杰	¥4,348.00	¥1,850.00		¥1,190.00	¥510.00	¥598.00	¥200.00

图 5-3　报表视图

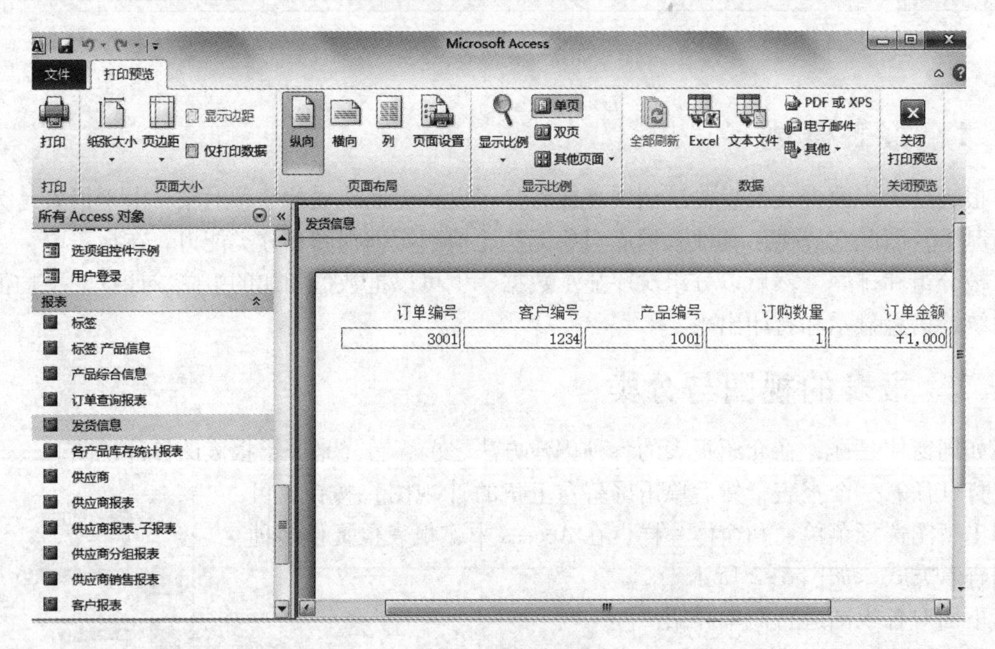

图 5-4　打印预览视图

Access 几乎能够创建用户所想到的任何形式的报表。一般来说，商业报表主要有以下几种类型。

- 表格型报表：和表格型窗体、数据表类似，以行、列的形式列出数据记录。
- 标签型报表：将特定字段中的数据提取出来，打印成一个个的标签，以粘贴标示物品。
- 图表型报表：以图表或图形的方式显示数据的各种统计方式。

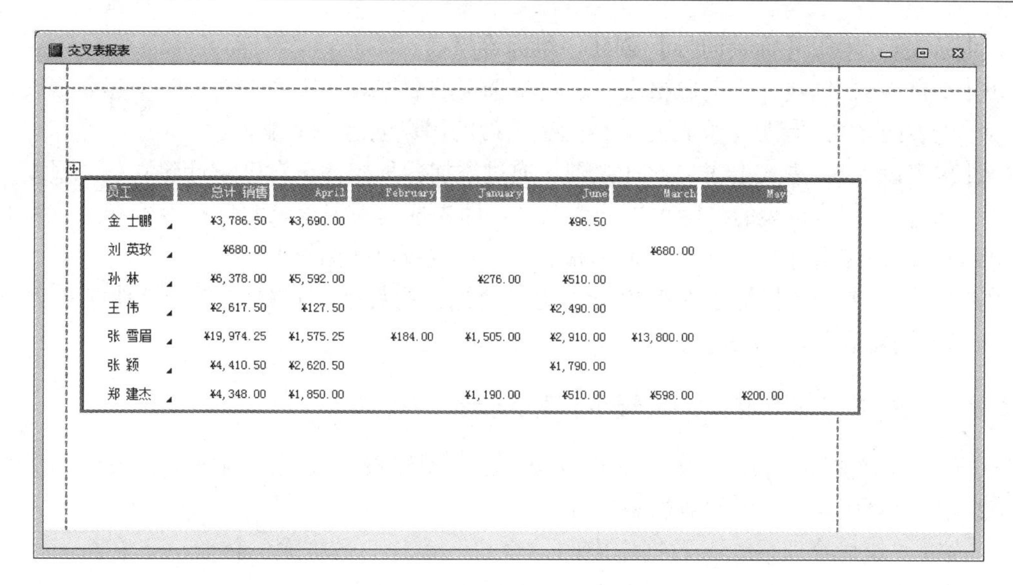

员工	总计 销售	April	February	January	June	March	May
金士鹏	¥3,786.50	¥3,690.00			¥96.50		
刘英玫	¥680.00					¥680.00	
孙林	¥6,378.00	¥5,592.00		¥276.00	¥510.00		
王伟	¥2,617.50	¥127.50			¥2,490.00		
张雪眉	¥19,974.25	¥1,575.25	¥184.00	¥1,505.00	¥2,910.00	¥13,800.00	
张颖	¥4,410.50	¥2,620.50			¥1,790.00		
郑建杰	¥4,348.00	¥1,850.00		¥1,190.00	¥510.00	¥598.00	¥200.00

图5-5 布局视图

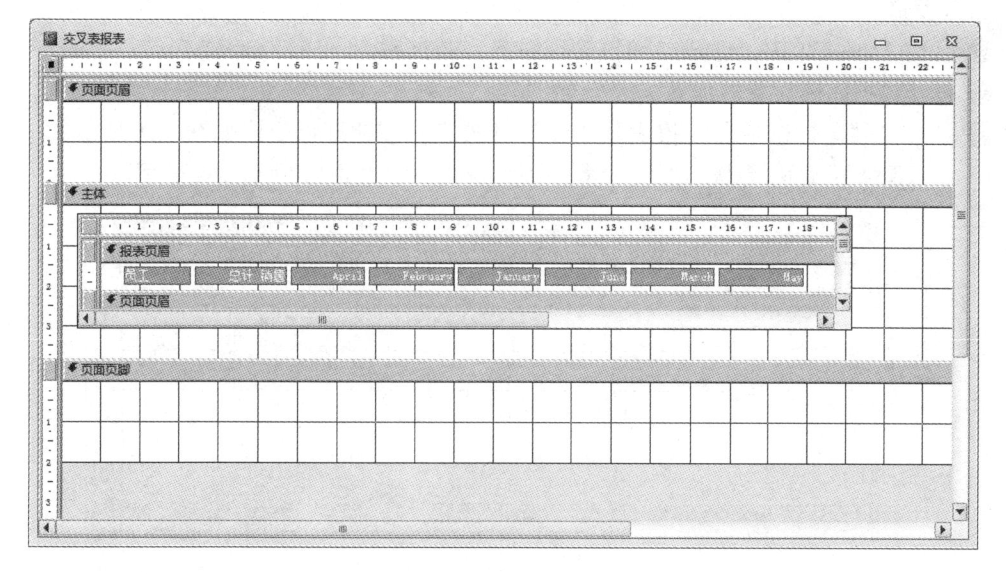

图5-6 设计视图

5.2 创建报表

在报表的建立方式上，Access 2010 继承了 Access 2007 灵活简便的风格，Access 2010 的【创建】选项卡下的【报表】组和 Access 2007 的基本相同，只是按钮的位置做了进一步的调整。创建报表的几种按钮如图5-7所示。

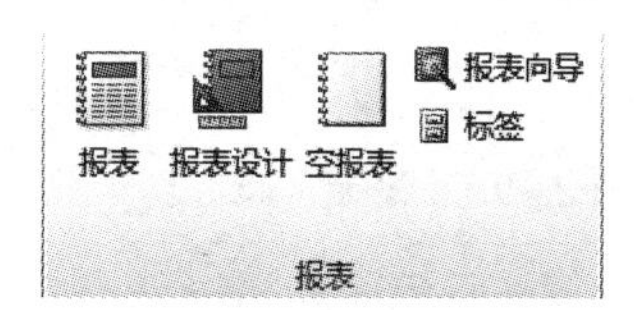

图5-7 创建报表的按钮

- 【报表】：利用当前打开（或选定）的数据表或查询自动创建的一个报表。

- 【标签】：运用【标签向导】创建一组标签报表。
- 【空报表】：创建一个空白报表，通过将选定的数据表字段添加进报表中建立报表。
- 【报表向导】：借助【报表向导】的提示帮助用户创建一个报表。
- 【报表设计】：进入报表的设计视图，通过添加各种控件，自己设计建立一个报表。

一般而言，创建报表的步骤可以分为两步：即先选择报表记录源；然后再利用报表工具建立报表。即使是用【报表向导】创建报表，也大致可以分为这两步。

综上所述，Access 提供了强大的报表建立功能，能帮助用户建立专业、功能齐全的报表。下面分别对这几种方法进行介绍。

5.2.1 使用“报表”工具创建报表

Access 2010 能够自动地为用户创建报表，这是创建报表最快速的方法。用户需要做的就是选定一个要作为数据源的数据表或查询。

下面以“销售管理系统”数据库中的“客户”表作为数据源，体验一下在Access 2010中如何使用“报表”工具自动创建报表，具体操作步骤如下。

操作步骤

❶ 启动 Access 2010，打开“销售管理系统”数据库。

❷ 打开数据库表对象的任意一表，如“客户”表。

❸ 单击【创建】选项卡【报表】组中的【报表】按钮即可生成如图 5-8 所示的报表。

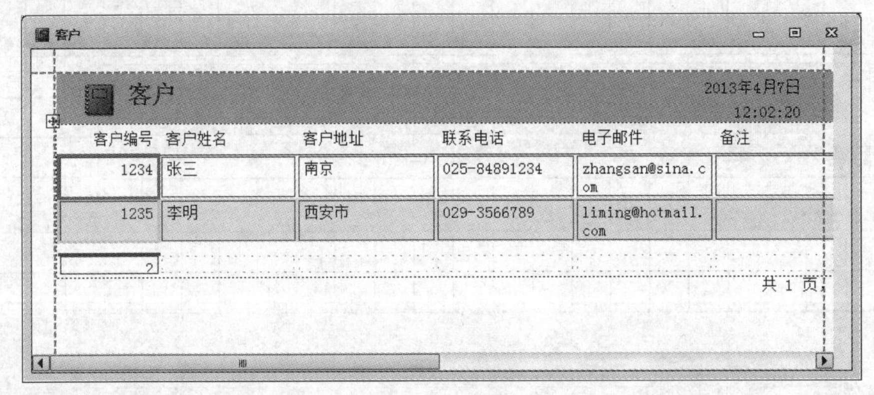

图 5-8 客户报表

❹ 保存该报表，并将此报表命名为“客户报表”。

可以看到，自动创建的报表是按表格的形式显示数据记录的，因此这种报表亦被称为表格式报表。但是表格式报表不同于表格式窗体或数据表，表格式报表通常用一个或多个字段值将数据分组，并在每一个分组中计算和显示数值的小结信息和统计信息。表格式报表通常在对比相同字段的数据时使用。

报表布局工具
设计 排列 格式 页面设置

图 5-9 【报表布局工具】选项卡

使用报表工具创建的报表，实际上就是报表的布局视图。同时注意到，在进入报表的布局视图或设计视图后，可以看到 Access 的功能区上多了【报表布局工具】选项卡，如图 5-9 所示。

在报表的布局视图中，用户可以利用上图中的这些相关工具来删除控件、改变字体颜色、改变背景颜色等。

5.2.2 使用“报表向导”创建报表

用户可以使用【报表向导】创建报表。按照向导的提示，可以选择在报表中显示的字段，还可以指定数据的分组和排序方式。并且，如果用户事先指定了表与查询之间的关系，那么还可以使用来自多个表或查询的字段。

所谓分组，就是以数据表中的某一字段作为分类和汇总的依据，把数据表中的数据信息按照这个字段进行分类显示。打印报表时，通常需要按特定顺序组织记录。例如，在打印供应商列表时，可能希望按公司名称的字母顺序对记录进行排序。

通过分组，可以直观地区分各组记录，并显示每个组的介绍性内容和汇总数据。

下面以“销售管理系统”数据库中的“产品信息”表和“供应商”表为数据源，创建以“供应商编号”字段作为分组依据的报表，具体操作步骤如下。

操作步骤

❶ 打开“销售管理系统”数据库。

❷ 单击【创建】选项卡下的【报表】组中的【报表向导】按钮。系统将弹出【报表向导】对话框，如图5-10所示。

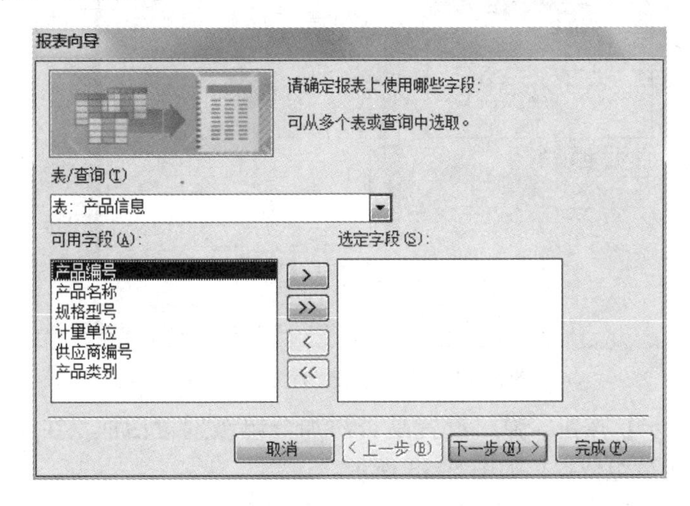

图5-10 【报表向导】对话框

❸ 打开【报表向导】对话框中的【表/查询】下拉列表框，可以看到该数据库中的所有表和查询数据源。这里选择“表：产品信息”选项作为该报表的数据源，在【可用字段】列表框中列出了“产品信息”表中的所有字段。将“产品信息”表中的“产品编号”、“产品名称”、“供应商编号”和“产品类别”字段添加到【选定字段】列表框中。

❹ 再次单击【表/查询】下拉列表框的下拉箭头，在弹出的下拉列表中选择“供应商”表，将“供应商”表中的“供应商名称”、“联系人姓名”和“业务电话”字段添加到【选定字段】列表框中，如图5-11所示。

❺ 单击【下一步】按钮，弹出设置数据查看方式的对话框。由于要建立的报表是基于两个数据表的，因此该对话框提供了“通过产品信息”和“通过供应商”两种查看方式。这里选择“通过供应商”方式查看数据，如图5-12所示。

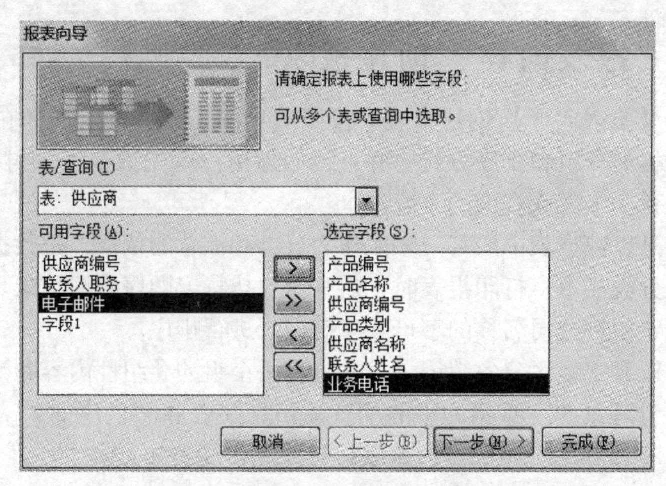

图 5-11　选定报表字段对话框

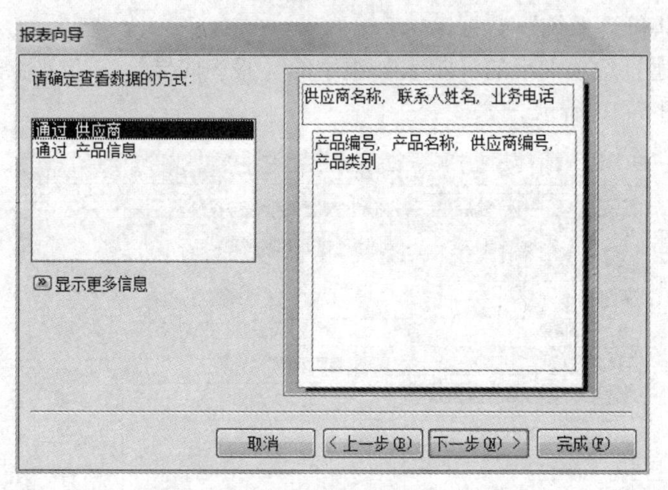

图 5-12　设置数据查看方式对话框

❻ 单击【下一步】按钮，弹出设置是否添加分组级别对话框，在左边列表框中选择“供应商编号”作为分组依据，如图 5-13 所示。

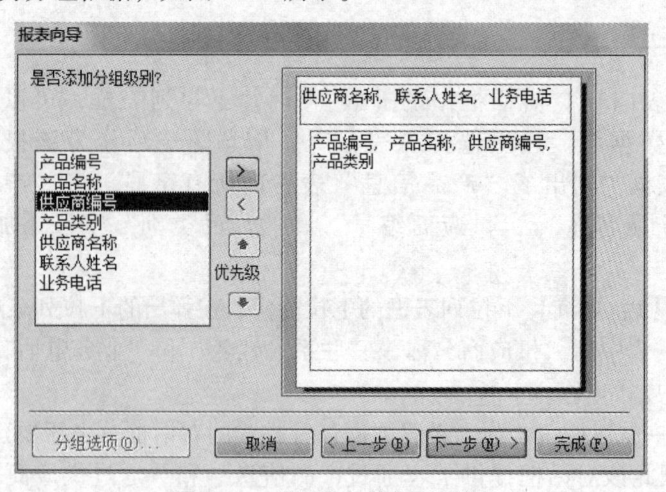

图 5-13　设置分组依据对话框

❼ 单击【下一步】按钮，弹出设置数据排序次序对话框。用户最多可以按4个字段对记录进行排序，如图5-14所示。

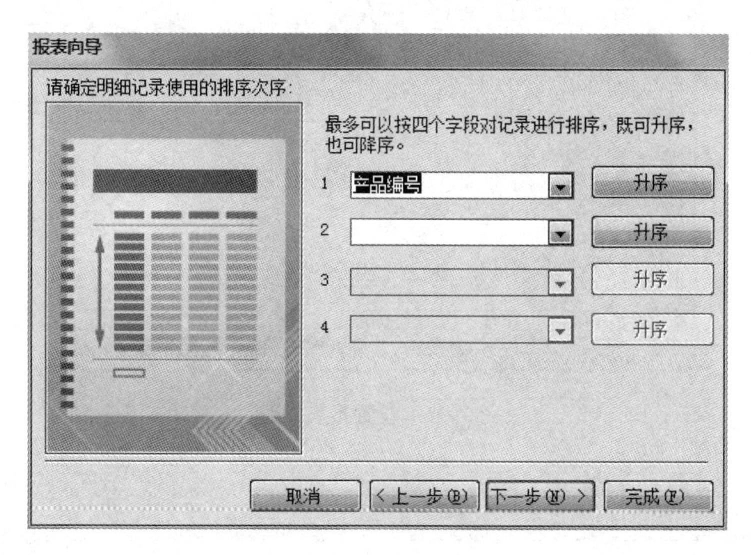

图5-14 设置排序次序对话框

❽ 单击【下一步】按钮，设置报表布局方式，在这里有三种布局方式供用户选项，即【递阶】、【块】、【大纲】,【方向】选项用于设置报表打印的方式，如图5-15所示。

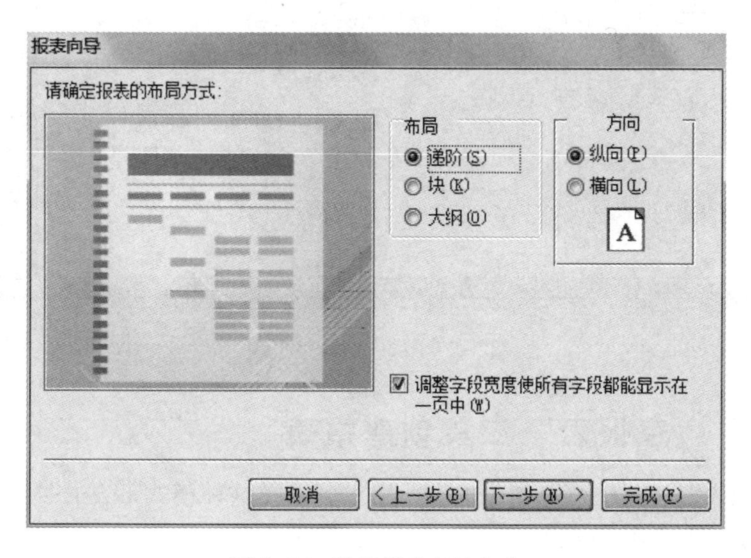

图5-15 设置报表布局方式

❾ 单击【下一步】按钮，设置报表标题，输入该报表的名称为“供应商分组报表”,如图5-16所示。

❿ 这样就完成了一个分组报表的创建，单击【完成】按钮，进入报表的打印预览视图，如图5-17所示。

如果对创建的报表布局不满意，可以进入报表的布局视图进行修改。

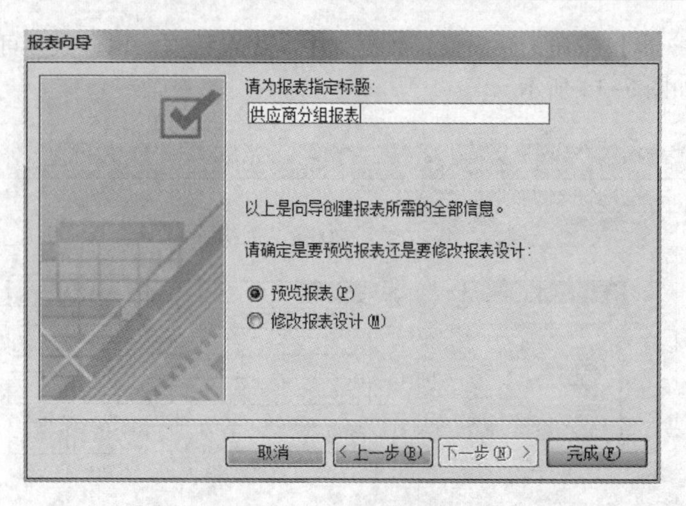

图 5-16　设置报表标题

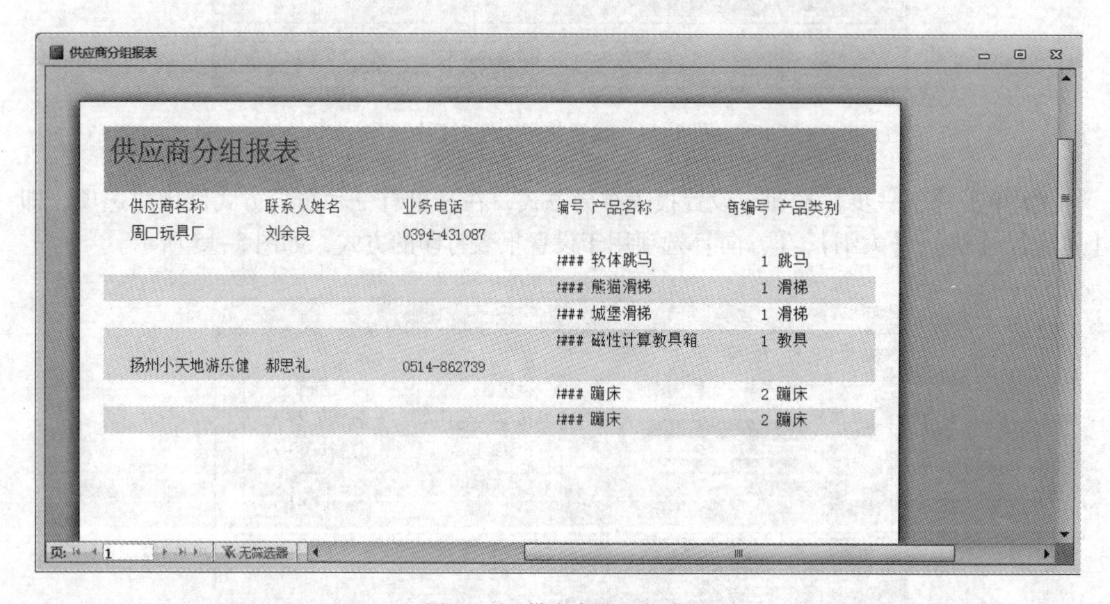

图 5-17　供应商分组报表

5.2.3　使用“空报表”工具创建报表

使用“空报表”工具也可以创建报表。用户可以在这种模式下，通过拖动表的各个字段，快捷地建立一个专业的报表。

下面以“销售管理系统”数据库中的“订单”表、“订单处理明细”表为例，建立“发货信息”报表，介绍如何使用“空报表”工具创建报表。

操作步骤

❶ 打开“销售管理系统”数据库。

❷ 单击【创建】选项卡下的【报表】组中的【空报表】按钮，弹出一空白报表，并在屏幕右边自动显示【字段列表】窗格，如图 5-18 所示。

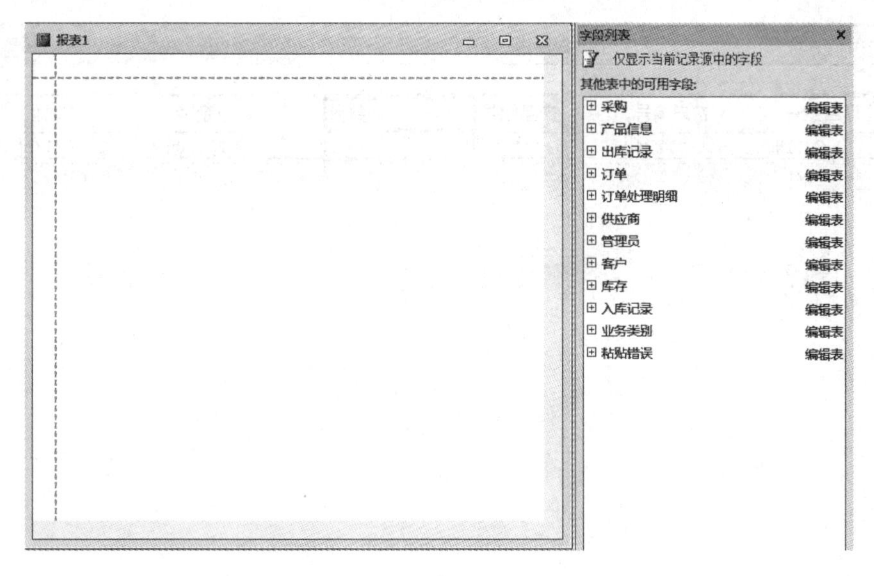

图5-18 报表字段列表窗格

可以看到，空报表直接进入报表的【布局视图】。

❸ 在右边的【字段列表】窗格中，单击“订单”表前面的“+”号，展开字段列表，直接双击要编辑的字段，或者拖动该字段到空白报表中，建立报表，如图5-19所示。

图5-19 为空白报表添加字段

❹ 再在【字段列表】窗格中，单击“订单处理明细”表前面的“+”号，双击【发货时间】和【订购数量】字段，将这两个字段添加到报表中。在报表【布局视图】中拖动【订单数量】字段到【订单金额】字段前面，关闭【字段列表】窗格，最终效果如图5-20所示。

❺ 保存建立的报表，将报表命名为“发货信息”，这样就可以利用空报表工具新建一个报表。

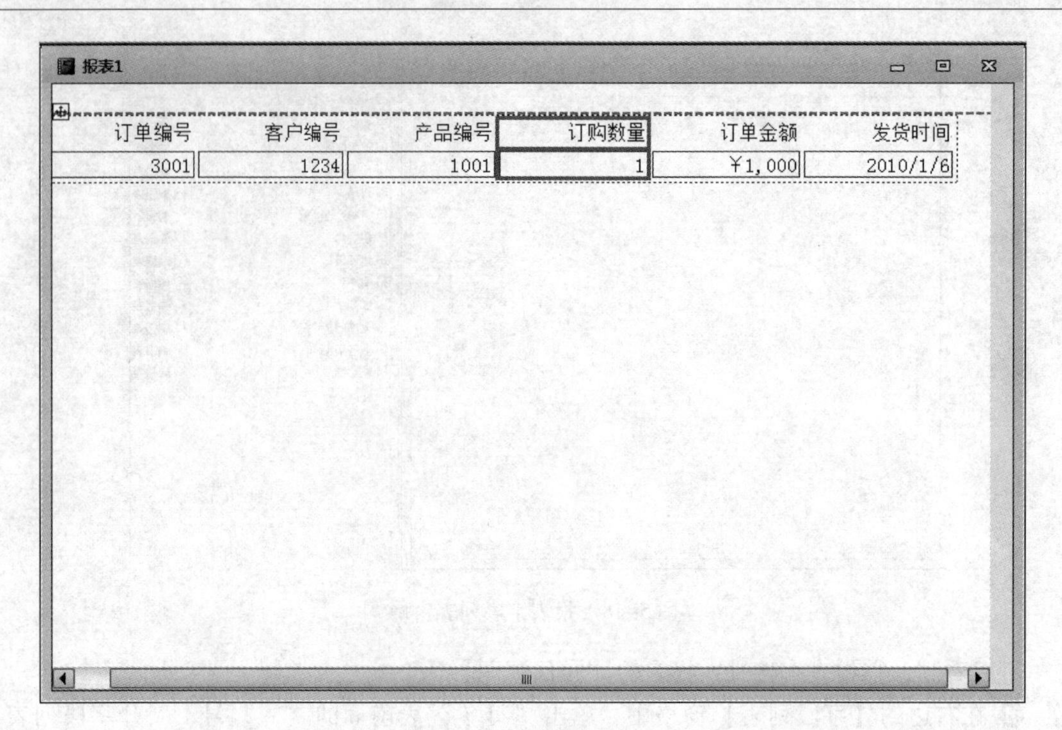

图 5-20　报表最终效果图

5.2.4　创建标签类型报表

所谓标签报表，就是利用向导提取数据库表或查询中某些字段，制作成一个个小的标签，以便打印出来进行粘贴。

Access 2010 提供了若干选项来创建包含数据表中的数据标签，其中最简单的方法就是使用 Access 中的标签向导，从创建的报表中创建和打印标签。此外，可以从其他数据源（如 Microsoft Office Excel 2010 工作薄或 Microsoft Office Outlook 2010 联系人列表）将数据导入 Access 中，利用 Access 创建报表后再打印标签。

在实际工作中，标签报表具有很强的实用性。例如，教师计算机管理标签，将打印好的标签直接贴在教师计算机上；图书管理标签，将标签贴在图书的扉页上作为图书编号等。在打印标签时可以直接使用带有背胶的专用打印纸，这样就可以将打印好的标签直接贴在设备或货物上。

下面以“销售管理系统”数据库中的“产品信息”表为例，建立一个产品信息标签报表。标签报表的创建过程如下。

操作步骤

❶ 打开“销售管理系统”数据库。在左边的导航窗格中选择“产品信息”表，双击打开该表，如图 5-21 所示。

❷ 单击【创建】选项卡下的【报表】组中的【标签】按钮，弹出【标签向导】对话框，如图 5-22 所示。

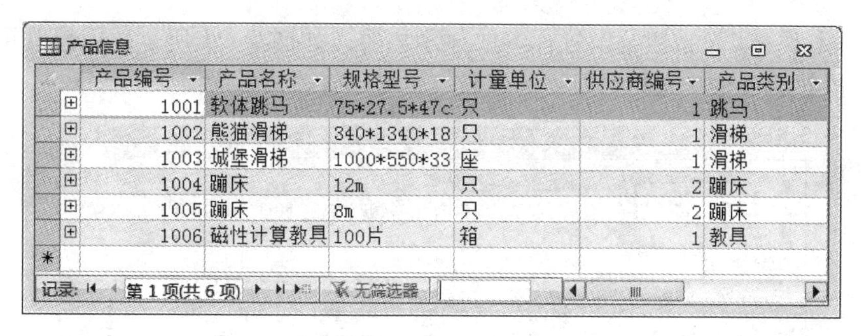

产品信息

产品编号	产品名称	规格型号	计量单位	供应商编号	产品类别
1001	软体跳马	75*27.5*47c	只	1	跳马
1002	熊猫滑梯	340*1340*18	只	1	滑梯
1003	城堡滑梯	1000*550*33	座	1	滑梯
1004	蹦床	12m	只	2	蹦床
1005	蹦床	8m	只	2	蹦床
1006	磁性计算教具	100片	箱	1	教具

记录: 第 1 项(共 6 项)　无筛选器

图 5-21　产品信息表

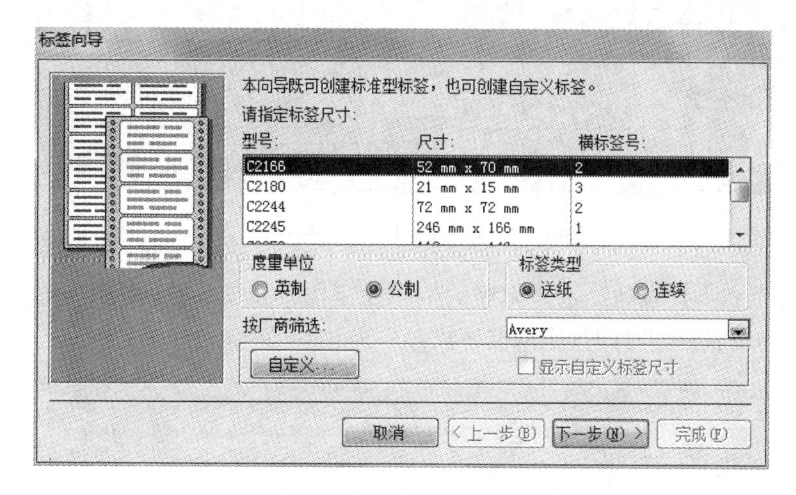

图 5-22　【标签向导】对话框

在【标签向导】对话框中选择标签的【型号】，默认选择 Avery 厂商的 C2166 型，标签尺寸为 52 mm × 70 mm，一行显示两个。

❸ 单击【下一步】按钮，设置文本，根据需要设定字体、字号、颜色等选项，如图 5-23 所示。

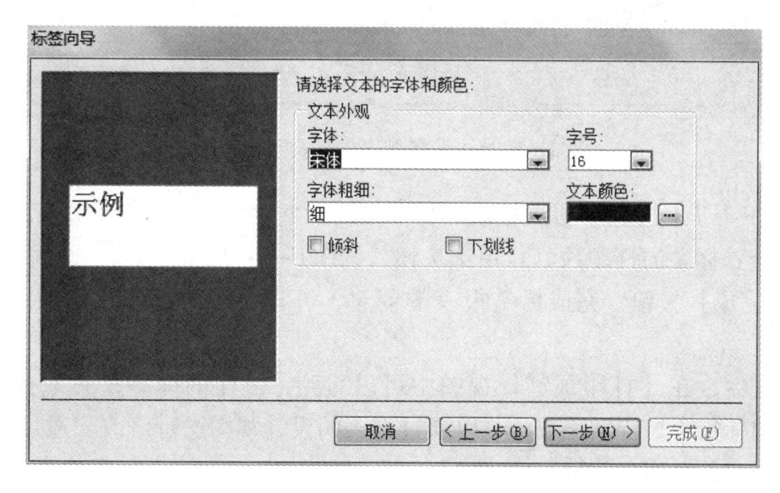

图 5-23　设置文本

❹ 单击【下一步】按钮，设置标签的显示内容，如图 5-24 所示。用户既可以从左边的【可用字段】列表框中选择要显示的字段，也可以直接输入所需要的文字。

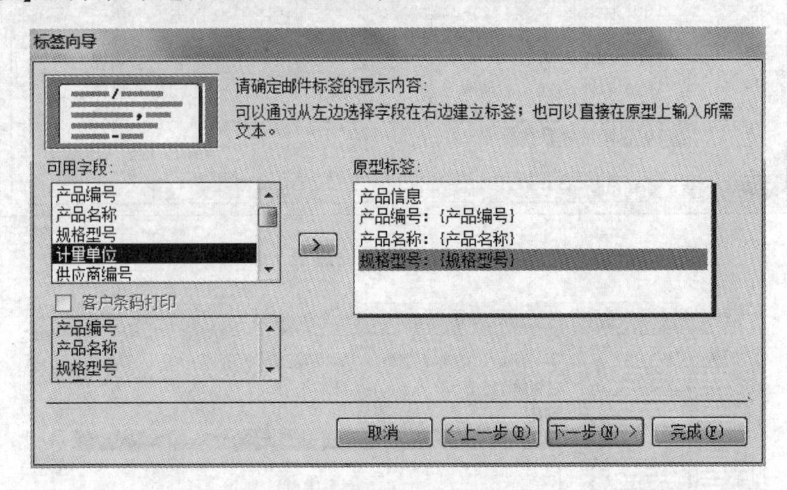

图 5-24　设置邮件标签的显示内容

❺ 单击【下一步】按钮，选择排序的依据及字段，如图 5-25 所示。此处选择“产品编号”字段作为报表打印时的排序依据字段。

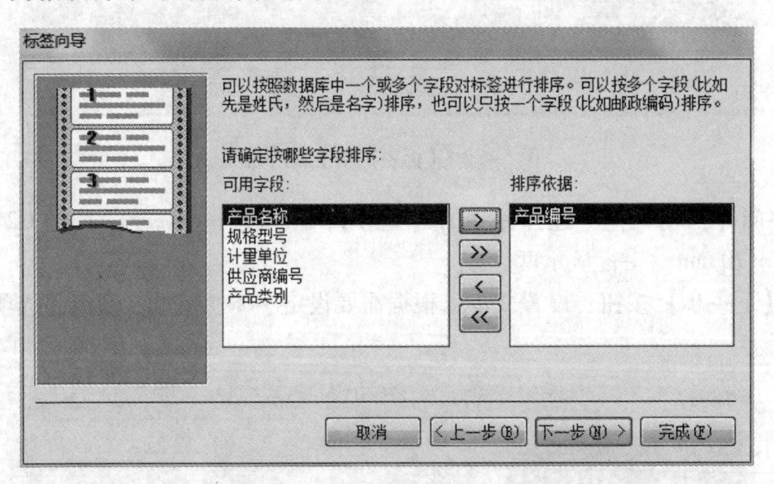

图 5-25　设置排序依据及字段

❻ 单击【下一步】按钮，设置报表名称，在对话框中输入报表名称“标签 产品信息”，在下面选中【查看标签的打印预览】单选按钮，如图 5-26 所示。

❼ 单击【完成】按钮，完成标签报表的创建，进入报表的打印预览视图，如图 5-27 所示。

标签制作完后，在【打印预览】视图中可以看到，创建的标签整齐地排列在纸张中，只是制作完成的标签不是特别美观，可以通过报表的设计视图进行修改。通过修改后就可以把标签打印出来，并贴到产品架上。

在创建标签的第❷步中，选择的是 Avery 厂商的标准标签，用户可以看到，在对话框有一个【自定义】按钮，单击该按钮，弹出【新建标签尺寸】对话框，用户可以根据自己的需要设定标签尺寸，如图5-28所示。

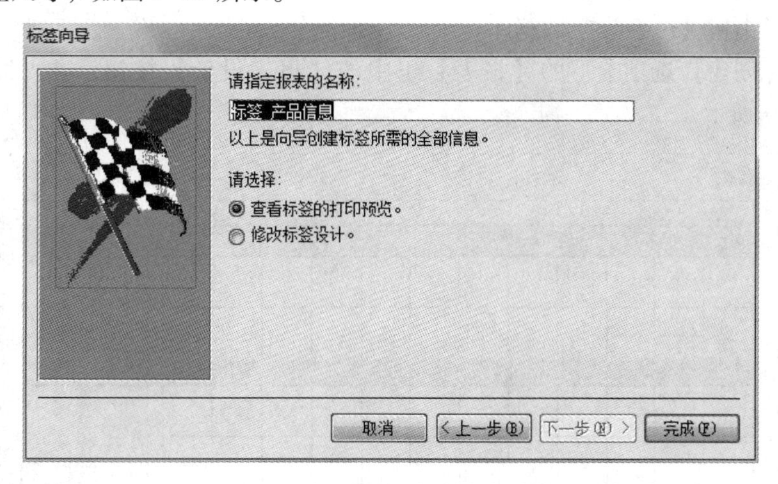

图5-26　指定报表名称对话框

产品信息
产品编号：1001
产品名称：软体跳马
规格型号：75*27.5*47cm

产品信息
产品编号：1002
产品名称：熊猫滑梯
规格型号：
340*1340*185*260cm

产品信息
产品编号：1003
产品名称：城堡滑梯
规格型号：1000*550*330cm

产品信息
产品编号：1004
产品名称：蹦床
规格型号：12m

图5-27　标签报表

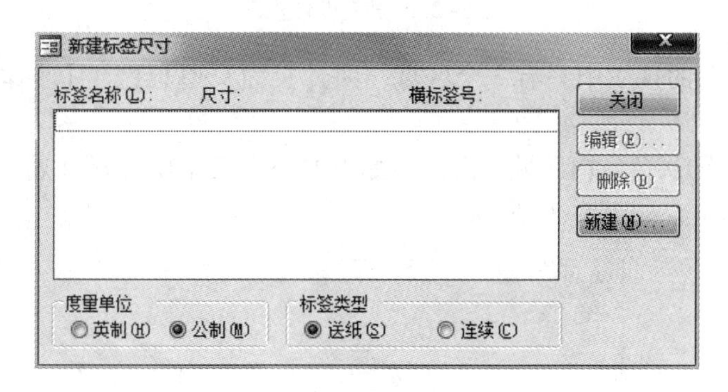

图5-28　自定义标签尺寸对话框

5.2.5　使用报表设计工具创建报表

报表是按照指定的方式将数据表中的数据进行排列或汇总的。本节介绍运用报表的设计视图给报表增加查询条件，使报表具有交互功能。例如输入“产品编号”，就可以查看产品入库的所有信息。

下面以“销售管理系统”数据库中的“产品信息”表和“供应商”表为数据源，建立带有供应商编号查询功能的报表。创建过程如下。

操作步骤

❶ 打开“销售管理系统”数据库。

❷ 单击【创建】选项卡下的【报表】组中的【报表设计】按钮，进入报表的设计视图，如图 5-29 所示。

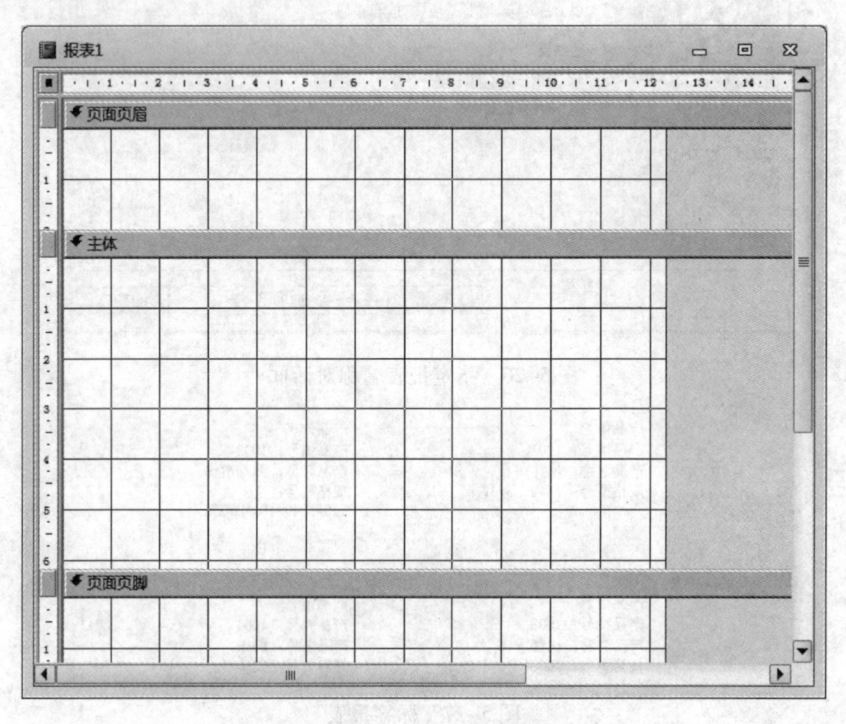

图 5-29 报表设计视图

可以看到在当前的视图中只有 3 个区域，即【页面页眉】区、【主体】区和【页面页脚】区。

❸ 在报表右边的灰色空白区域右击，在弹出的快捷菜单中选择【属性】命令，弹出报表的【属性表】窗格，如图 5-30 所示。

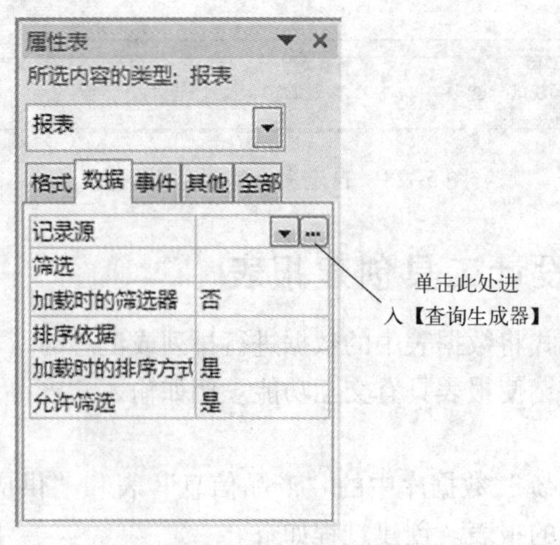

图 5-30 报表属性表窗格

❹ 在【属性表】窗格中切换到【数据】选项卡，单击【记录源】行旁的省略号按钮 [...]，打开【查询生成器】，如图5-31所示。

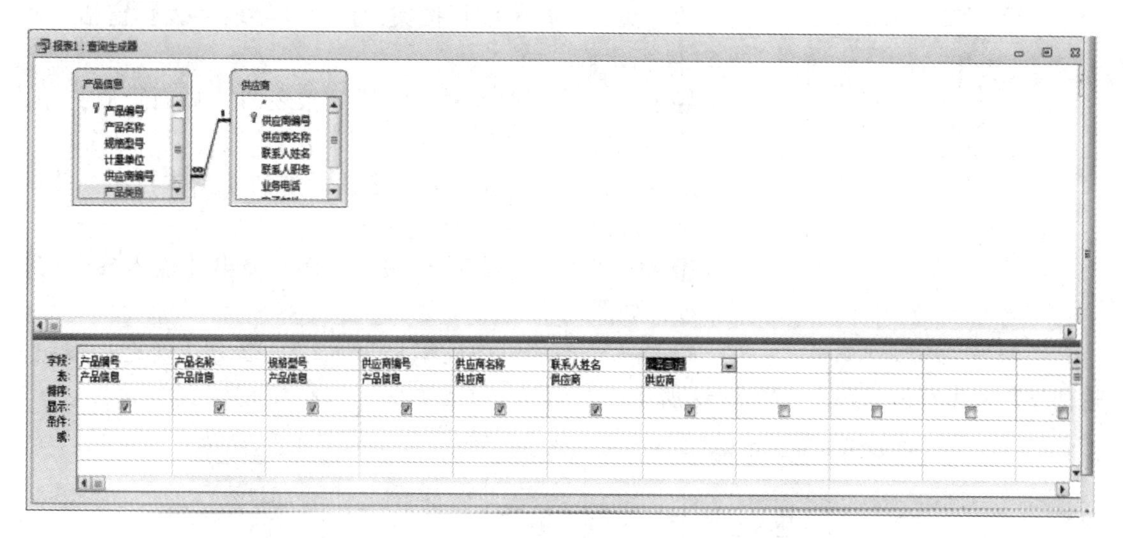

图5-31　查询生成器

在【查询生成器】中，将【产品信息表】和【供应商】表添加进查询设计网格中，并将【产品信息表】中的“产品编号”、“产品名称”、“规格型号”、“供应商编号”字段添加到查询设计器的网格中；将【供应商】表中的“供应商名称”、“联系人姓名”、“业务电话”字段添加到查询设计器的网格中。由于是建立以“供应商编号”为查询字段的参数报表，因此在“供应商编号”字段的【条件】行中输入查询条件：“[请输入产品的供应商编号:]”，如图5-32所示。

字段:	产品编号	产品名称	规格型号	供应商编号
表:	产品信息	产品信息	产品信息	产品信息
排序:				
显示:	☑	☑	☑	☑
条件:				[请输入产品的供应商编号:]
或:				

图5-32　查询生成器设置

❺ 单击【关闭】组中的【另存为】按钮，弹出【另存为】对话框，将查询保存为“报表参数查询”，如图5-33所示。单击【确定】按钮关闭【查询生成器】。

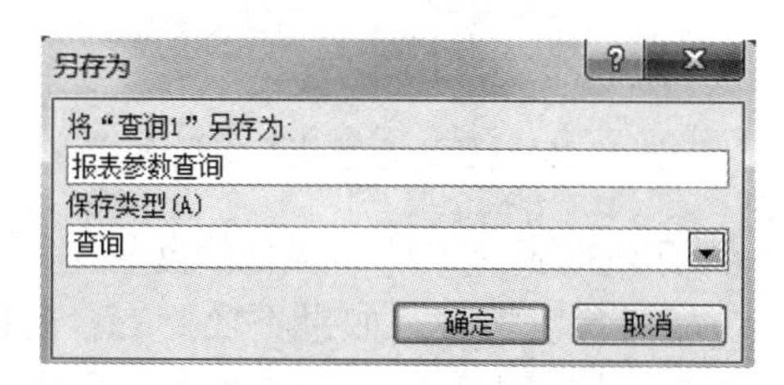

图5-33　【另存为】对话框

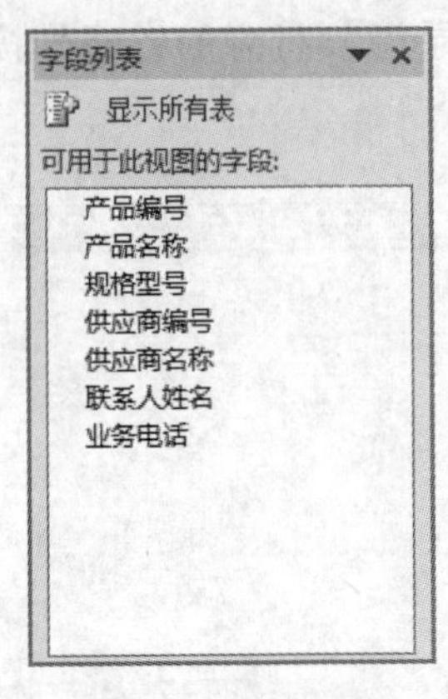

图 5-34　字段列表窗格

❻ 完成对报表的数据源设置后，关闭【属性表】窗格，返回报表的【设计视图】。单击【设计】选项卡下【工具】组中的【添加现有字段】按钮，弹出【字段列表】窗格，如图 5-34 所示。

❼ 拖动“供应商编号”字段到报表的【页面页眉】中，将“产品编号”、“产品名称”、“规格型号”、“供应商名称”、“联系人姓名”、“业务电话”字段添加到【主体】中，并排列各个字段，如图 5-35 所示。

❽ 将建立的报表切换到报表视图，弹出【输入参数值】对话框，如图 5-36 所示。

❾ 输入产品的供应商编号为“2”，单击【确定】按钮，返回参数报表查询结果，如图 5-37 所示。

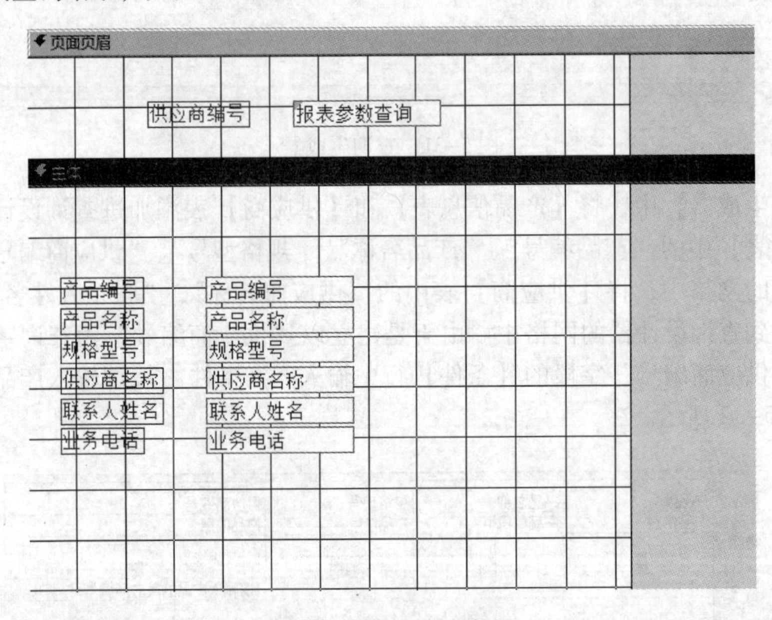

图 5-35　添加报表字段

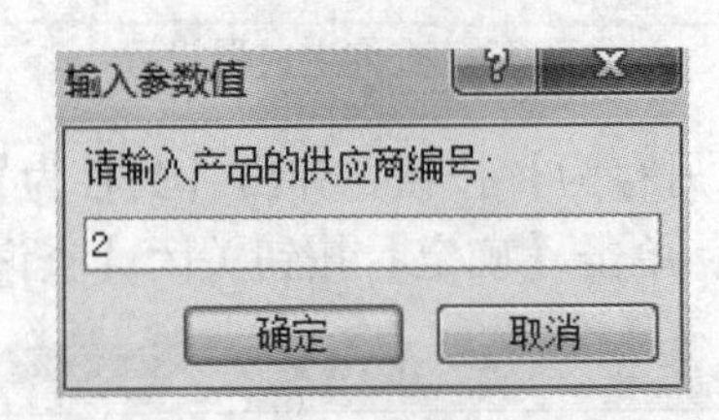

图 5-36 【输入参数值】对话框

❿ 单击【保存】按钮，保存该报表为“产品综合信息”。

这样就完成了带有交互功能的参数报表。如果更换要查看的供应商编号时，只要按下 F5 键对报表进行刷新，即可弹出让用户重新输入供应商编号的对话框。

与此类似，用户可以建立各种交互参数报表。

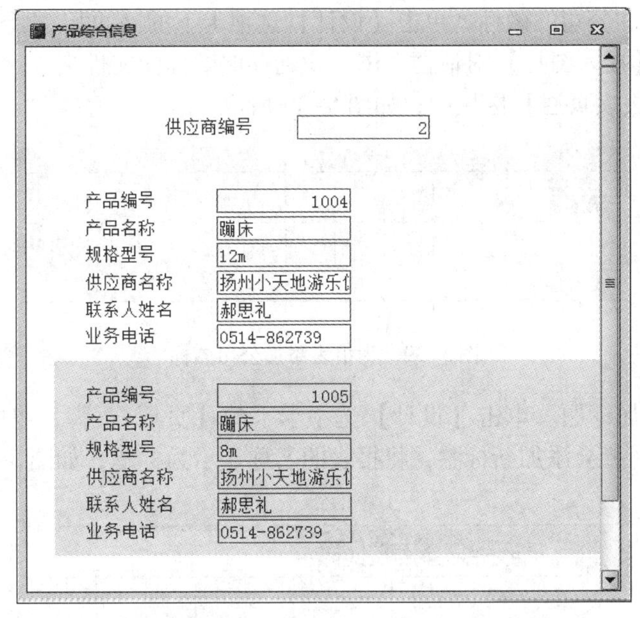

图 5-37　参数报表查询情况

5.2.6　创建专业的参数报表

上面建立了一个参数报表，但是可以看到，这个报表虽然完成了一定的功能，但是和专业的报表相比还有一些功能并不完备，在这一节中将利用各种控件，对上一节建立的报表进行修改，以建立专业的参数报表。

操作步骤

❶ 打开“销售管理系统”数据库中的“产品综合信息”报表，并进入报表的设计视图，如图 5-38 所示。

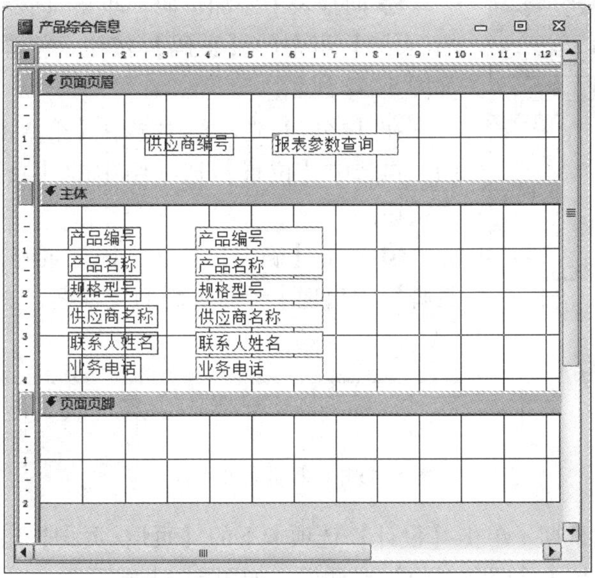

图 5-38　报表设计视图

❷ 在报表中添加公司的徽标，单击【设计】选项卡下的【页眉/页脚】组中的【徽标】按钮，弹出【插入图片】对话框，浏览找到存储徽标的文件夹，然后双击该文件，将徽标图片添加到【报表页眉】区域中，如图 5-39 所示。

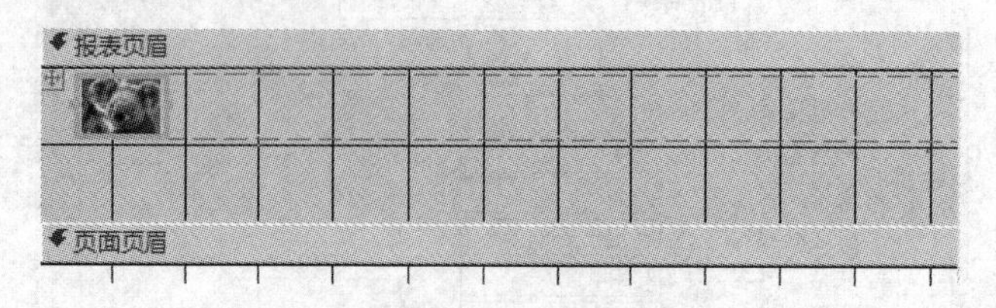

图 5-39　为报表添加公司徽标

❸ 向报表中添加标题。单击【设计】选项卡下的【页眉/页脚】组中的【标题】按钮，【报表页眉】上会添加新标签，将报表的名称显示为标题，如图 5-40 所示。

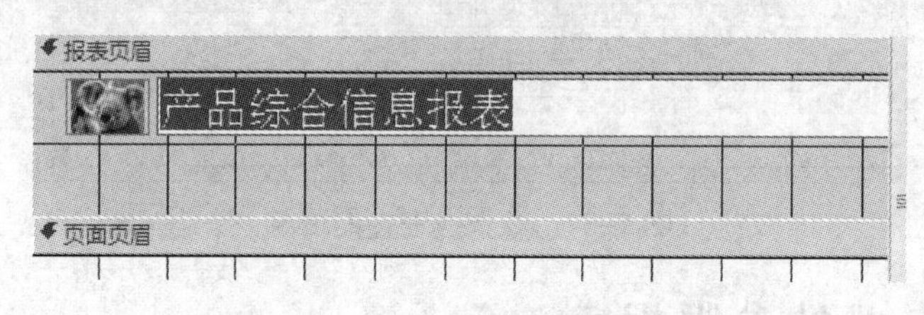

图 5-40　为报表添加标题

❹ 设置报表标题为“产品综合信息报表”，并设置标题的字体和颜色。最终效果如图 5-41 所示。

产品综合信息报表

图 5-41　报表标题效果图

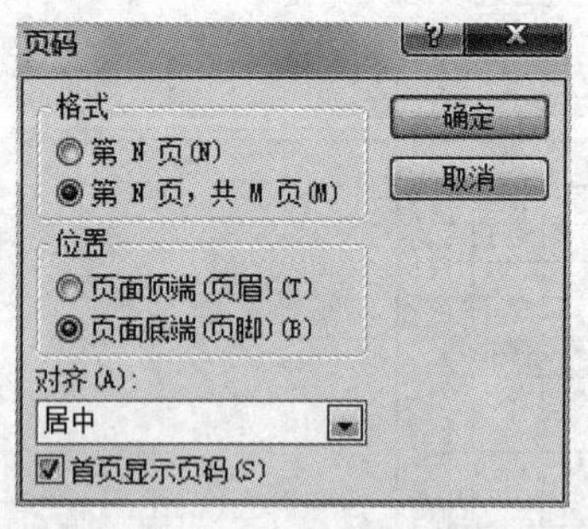

图 5-42　【页码】对话框

❺ 向报表中添加页码。单击【设计】选项卡下的【页眉/页脚】组中的【页码】按钮，将弹出【页码】对话框，如图 5-42 所示。

在【格式】选项组中选中【第 N 页，共 M 页】单选按钮，再选中【位置】选项组中的【页面底端（页脚）】单选按钮。

❻ 单击【确定】按钮，插入页码，可以看到在【页面页脚】中出现了计算页码的文本框，如图 5-43 所示。

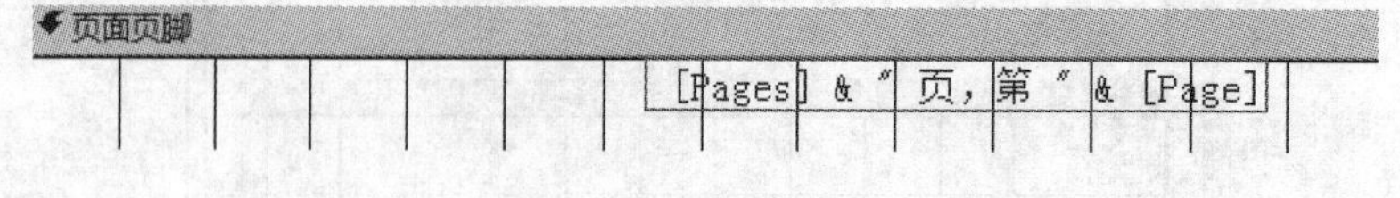

图 5-43　计算页码文本框

❼ 向报表中添加日期。单击【设计】选项卡下的【页眉/页脚】组中的【日期和时间】按钮，将弹出【日期和时间】对话框，如图 5-44 所示。

在该对话框中选中【包含日期】复选框，并选择第 3 种日期格式，不显示时间。

❽ 单击【确定】按钮，插入日期，可以看到在【报表页眉】中出现了时间函数，将该函数剪贴到【报表页脚】中，并在前面创建一个标签控件，在控件中输入“创建时间:”，如图 5-45 所示。

❾ 向报表中添加分割线。单击【设计】选项卡下的【控件】组中的【分割线】按钮╲，在【页面页眉】和【主体】间画一条分割线。

这样就完成了报表的设置，此时报表的设计视图如图 5-46 所示。

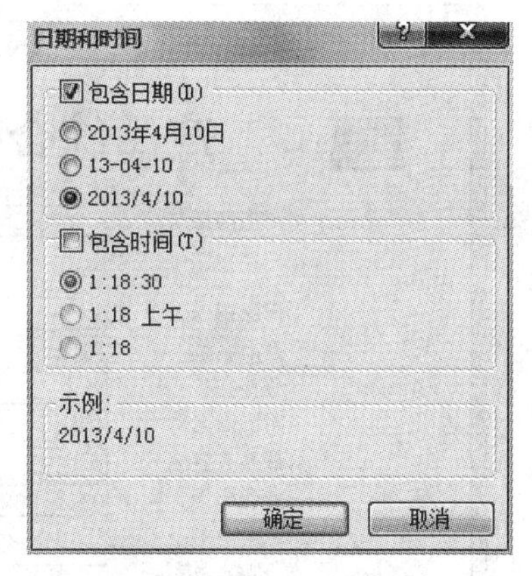

图 5-44 【日期和时间】对话框

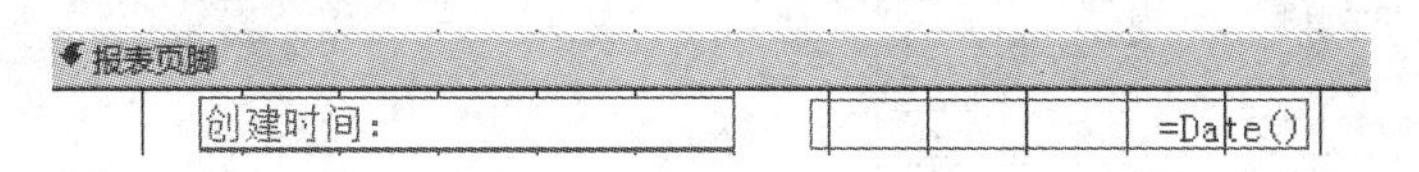

图 5-45 为报表创建时间标签

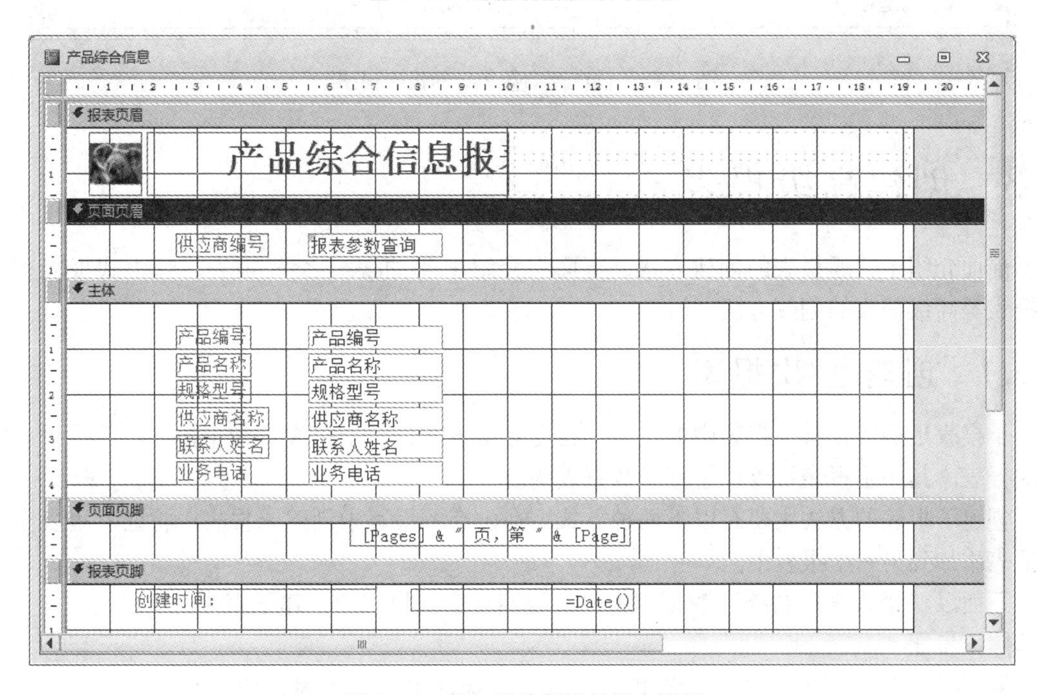

图 5-46 添加了分割线的报表视图

单击【视图】按钮，进入报表的报表视图，输入查询参数“2”，得到的报表如图 5-47 所示。

在设计报表时，为了更加个性化与美观，可以在 Access 2010 中使用工具对报表进行美化操作。在【报表设计工具】选项卡下的【格式】下包含了对报表格式进行美化的工具，读者可自己练习设置“字体”、“数字”、“背景”和“控件格式”等属性。

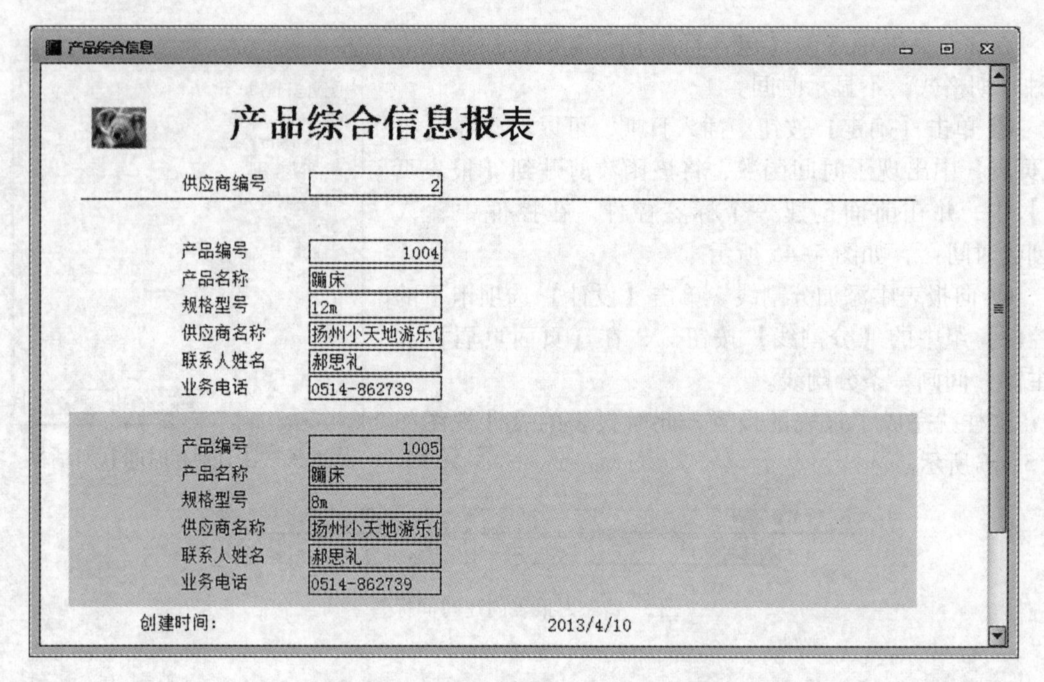

图 5-47 供应商参数为 2 的报表视图

5.3 创建高级报表

前面介绍了普通报表的创建方法，下面将介绍主/次报表、交叉报表、弹出式报表和图形报表等高级报表的创建方法。

5.3.1 创建主/次报表

子报表是插入在其他报表中的报表。在合并报表时，一个报表作为主报表，其他报表作为次报表。其中主报表可以不是基于数据表的。

创建子报表的方法主要有以下两种方式：在已有的报表中创建子报表；将已有报表作为子报表添加到另一个报表中。

下面以“销售管理系统”数据库为例，说明在已有报表中创建子报表的方法。

操作步骤

❶ 打开“销售管理系统”数据库，打开“供应商报表”报表，如图 5-48 所示。

❷ 单击鼠标右键，在弹出的快捷菜单中选择【设计视图】命令，进入报表的设计视图，如图 5-49 所示。

❸ 将鼠标箭头移动到报表的【主体】节下方，当光标变为双向箭头时按下鼠标左键拖动，增大主体节高度。

❹ 单击【控件】组中的【子报表】按钮，并在报表的【主体】节中单击，弹出【子报表向导】对话框，选中【使用现有的报表和窗体】按钮，并选中“产品信息”窗体，如图 5-50所示。

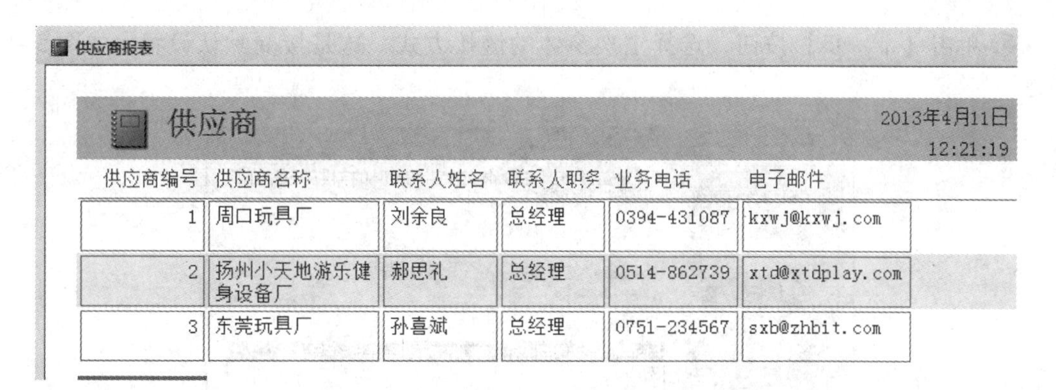
供应商报表

供应商　　2013年4月11日　12:21:19

供应商编号	供应商名称	联系人姓名	联系人职务	业务电话	电子邮件
1	周口玩具厂	刘余良	总经理	0394-431087	kxwj@kxwj.com
2	扬州小天地游乐健身设备厂	郝思礼	总经理	0514-862739	xtd@xtdplay.com
3	东莞玩具厂	孙喜斌	总经理	0751-234567	sxb@zhbit.com

图 5-48　供应商报表

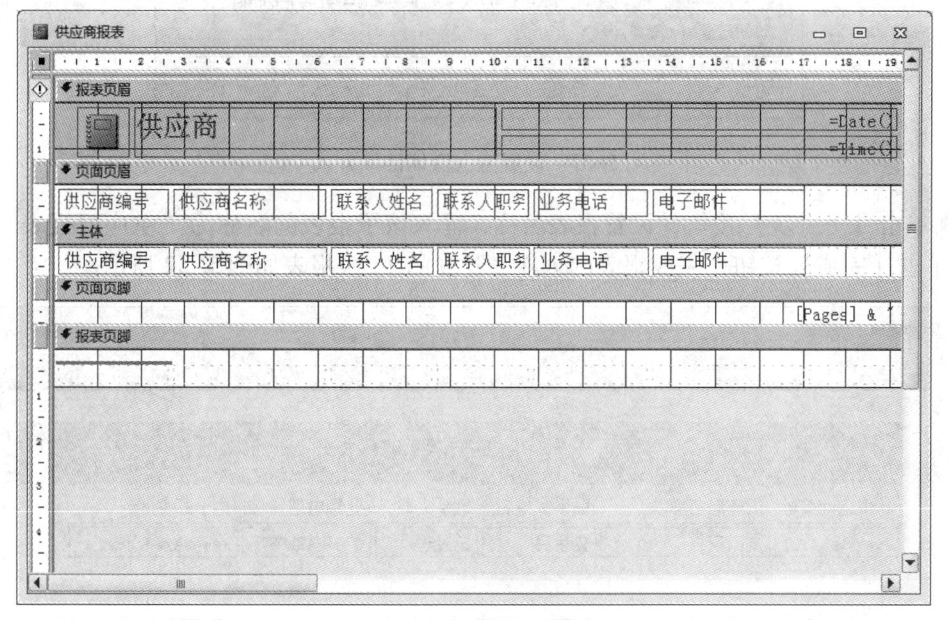

图 5-49　报表设计视图

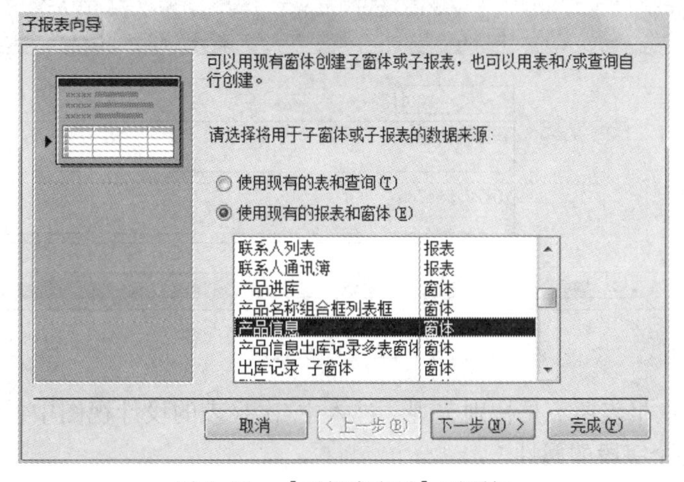

图 5-50　【子报表向导】对话框

❺ 单击【下一步】按钮，选择主次窗体的链接方式。这是接受默认设置，如图 5-51 所示。

子报表向导
请确定是自行定义将主窗体链接到该子窗体的字段，还是从下面的列表中进行选择：
从列表中选择(C)
自行定义(D)
对 供应商 中的每个记录用 供应商编号 显示 产品信息
无
对 供应商 中的每个记录用 供应商编号 显示 产品信息
取消
< 上一步(B)
下一步(N) >
完成(F)

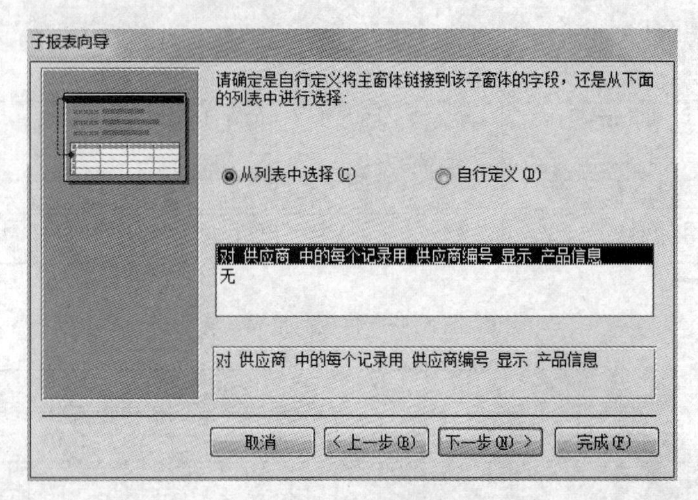

图 5-51 设置主次窗体链接方式

❻ 单击【下一步】按钮，设置报表名称，输入该子报表的名称为“供应商报表-子报表”，单击【完成】按钮，完成报表的创建。建立的主/次报表如图 5-52 所示。

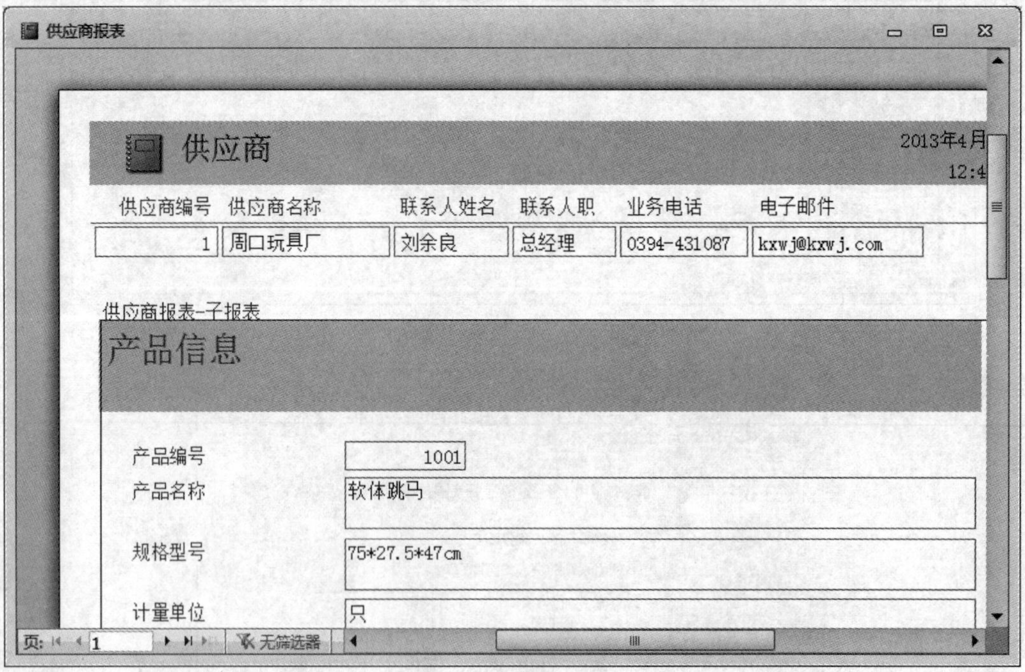

供应商报表
供应商
2013年4月
12:4
供应商编号
供应商名称
联系人姓名
联系人职
业务电话
电子邮件
1
周口玩具厂
刘余良
总经理
0394-431087
kxwj@kxwj.com
供应商报表-子报表
产品信息
产品编号
1001
产品名称
软体跳马
规格型号
75*27.5*47cm
计量单位
只
页:
1
无筛选器

图 5-52 主/次报表

❼ 新建的主/次报表还不是特别美观，进入主/次报表的设计视图中，对报表各字段进行微调，并设置各个字段的属性。

5.3.2 创建交叉报表

报表中的数据可以源于交叉查询建立的数据表，但是交叉查询生成的表是查询的静态结果，当源数据表中数据发生变化时，必须重新运行查询，否则报表中的数据将不能够反映源数据的变动。

如果将报表建立在交叉查询之上，就可以随时反映数据的变化。这种建立在交叉查询之上的报表就是交叉报表。

下面以本章提供的“报表示例”数据库中的“销售分析_交叉表”数据源，建立交叉报表，具体操作步骤如下。

操作步骤

❶ 启动 Access 2010，打开“报表示例”数据库。

❷ 单击【创建】选项卡下【报表】组中的【报表设计】按钮，新建一个空白报表，如图 5-53 所示。

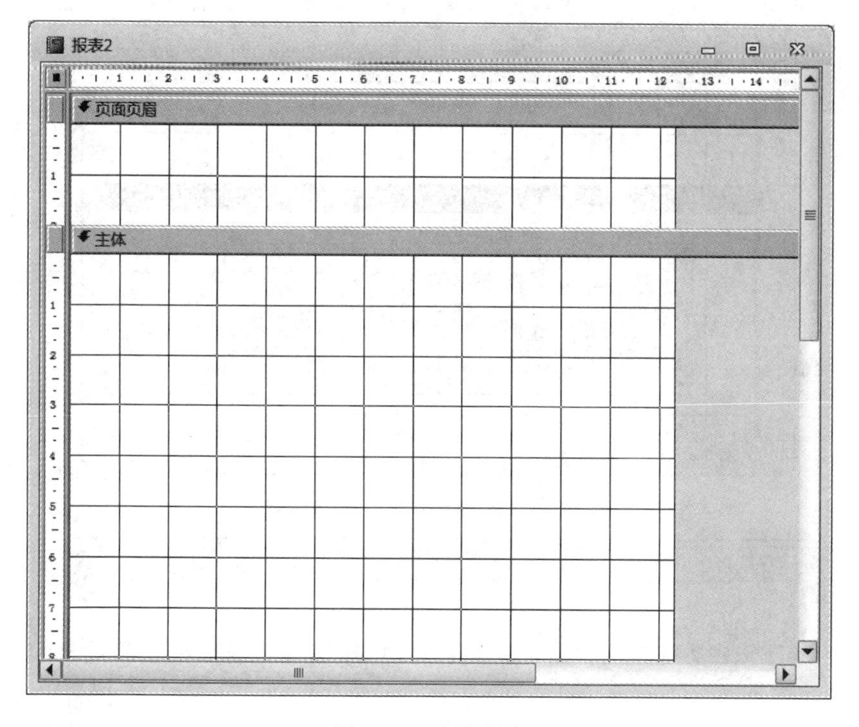

图 5-53 空白报表

❸ 在屏幕左边的导航窗格中选择“销售分析_交叉表”查询。

❹ 将“销售分析_交叉表”查询拖到【设计视图】的【主体】节中，弹出【子报表向导】对话框，在该对话框中输入子报表名称为“销售分析_交叉表 子报表”，如图 5-54 所示。

❺ 单击【完成】按钮，建立一个以“销售分析_交叉表”查询为数据源的子报表，即建立了一个主/次报表，主报表是一个空报表，没数据源；次报表是一个交叉报表，如图 5-55 所示。

❻ 单击【视图】按钮，进入报表的报表视图，如图 5-56 所示。

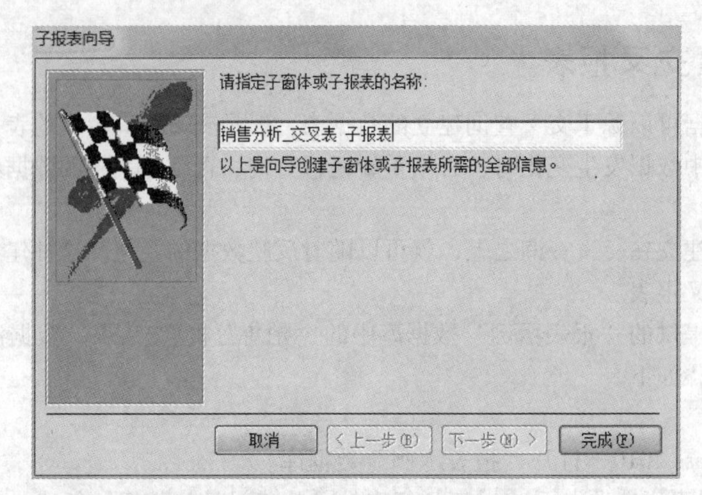

图 5-54 【子报表向导】对话框

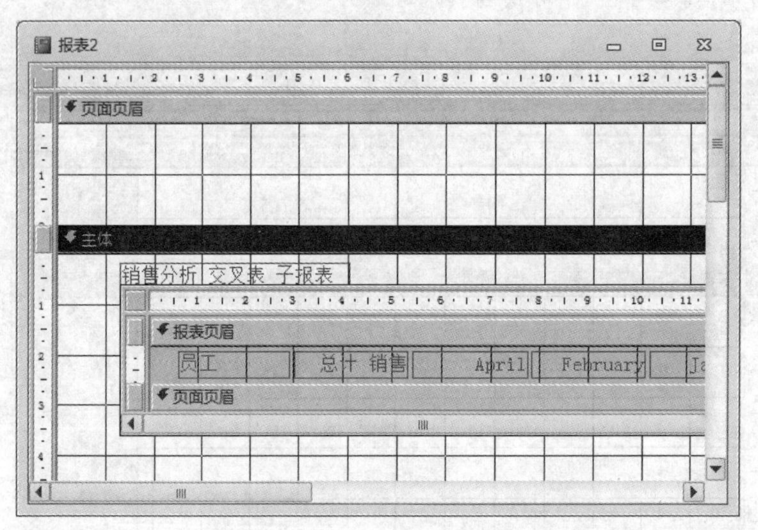

图 5-55 销售分析交叉表 子报表

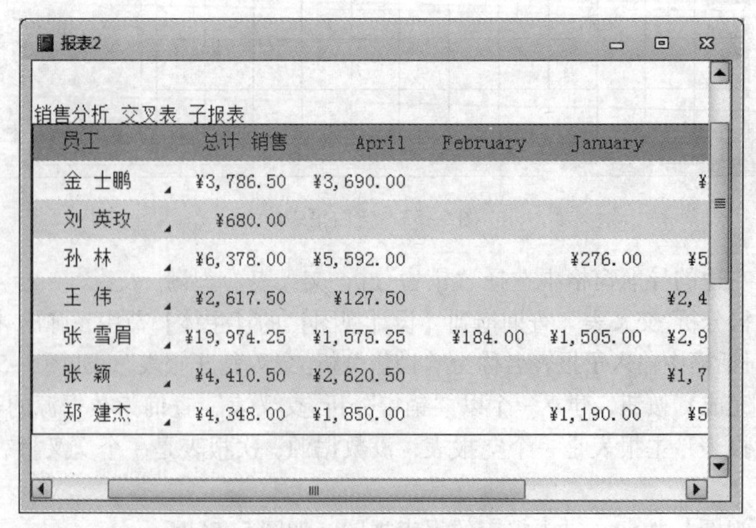

图 5-56 报表视图

❼ 这样就完成了一个交叉表报表的创建。给创建的交叉表报表添加标题等信息，最终效果图如图5-57所示。

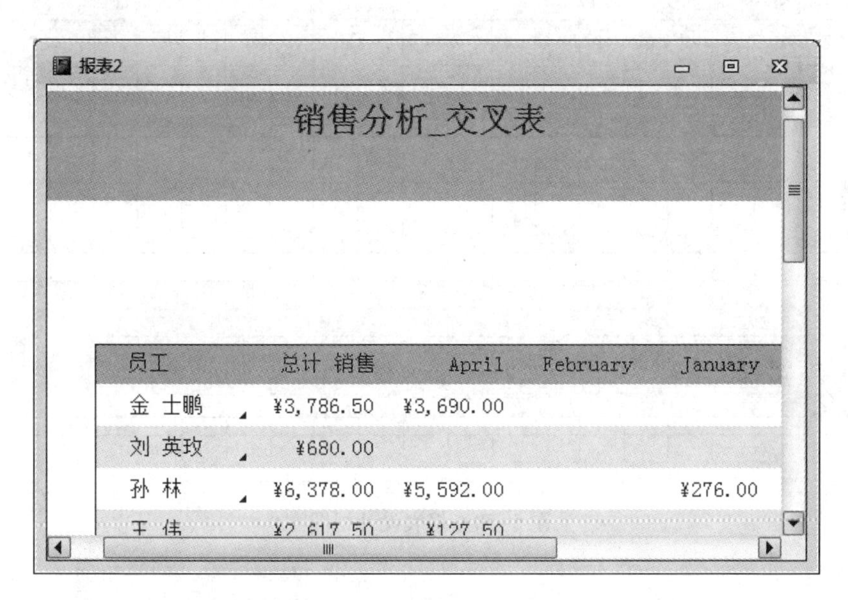

图5-57　销售分析_交叉表报表

5.3.3　创建弹出式报表

如同模式对话框，报表也可以创建模式报表等。所谓模式，就是在完成既定操作以前，是不能进行其他操作的。具有模式的报表为模式报表，具有模式的窗体为模式窗体。

模式窗体最常见的应用就是各种登录界面，用户在登录以前，是不能完成其他操作的。

弹出式报表或弹出式窗体是始终显示在其他数据库对象的上方，而不管其他对象是否处于活动状态。

利用“模式”和“弹出式”的特点，可以创建各种弹出式、模式对话框和报表，用以接受用户输入数据和显示信息。

下面以“报表示例”数据库中建立的“销售分析_交叉报表”为例，说明创建弹出式模式报表的操作步骤。

操作步骤

❶ 启动Access 2010，打开“报表示例”数据库。

❷ 在屏幕左边的导航窗格中右击“销售分析_交叉报表”，在弹出的快捷菜单中选择【设计视图】命令，进入报表的设计视图，如图5-58所示。

❸ 单击【设计】选项卡下【工具】组中的【属性表】按钮，如图5-59所示。

❹ 将【属性表】窗格切换到【其他】选项卡，将【弹出方式】行中默认的“否”改为“是”，如图5-60所示。

❺ 保存该报表，将报表切换到报表视图中，可以看到，原来只能在右边视图中活动的报表可以移动到屏幕的任何地方，即建立了一个弹出式报表，如图5-61所示。

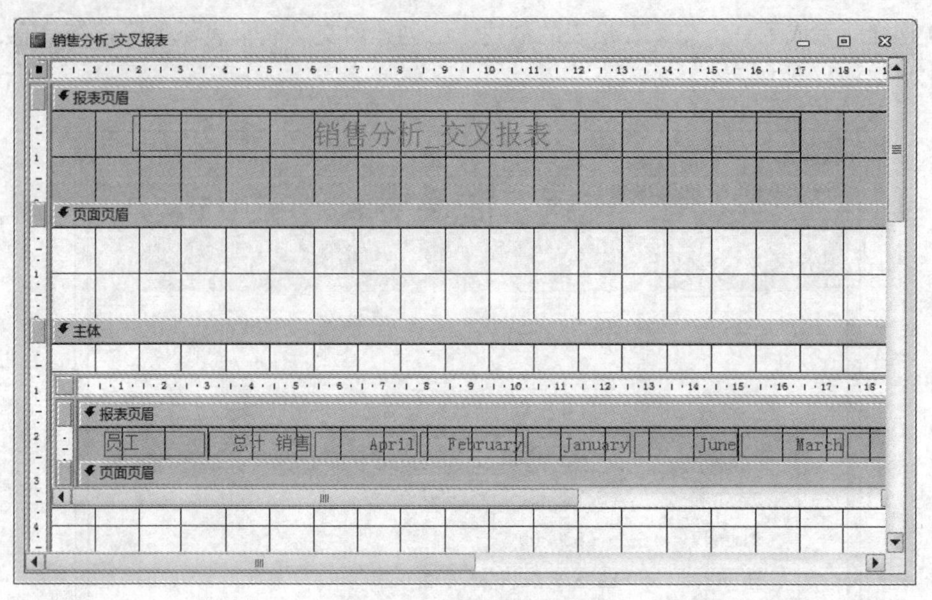

图 5-58　报表设计视图

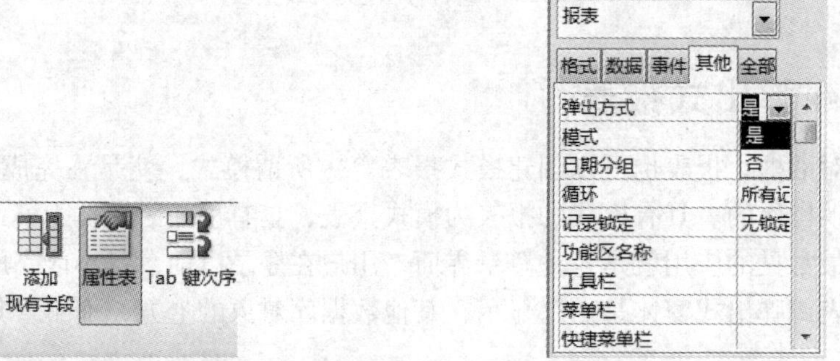

图 5-59　工具组　　　　图 5-60　属性表“其他”选项卡

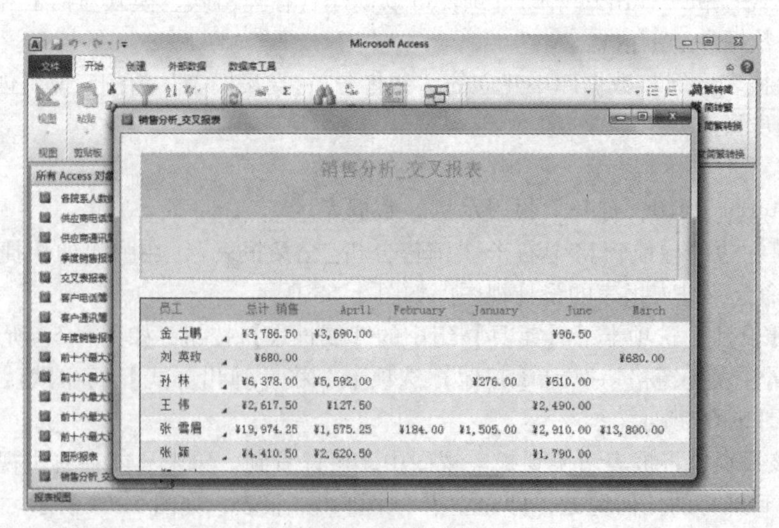

图 5-61　弹出式报表

❻ 重新进入报表的设计视图，在【属性表】窗格的【其他】选项卡下，将【模式】行中默认的“否”改为“是”，如图5-62所示。

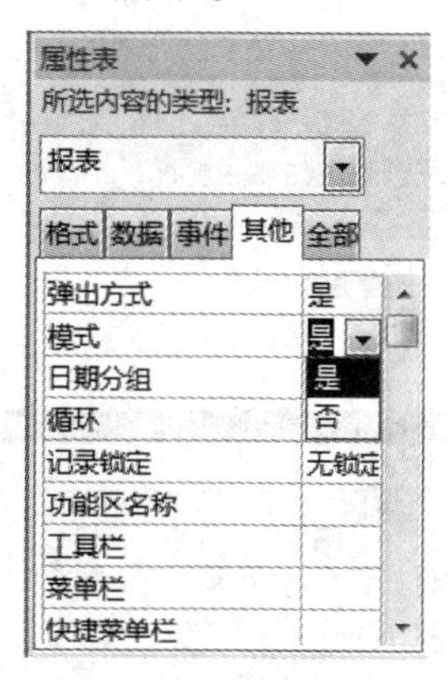

图5-62　设置模式

❼ 保存该报表，并再次将报表切换到报表视图中，可以看到，报表可以移动到屏幕的任何地方，并且只能操作报表中的内容，其余的内容是不能操作的。

5.3.4 创建图表报表

在报表中除了直接显示数据以外，还可以使用图表来表现数据，它会给人一种更加直观和耳目一新的感觉。

下面以“销售管理系统”数据库创建一个各种产品库存量统计的柱形图报表为例，说明创建图形报表的操作步骤。

操作步骤

❶ 启动Access 2010，打开“销售管理系统”数据库。

❷ 单击【创建】选项卡下【报表】组中的【报表设计】按钮，进入该报表的【设计视图】，如图5-63所示。

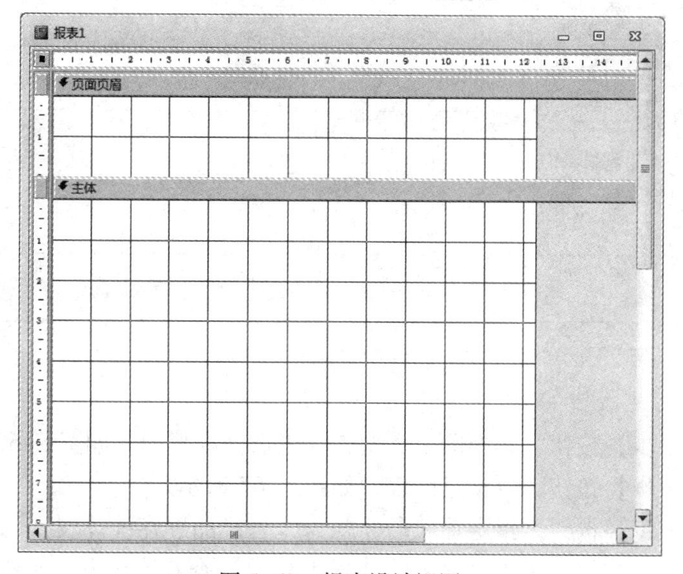

图5-63　报表设计视图

❸ 选择【设计】选项卡下控件组中的【图表】控件，在报表的主体节中画一个矩形框，将弹出【图表向导】对话框，如图 5-64 所示。

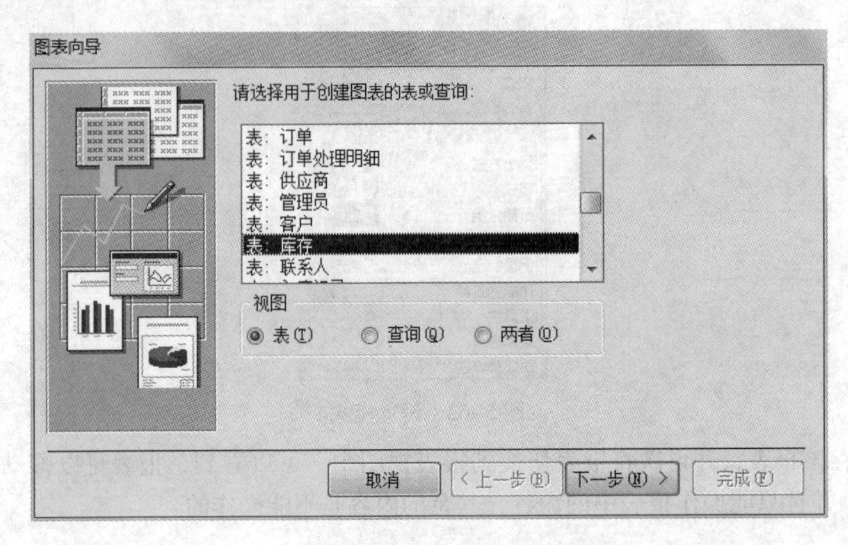

图 5-64 【图表向导】对话框

在“请选择用于创建图表的表或查询”列表中选择“库存”表。

❹ 单击【下一步】按钮，选择用户图表的字段，这是选择“产品编号”和“库存量”，如图 5-65 所示。

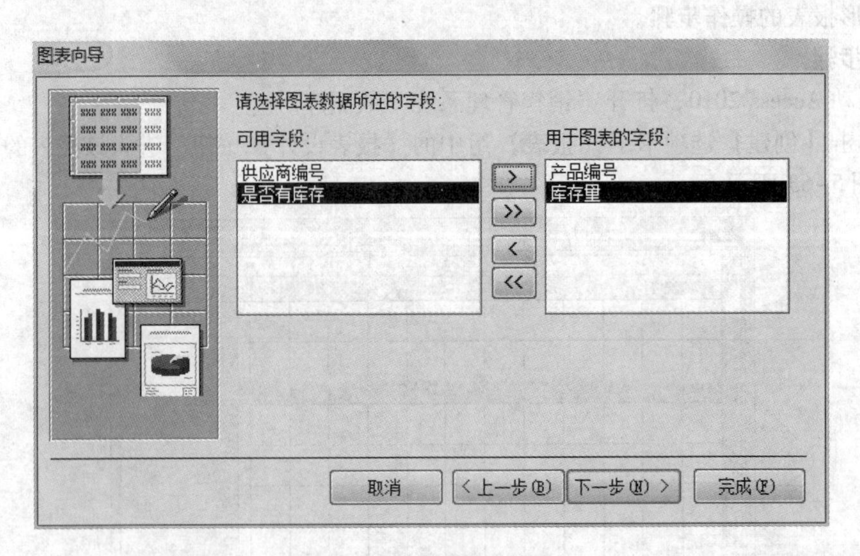

图 5-65 选择图表字段

❺ 单击【下一步】按钮，选择图表类型，这里选择柱形图，如图 5-66 所示。

❻ 单击【下一步】按钮，可预览图表，如图 5-67 所示。

❼ 单击【下一步】按钮，指定图表的标题为“各产品库存统计表”，如图 5-68 所示。

❽ 单击【完成】按钮，进入该报表的【报表视图】查看该报表，如图 5-69 所示。

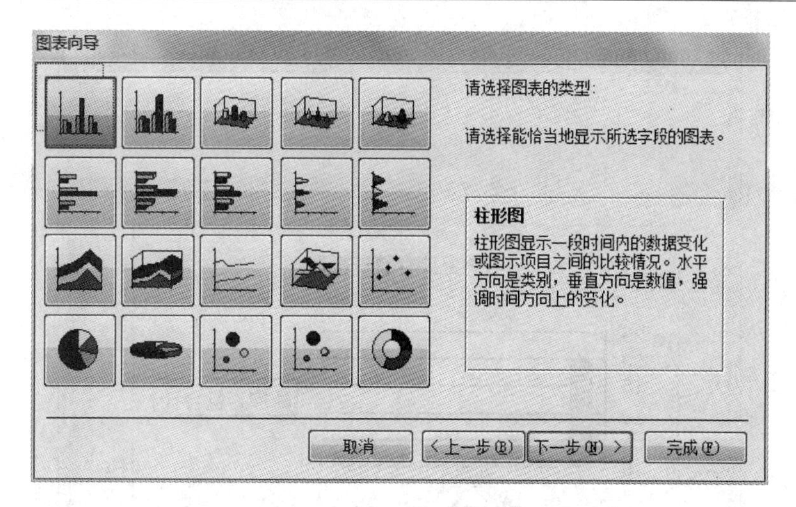

图 5-66　选择图表类型

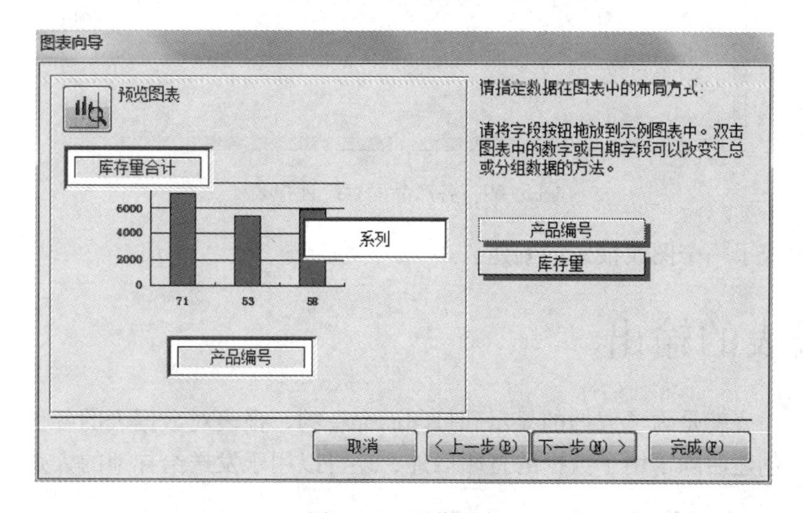

图 5-67　预览图表

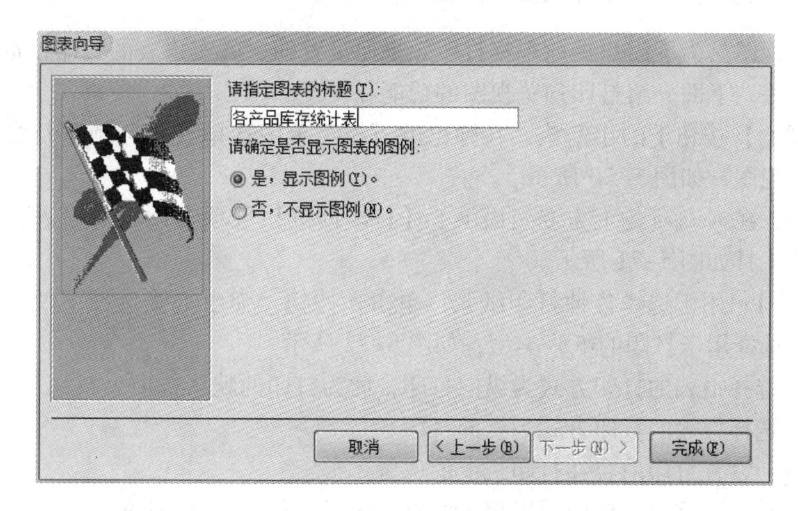

图 5-68　指定图表标题

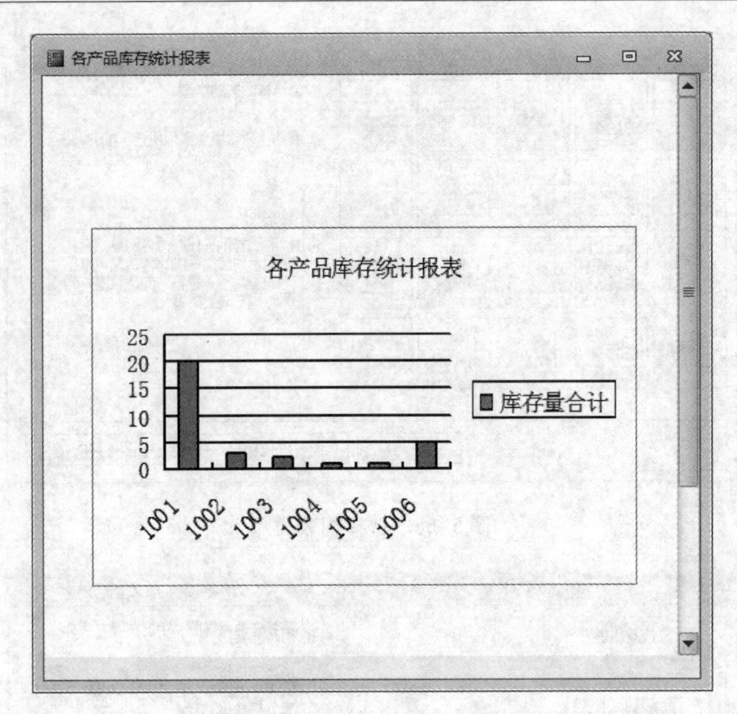

图 5-69 各产品库存统计报表

这样就完成了一个图表报表的创建。

5.4 报表的输出

可以说，报表就是为了数据的显示和打印而存在的，报表对数据表的各种数据进行了分组、汇总等，创建后除了用于数据的打印以外，还可以用于发送给异地的人查看。

5.4.1 报表的页面设置及打印

打印预览视图是为了用户提前观察打印效果而设置的，其实报表的打印预览视图的功能还远不止于这些。下面介绍打印预览视图的功能和设置。

单击【视图】按钮下的小箭头，在弹出的下拉菜单中选择【打印预览】命令，进入报表的打印预览视图，如图 5-70 所示。

可以看到，在 Access 的上方专门提供了【打印预览】选项卡用以对报表页面进行各种设置，主要的工具如图 5-71 所示。

【纸张大小】：用于选择各种打印纸张，单击该按钮，弹出纸张选择下拉列表框，在该下拉列表框中选择用于打印的纸张类型，如图 5-72 所示。

【纵向】：选择报表的打印方式为纵向打印，此为打印的默认选项。

【横向】：选择报表的打印方式为横向打印。

【页边距】：设置打印内容在打印纸上的位置。

【页面设置】：在该对话框中设置报表的页面布局，如图 5-73 所示。

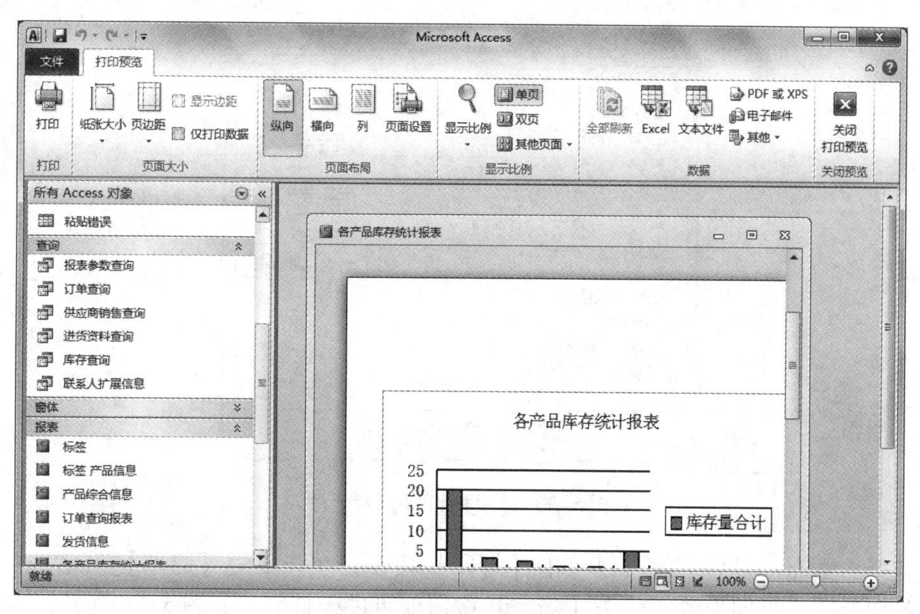

图 5-70　报表打印预览视图

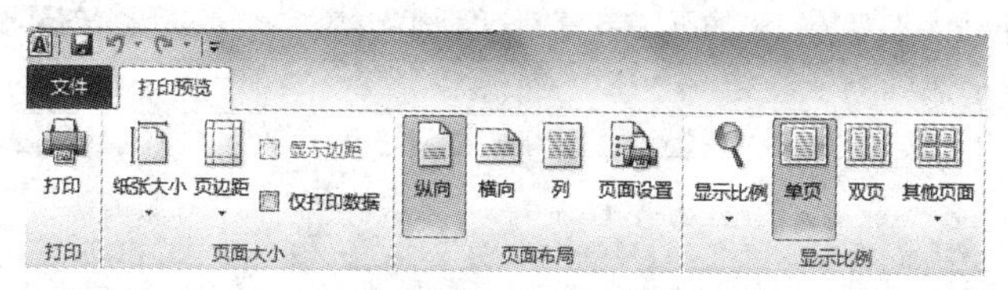

图 5-71　报表页面设置工具

图 5-72　纸张类型设置对话框

图 5-73 【页面设置】对话框

设置好页面布局以后，就可以单击【打印】按钮，在弹出的【打印】对话框中设置打印机和打印范围、打印份数，单击【确定】按钮即可进行打印，如图 5-74 所示。

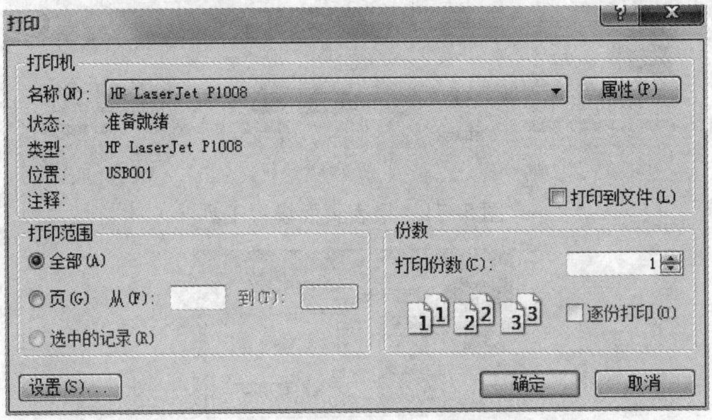

图 5-74 【打印】对话框

5.4.2 将报表作为电子邮件发送

可以将报表作为电子邮件发送给收件人，而不打印输出页面报表。

具体操作步骤如下。

操作步骤

❶ 在导航窗格中单击选中要发送的报表，然后选择【外部数据】选项卡下【导出】工具组中的【电子邮件】按钮。

❷ 在弹出的【对象发送为】对话框中的【选择输出格式】列表中，单击要使用的文件格式，如图 5-75 所示。

❸ 按照向导完成报表邮件的制作。

❹ 单击【外部数据】选项卡下【收集数据】工具组中的【管理答复】按钮。

❺ 在电子邮件程序中输入邮件正文，然后发送邮件。

这样就完成了将报表以电子邮件的形式发出。

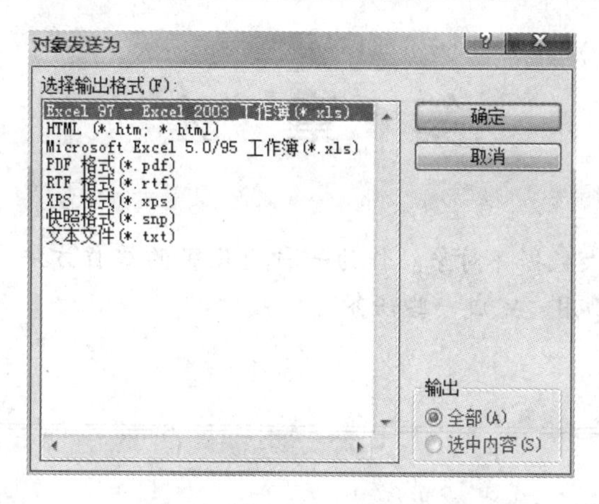

图 5-75　【对象发送为】对话框

思考与练习

一、选择题

1. 在报表的视图中，能够预览显示结果，并且又能够对控件进行调整的视图是（　　）。

A. 设计视图　　B. 报表视图

C. 布局视图　　D. 打印视图

2. 如果要设计一个报表，用于标识公司的物资资产，那么可以将该报表设计为（　　）。

A. 分类报表　　B. 标签报表

C. 交叉报表　　D. 数据透视图报表

3. 完成标签报表的创建以后，用户是不能在报表视图中预览最后效果的，必须在下面的（　　）视图中才能看到最终的效果。

A. 设计视图　　B. 报表视图

C. 布局视图　　D. 打印预览

4. 下面不属于高级报表的是（　　）。

A. 主/次报表　　B. 交叉报表

C. 数据透视图报表　　D. 标签报表

二、问答与操作题

1. 在 Access 2010 报表中，如何使用报表的 5 个节？一个实际报表中“标题”、“表头”、“表体”、“表尾”和“表脚标”分别对应于报表对象中的哪一个节中？

2. 分组报表的作用什么？请同学们自行建立一个分组报表。

3. 请同学们利用各种报表控件，建立一个显示客户信息的报表。

第 6 章　宏

宏是 Access 的第五大数据库对象。作为一种简化了的编程方法，宏可以在不编写任何代码的情况下，自动帮助用户完成一些任务。

学习要点：

- 宏的作用和功能
- 宏的分类与创建
- 独立宏、嵌入宏、条件宏的创建
- 宏生成器的用法
- 运行宏的方法
- 调试宏的方法
- 常用宏和高级宏的创建方法

学习目标：

通过学习本章，读者应该了解宏作为数据库第五大对象的作用和主要用途，了解宏的主要分类。理解独立宏、嵌入宏和条件宏各自的特点并掌握宏的创建方法，熟悉宏生成器的用法，掌握运行和调试宏的方法。

6.1　初识宏

“宏”就是一些操作的集合。将一定的操作排列成顺序，就构成“宏”。利用宏可以在不编写任何代码的情况下自动完成一些任务，并向窗体、报表和控件中添加功能，而无须编写程序。

6.1.1　宏生成器简介

Access 中的宏是在【宏生成器】中完成的，因此有必要先介绍【宏生成器】的基础知识。

单击【创建】选项卡下【宏与代码】组中的【宏】按钮，如图 6-1 所示。即可进入【宏生成器】窗格，如图 6-2 所示。

创建宏，就是在【宏生成器】窗格中，构建在宏运行时要执行操作的列表。

如图 6-2 所示，当用户首次打开【宏生成器】时，会显示【添加新操作】窗口和【操作目录】列表。

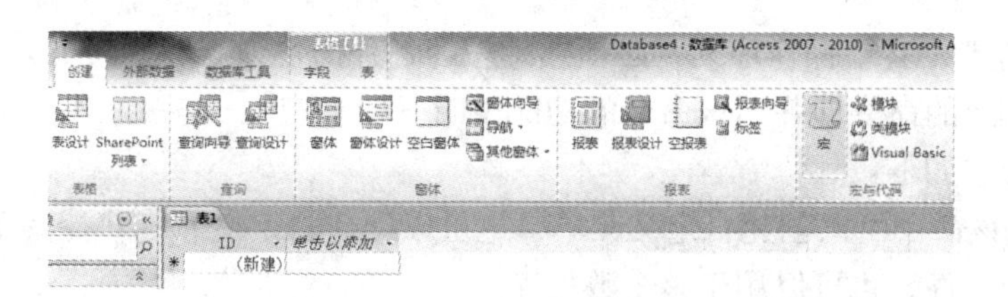

图6-1　【宏与代码】组

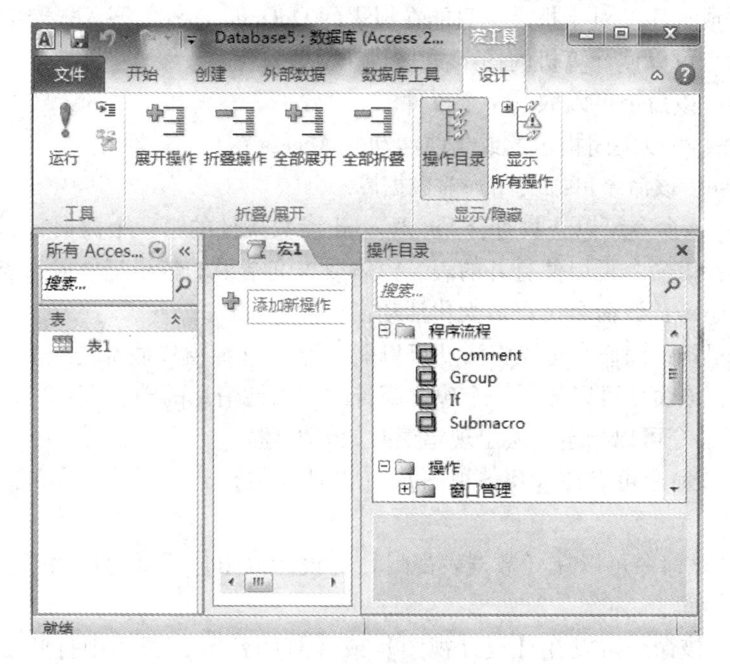

图6-2　宏生成器窗格

【添加新操作】是供用户选择各种操作。单击该列的下拉列表框，就会弹出各种操作名列表，如图6-3所示。当用户在该列中输入操作名时，系统会自动出现提示，以减少错误的发生。【操作目录】中提供了各种命令，用户也可以鼠标选择相应命令，按住鼠标左键拖拉至【添加新操作】窗口。

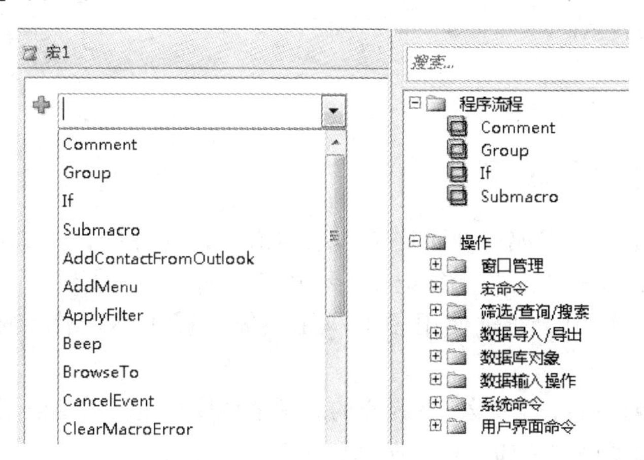

图6-3　系统提示窗格

要想熟练创建“宏”操作序列，必须熟悉理解各种操作命令，用户可以在【操作目录】中用鼠标选择相应的命令即弹出该命令的功能说明。

常见命令说明如下：

AddMenu：该命令可以创建自定义菜单，也可以创建自定义右键快捷菜单。该命令可用于窗体、报表或控件，也可以用于整个数据库。

ApplyFilter：该命令可以将筛选、查询应用到表、窗体或报表中，以便对表或基础表中的记录进行限制或排序。对于报表，只能在报表的 OnOpen 事件的嵌入式宏中使用此命令。

Beep：该命令可以使计算机的扬声器发出“嘟嘟”声。

CancelEvent：该命令可以取消一个事件。

Close：该命令可以关闭指定的或当前活动的 Access 窗口。

CloseDatabase：该命令可以关闭当前数据库。

FindRecord：该命令可以查找符合 FindRecord 参数条件的第一个数据实例。

GoToRecord：该命令可以使打开的表、窗体或查询结果的特定记录成为当前活动记录。

MaximizeWindow：该命令可以最大化活动窗口。

MinimizeWindow：该命令可以将活动窗口缩小为 Access 窗口底部的一个小标题栏。

MessageBox：该命令可以显示一个包含警告或信息性消息的消息框。

OnError：该命令可以指定当宏出现错误时如何处理。

OpenForm：该命令可以在【窗体视图】、【设计视图】、【打印预览】或【数据表视图】中打开一个窗体。

OpenQuery：该命令可以在【数据表视图】、【设计视图】或【打印预览】视图中打开选择查询或交叉表查询。

OpenReport：该命令可以在【设计视图】或【打印预览】视图中打开报表，或将报表直接发送到打印机。

OpenTable：该命令在【数据表视图】、【设计视图】或【打印预览】视图中打开表。

QuitAccess：该命令退出 Access 2010。

ExportWithFormatting：该命令可以实现数据对象的导出操作。

RunMacro：该命令可以运行宏或宏组。使用该命令可以完成以下任务。

- 从其他宏中运行宏。
- 根据条件运行宏。
- 将宏附加到自定义菜单命令。

6.1.2　宏的功能和类型

在 Access 中，宏可以看成一种简化了的编程语言，这种语言是通过选择一系列要执行的操作来编写的。编写“宏”无须记住各种语法，每一个“宏”的操作参数都显示在“宏”的【设计视图】中。通过使用“宏”无须编程就可向窗体、报表和控件中添加功能。

宏是以动作为单位执行用户设定的操作的。每个动作在运行时由前到后按顺序执行，下图列出了一个宏的命令序列，如图 6-4 所示。

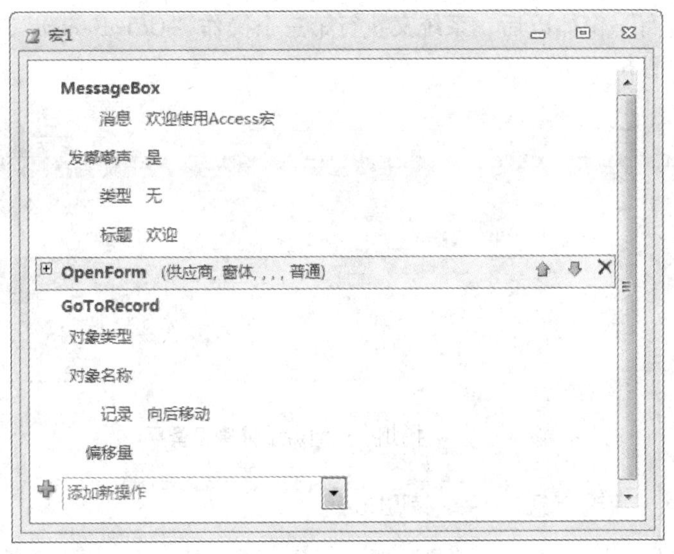

图 6-4　宏的命令序列

在【宏生成器】中生成了由三个操作构成的操作序列组成的一个简单的宏。

当用户执行该宏时，系统先执行第一个操作“MessageBox”，即弹出一个提示框，如图 6-5 所示就是执行结果。

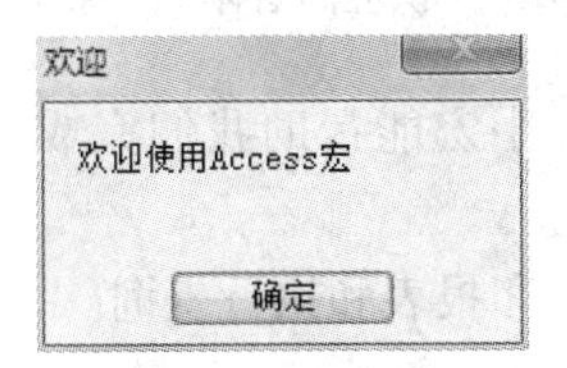

图 6-5　提示框

单击对话框中的【确定】按钮，关闭此对话框。此时宏执行第二个操作“OpenForm”，即打开“供应商”窗体，执行结果如图 6-6 所示。

图 6-6　供应商窗体

在打开“供应商”窗体以后，系统又执行第三个操作“GoToRecord”，即将光标移动到下一条记录处，如图 6-7 所示。

图 6-7 供应商窗体下一条记录

从上面的例子可以看到 Access 中宏能帮助我们完成一系列的任务。总的来说，Access 中的宏可以帮助用户完成以下工作。

- 打开/关闭数据表、窗体，打印报表和执行查询。
- 显示提示信息框，显示警告。
- 实现数据的输入和输出。
- 在数据库启动时执行操作等。
- 筛选、查找数据记录。

可以说宏操作几乎涉及了所有的数据库操作细节。灵活地运用宏，能够让我们的 Access 数据库系统变得功能强大和生动。

在 Access 中，宏可以是包括操作序列的一个宏，也可以是由若干个宏构成的宏组，还可以使用条件表达式来决定在什么情况下运行宏，以及在运行宏时是否进行某项操作。由此宏可以分为 3 类：操作序列、宏组、包括条件操作的宏。

作为 Access 的第五大对象，宏和数据表、查询或窗体等一样，拥有自己独立的宏名，按照一个宏名下宏数目的不同，宏可以分为单个宏和宏组。

简单地说，宏和宏组的关系如下：“宏”是操作的集合，“宏组”是宏的集合；一个“宏组”中可以包含一个或多个“宏”；每一个“宏”中又包含一个或多个宏操作。

每一个宏操作由一个宏命令完成。

在宏的执行过程中，还可以设定一个执行条件，只有当条件满足时才执行宏。这就是我们所说的条件宏。

用以判断执行条件的通常为一个表达式，表达式的结果为 True/False 或“是/否”，只有当判断表达式的结果为 True（或“是”）时，宏操作才执行。

要输入宏操作的执行条件，在宏的参数列表的【当条件 =】文本框中输入一个判断表达式，用以判断条件的 True/False。图 6-8 是一个简单的条件宏的例子。

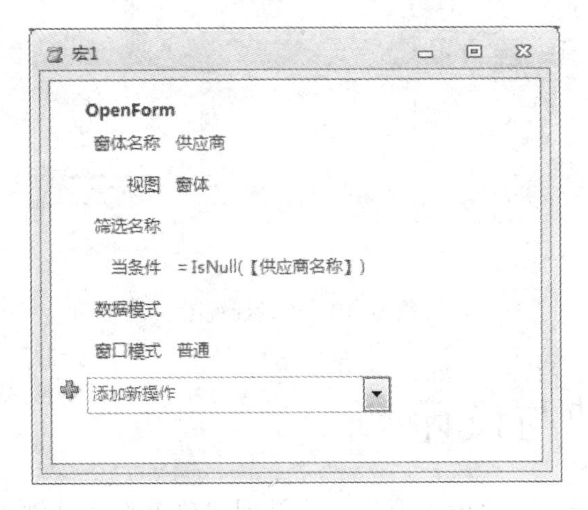

图 6-8　宏条件设置

上面图中的条件的含义是：只有【供应商名称】字段为空时，才执行 OpenForm 命令，弹出“没有记录”的窗体，如图 6-9 所示。

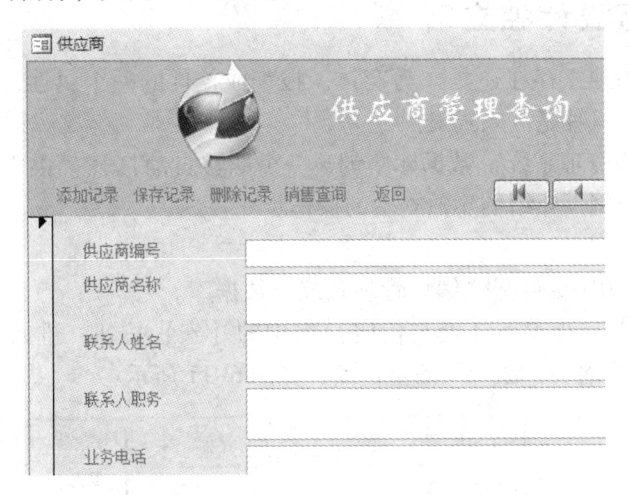

图 6-9　【供应商名称】为空时的窗体

6.1.3　宏设计视图

【宏生成器】又称为宏的【设计视图】，Access 2010 宏的设计视图相比 Access 2007 作了改进，界面更加简洁和人性化，便于用户的使用，如图 6-10 所示。

【宏工具】选项卡下有【工具】、【折叠/展开】和【显示/隐藏】三个组，【工具组】中有【运行】、【单步】和【将宏转换为 Visual Basic 代码】三个按钮，【折叠/展开】有【展开操作】、【折叠操作】、【全部展开】和【全部折叠】四个按钮，【显示/隐藏】组中有【操作目录】和【显示所有操作】两个按钮。用户可利用这些按钮设计和运行宏。

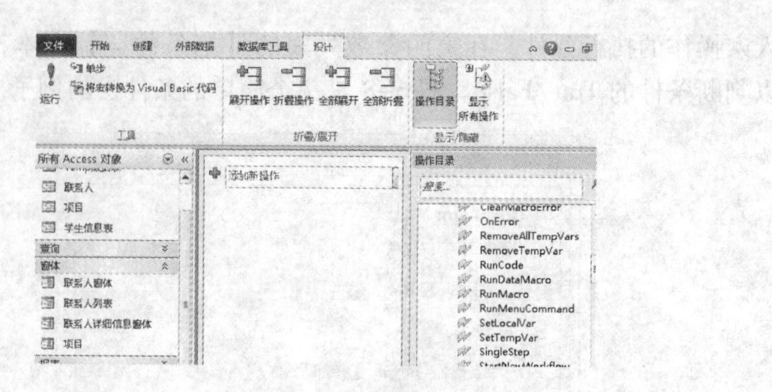

图 6-10 宏设计视图

6.2 宏的创建与设计

通常创建宏对象是比较容易的，因为不管是创建单个宏还是创建宏组，都是在【宏设计视图】中设计宏操作序列。各种宏操作都是从 Access 提供的宏操作中选取，而不是自己定义的，但关键是要正确设置宏的各种操作参数。

6.2.1 创建与设计独立宏

根据宏是否作为独立存在还是作为窗体、报表或控件的一个属性，又可以将宏分成两种：一种是独立宏，一种是嵌入式宏。

下面以在“销售管理系统”数据库中创建一个能够自动打开“供应商”窗体并自动将该窗体最大化的宏为例，介绍创建独立宏的操作步骤。

操作步骤

❶ 启动 Access 2010，打开“销售管理系统”数据库。

❷ 单击【创建】选项卡下【宏与代码】组中的【宏】按钮，进入 Access 的【宏生成器】，并自动创建一个名为“宏 1”的空白宏，如图 6-11 所示。

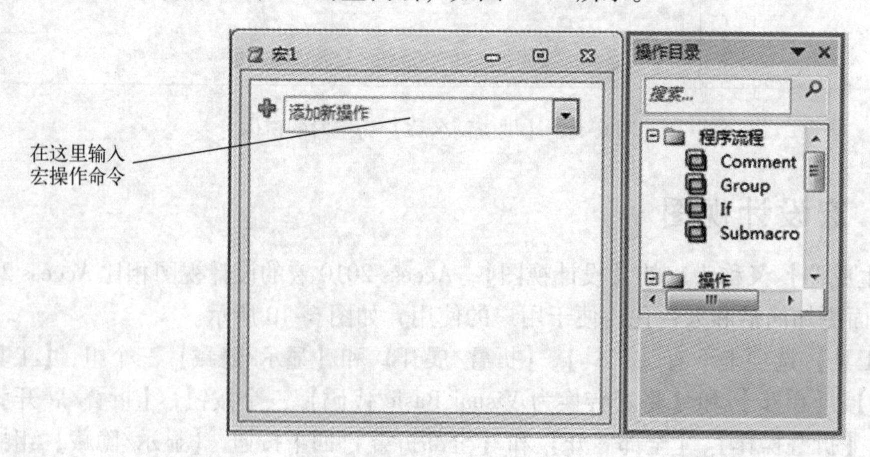

图 6-11 空白宏

❸ 单击【添加新操作】框，输入“OpenForm”操作命令，或单击下拉按钮，在下拉列表中选择该命令，然后为该宏填写各个参数，如图 6-12 所示。

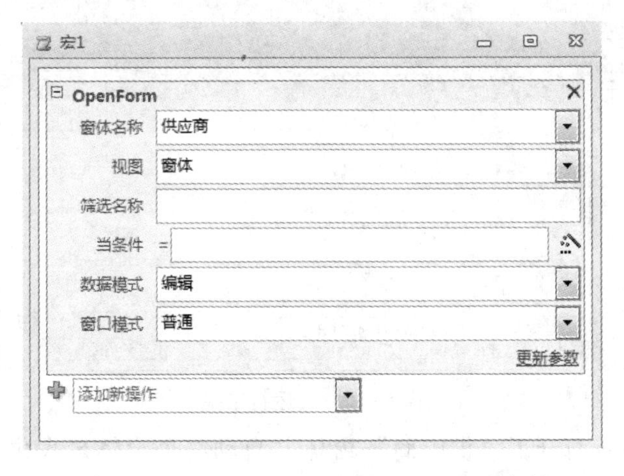

图 6-12　添加 OpenForm 操作和设置相应参数

❹ 单击【添加新操作】框，输入“MaximizeWindow”操作命令。该操作没有任何参数，如图 6-13 所示。

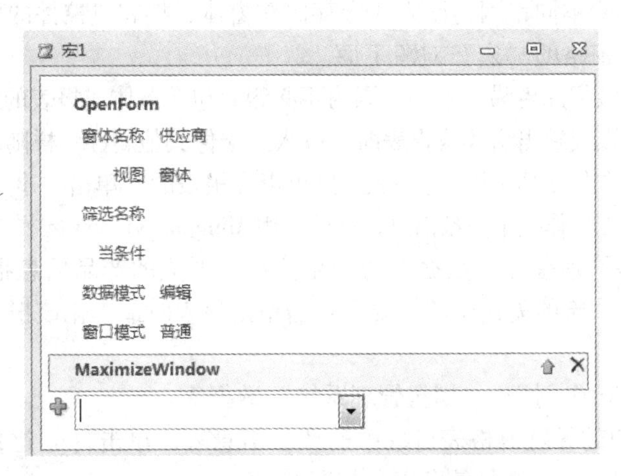

图 6-13　添加 MaximizeWindow 操作

❺ 单击快速访问工具栏中的【保存】按钮，弹出【另存为】对话框，输入宏名为“打开供应商”，如图 6-14 所示。

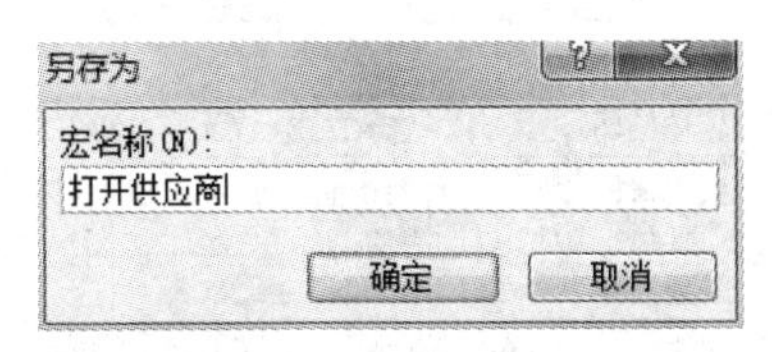

图 6-14　【另存为】对话框

❻ 这样就完成了一个独立宏的创建。单击【工具】组中的【运行】按钮，执行此宏，运行结果如图 6-15 所示。

图 6-15　宏运行结果

可以看到，Access 打开了“供应商”窗体并自动将该窗体最大化。同时还可以看到，在导航窗格中的宏对象下出现了宏名为“打开供应商”宏。

6.2.2 创建和设计嵌入式宏

嵌入式宏与独立宏不同，因为嵌入式宏存储在窗体、报表或控件的事件属性中，它们不作为对象显示在导航窗格的“宏”对象下面。

嵌入式宏可以使数据库更易于管理，因为不必跟踪包含窗体或报表的宏的各个宏对象。而且，在每次复制、导入或导出窗体或报表时，嵌入式宏像其他属性一样随附于窗体或报表中。

例如，如果要在单击报表时最小化报表，则可以在报表的“单击“事件属性中嵌入一个宏。可以使用 MessageBox 宏操作提示一条消息，然后使用 MinimizeWindow 宏操作最小化该报表。

下面以在“销售管理系统”数据库的产品信息表形成的产品信息报表中，创建一个嵌入式宏为例说明嵌入式宏的创建步骤。要求：当单击报表时最小化该报表。

操作步骤

❶ 启动 Access 2010，打开“销售管理系统”数据库。

❷ 双击屏幕左边的导航窗格表对象中的产品信息表，单击【创建】选项卡下【报表】组中的【报表】按钮，生成产品信息报表如图 6-16 所示。

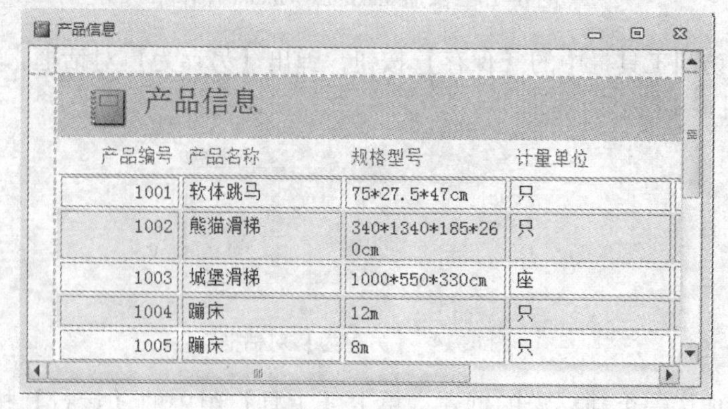

图 6-16　产品信息报表

❸ 单击快速访问工具栏上的保存按钮，弹出【另存为】窗口，输入报表名为“产品信息”，如图 6–17 所示。

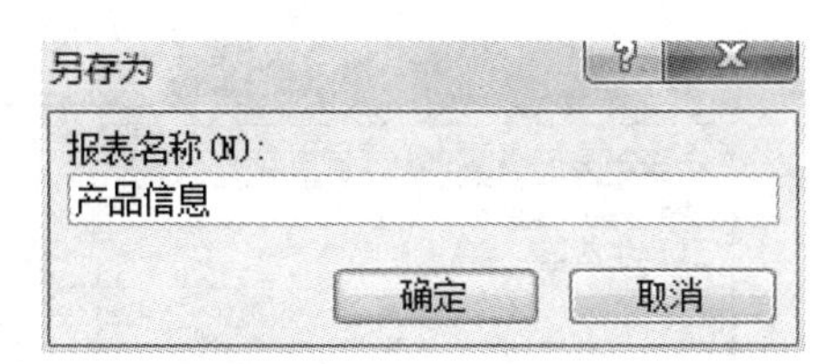

图 6–17　输入报表名称

❹ 关闭“产品信息”报表，在屏幕左边的导航窗格中右击“产品信息”报表，并在弹出的快捷菜单中选择【设计视图】命令，进入报表的设计视图，如图 6–18 所示。

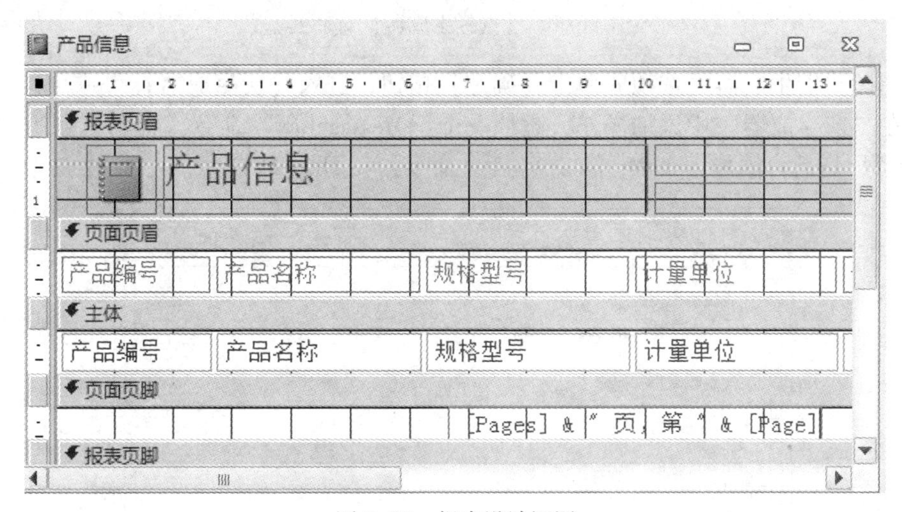

图 6–18　报表设计视图

❺ 单击【工具】组中的【属性表】按钮，弹出【属性表】窗格，并将【属性表】窗格切换到【事件】选项卡，如图 6–19 所示。

图 6–19　【事件】选项卡

❻ 单击【单击】按钮行右边的省略号 ... ，弹出【选择生成器】对话框，如图 6-20 所示。

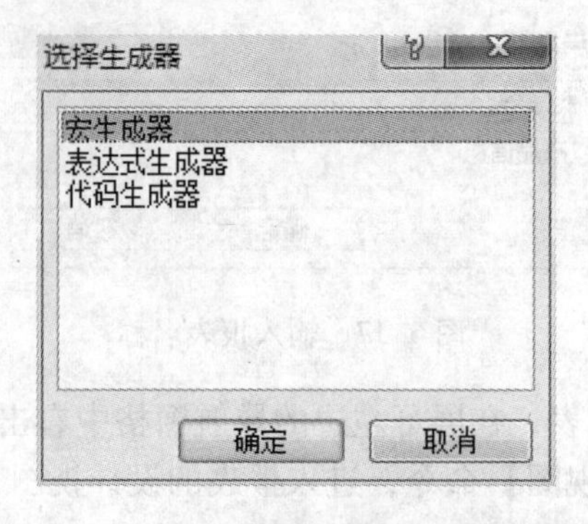

图 6-20 【选择生成器】对话框

❼ 选择“宏生成器”选项并单击【确定】按钮，进入【宏生成器】。

❽ 在“宏生成器”中添加操作，添加一个“MessageBox”命令，提示信息为“单击最小化窗口”，然后再添加一个 MinimizeWindow 命令，如图 6-21 所示。

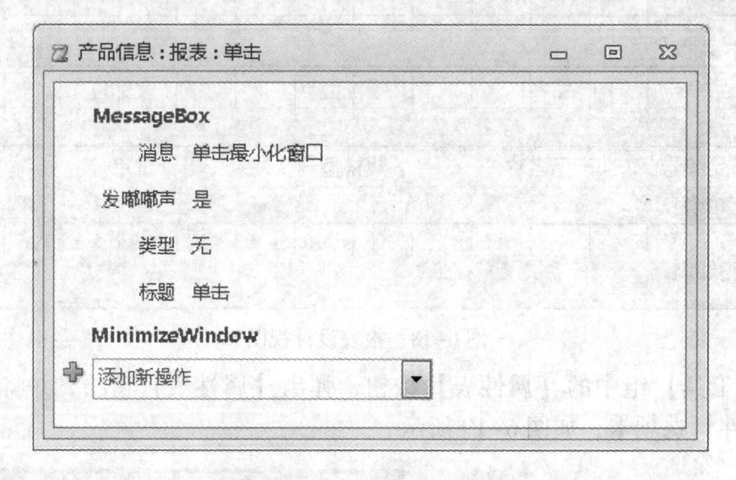

图 6-21 添加操作对话框

❾ 关闭【宏生成器】，弹出保存该宏的对话框。单击【是】按钮，完成宏的创建，如图 6-22 所示。

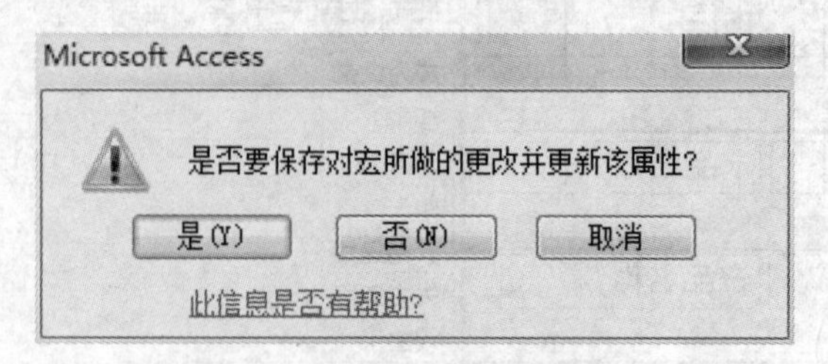

图 6-22 宏保存对话框

❿ 进入报表的【设计视图】，可以在此报表的属性表中看到在【单击】行中出现“嵌入的宏”字样，表明嵌入宏已经创建完成，如图 6-23 所示。

图 6-23　创建嵌入宏

下面来验证嵌入式宏的效果。在导航窗格中双击“产品信息”报表，在“产品信息”报表上单击鼠标，弹出“单击”提示框，如图 6-24 所示。

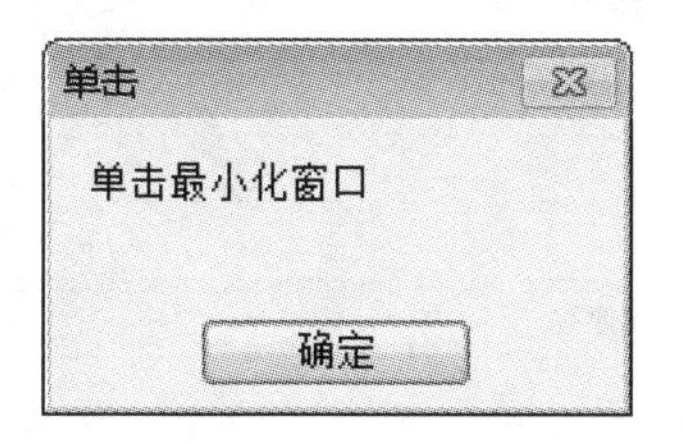

图 6-24　“单击”提示框

单击【确定】按钮，“产品信息”报表窗口被最小化。

6.3　宏的操作、运行与调试

设计“宏”时，可以对宏操作进行诸如添加、移动、删除、复制和粘贴等操作。

创建“宏”以后就可以在需要时调用执行该宏。

设计完成的“宏”并不一定总是正确的，要想创建功能强大的宏，还必须学习宏调试的知识。

6.3.1　宏的操作

用户可以对宏进行编辑，可以在【宏生成器】的任意位置添加或更改一个操作。对宏进行编辑的主要操作包括添加、移动及删除等，本节将详细介绍。

1. 添加操作

向宏添加操作可通过【添加新操作】栏和【操作目录】栏完成。

(1) 使用【添加新操作】

在【添加新操作】下拉列表框中选择要添加的操作，如图 6-25 所示，然后再为该操作添加参数，如图 6-26 所示。

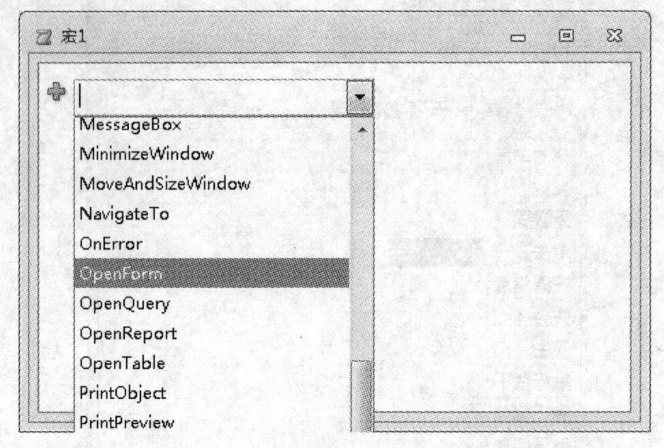

图 6-25 添加新操作对话框

图 6-26 为新操作设置参数

(2) 使用【操作目录】

在【操作目录】的搜索栏内，通过搜索找到栏内的操作，可以通过以下 3 种方法将该操作添加到宏。

- 双击该操作，即可完成添加操作，如图 6-27 所示。

图 6-27 通过双击添加新操作到宏

● 右击该操作，在弹出的快捷菜单中选择【添加操作】命令，如图 6–28 所示。

图 6–28 通过右键菜单添加新操作到宏

● 选择该操作，将其拖动到【宏生成器】窗格。

2. 移动操作

宏中的操作是按从上到下的顺序执行的，若要在宏中上下移动操作，可以使用以下几种方法完成。

● 选择该操作，上下拖动操作，使其到达需要的位置，如图 6–29 所示。

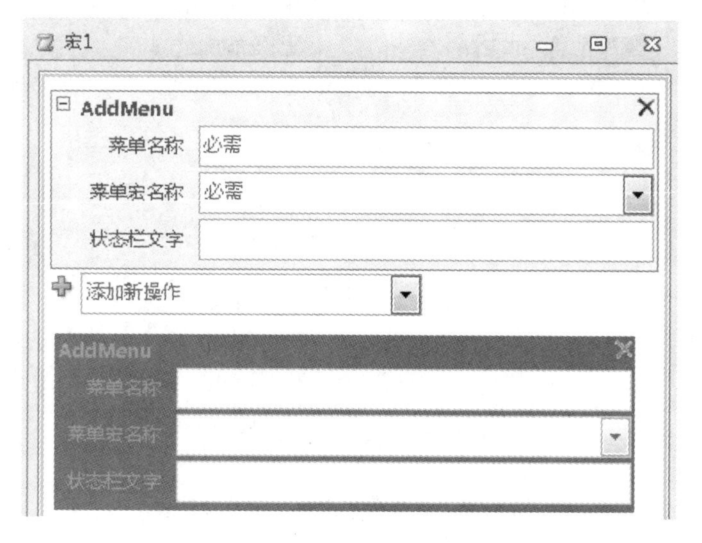

图 6–29 上下拖动操作

● 选择操作，然后按 Ctrl + ↑组合键或 Ctrl + ↓组合键即可完成上下移动。

● 选择操作，然后单击宏窗格中右侧的绿色“上移”或”下移“箭头完成移动，如图 6–30所示。

● 选择操作，单击右键，在弹出的快捷菜单中选择【上移】或【下移】命令完成移动，如图 6–31 所示。

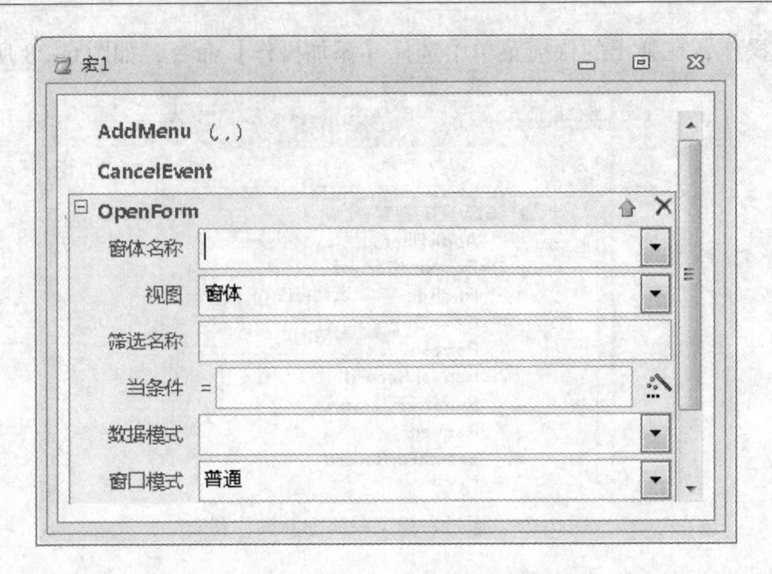

图 6-30 上移、下移按钮移动操作

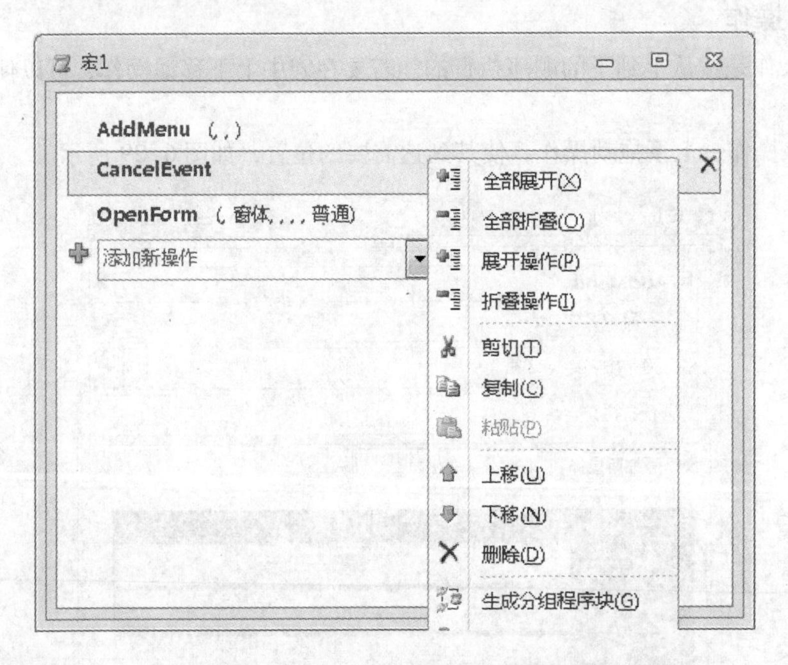

图 6-31 快捷菜单上移、下移操作

3. 删除操作

如要删除某个宏操作，可以使用以下几种方法实现。

- 选择该操作，单击右键，在弹出的快捷菜单中选择【删除】命令完成删除操作。
- 选择该操作，按住 Del 键，可完成删除操作。
- 选择该操作，然后单击宏窗格右侧的“删除”按钮，如图 6-32 所示。

4. 复制和粘贴操作

如果要重复已添加到宏的操作，可以复制和粘贴现有操作。

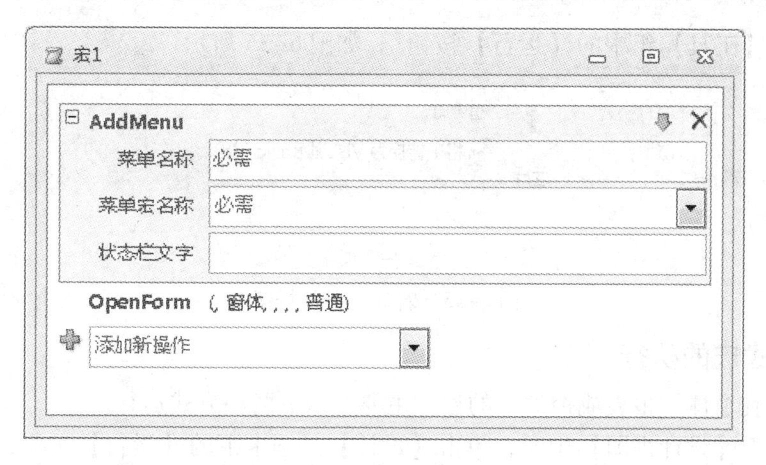

图6-32　单击删除按钮删除操作

- 选择该操作，右击选择要复制的操作，在弹出的快捷菜单中选择【复制】命令，如图6-33所示。

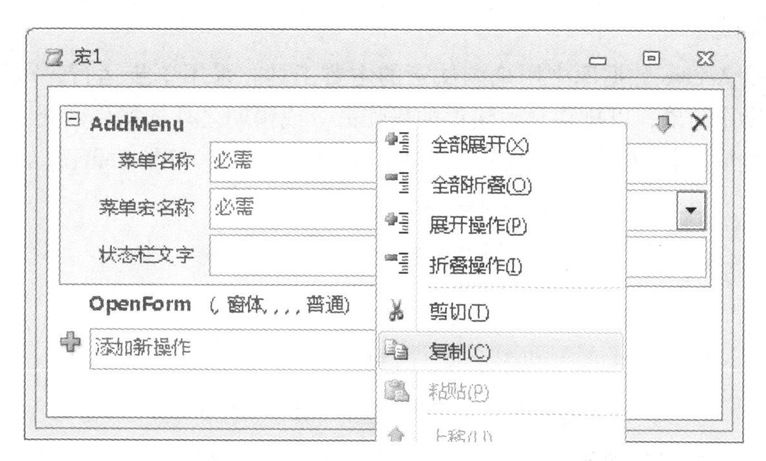

图6-33　快捷菜单复制操作

在粘贴操作时，该操作将会插入到当前要复制的位置。

- 若要快速复制所选操作，请按住Ctrl键，然后将操作拖动到要在宏复制操作的位置。

6.3.2　宏的运行

宏可以分为独立宏和嵌入式宏，相应的，宏的执行也可以分为两种，即独立宏的执行和嵌入式宏的执行。

1. 独立宏的执行

如要直接运行独立宏，有下面几种方法。

- 在导航窗格中找到要运行的宏，然后双击宏名，
- 在【数据库工具】选项卡下的【宏】组中单击【运行宏】按钮，如图6-34所示。
- 在【宏生成器】中设计宏时运行宏，可以单击【设计】选

图6-34　【运行宏】按钮

项卡下【工具】组中的【运行】按钮！，如图 6–35 所示。

图 6–35　宏【运行】按钮

2. 嵌入式宏的执行

对于嵌入在窗体、报表或控件中的宏，主要有以下两种方式运行。

- 当宏处于【设计视图】中时，单击【设计】选项卡下的【运行】按钮，来运行该宏。
- 以响应窗体、报表或控件中发生的事件形式运行宏。这种方式其实就是嵌入式宏的工作方式。在窗体或报表中发生设定的事件时，如果条件满足，就会触发执行相应的宏。

3. 宏的调试

单步运行是 Access 数据库中用来调试宏的主要工具。采用单步运行，可以观察宏的流程和每一步的操作结果，以排除导致错误的操作命令或预期之外的操作效果。

进入【宏生成器】，单击【工具】组中的【单步】按钮，如图 6–36 所示。

图 6–36　【工具】组的【单步】按钮

这样当单击【运行】按钮时，宏只会运行一个操作并且弹出【单步执行宏】对话框。此对话框显示与宏操作有关的信息及错误号。【错误号】文本框中如果为“0”，则表示未发生错误，如图 6–37 所示。

单步执行宏
宏名称:
宏2
条件:
操作名称:
OpenForm
参数:
产品进库, 窗体, , , , 普通
单步执行(S)
停止所有宏(T)
继续(C)
错误号(N):
0

图 6–37　【单步执行宏】对话框

图中有【单步执行】、【停止所有宏】和【继续】按钮，如按【单步执行】则执行下一条宏操作，单击【停止所有宏】按钮则停止宏并关闭【单步执行宏】对话框，单击【继续】按钮，关闭单步执行并运行其余的宏。

6.4　宏的应用

宏的最大用途是使常用的任务自动化。在实际的开发过程中，宏有着很广泛的应用，开发者可以使用宏来打开窗体或报表、创建菜单、执行 SQL 语句、显示提示框等。本节通过例子介绍使用宏的应用。

6.4.1　使用宏打印报表

利用宏中的 OpenReport 命令，可以打开报表的【设计视图】或【打印预览】视图，并且可以限制需要在报表中打印的记录数。

下面以创建“销售管理系统”数据中打印预览“产品信息”报表的宏为例介绍宏的应用。

操作步骤

❶ 启动 Access 2010，打开“销售管理系统”数据库。

❷ 单击【创建】选项卡下【宏与代码】组中的【宏】按钮，如图 6-38 所示。

图 6-38　【宏与代码】组中的宏按钮

❸ 进入【宏生成器】，并自动建立一个名为“宏 1”的空白宏。

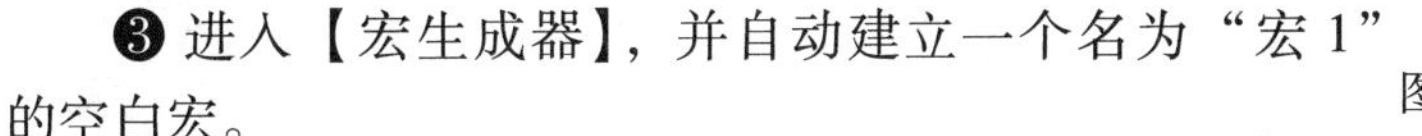

❹ 单击【添加新操作】的下拉列表框，在其中选择“OpenReport”操作命令（也可以直接输入“OpenReport”命令），如图 6-39 所示。

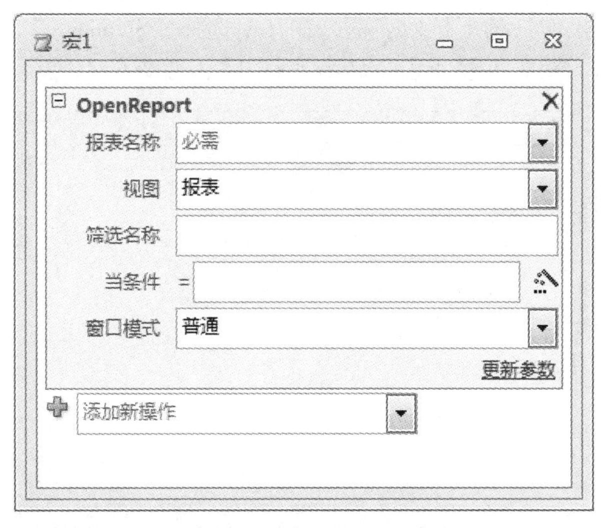

图 6-39　添加 OpenReport 操作

❺ 在宏定义窗口操作参数设置区域中设置宏操作的各项操作参数。在【报表名称】行中选择“产品信息”报表，在【视图】行选择“打印预览”，其余选择默认，如图 6-40 所示。

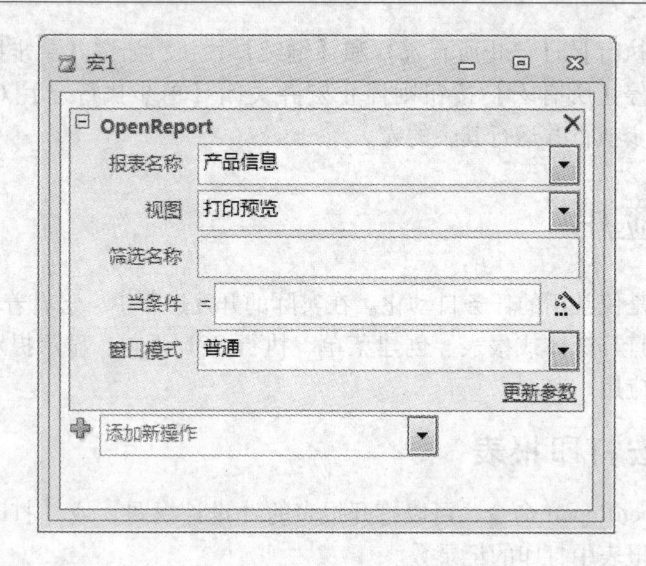

图 6-40 在宏生成器中设置参数

6.4.2 使用宏创建菜单

在实际的应用系统中，各种功能一般都可以通过菜单的形式来完成。下面以在数据库中创建一个自定义快捷菜单，并将该菜单附加到“产品进库”窗体中为例介绍宏创建菜单的应用。

操作步骤

❶ 启动 Access 2010，打开“销售管理系统”数据库。

❷ 单击【创建】选项卡下【宏与代码】组中的【宏】按钮。

❸ 进入【宏生成器】，并自动建立一个名为“宏 1”的空白宏。

❹ 单击【添加新操作】的下拉列表框，在其中选择“Submacro”操作命令（也可以直接输入“Submacro”命令），并将子宏命名为“打开”，如图 6-41 所示。

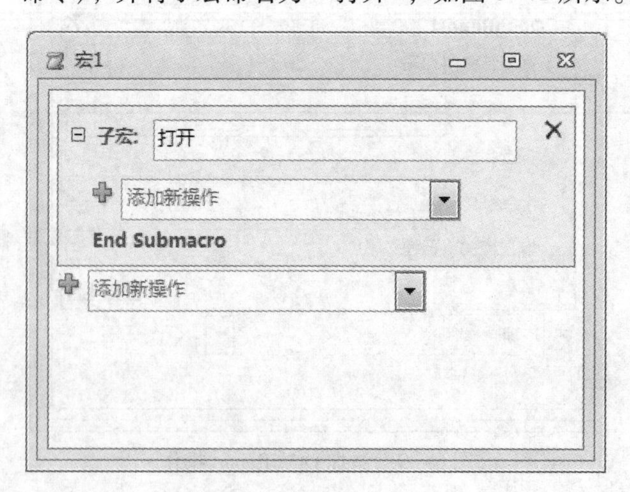

图 6-41 【子宏命名】对话框

❺ 在子宏块中的【添加新操作】列的下拉列表框中，选择“OpenForm”命令，以打开窗体，并设置该命令的各种参数如图6-42所示。

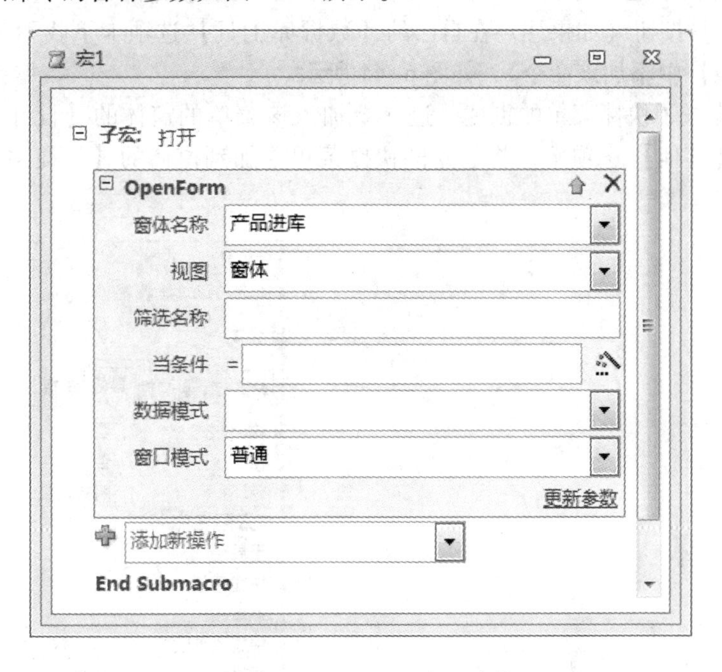

图6-42　为子宏设置各项参数

❻ 重复第❹、❺步的操作，为该宏组分别加上“打印”、“关于”、“退出”命令，如图6-43所示。

图6-43　子宏设置情况

❼ 保存上面创建的宏组为“菜单命令”，关闭【宏生成器】，完成宏组的创建。

❽ 在导航窗格中选择建立的“菜单命令”宏，并单击【数据库工具】选项卡下的【用宏创建快捷菜单】按钮（如果用户在自己的【数据库工具】选项卡下找不到该功能，可以在【自定义功能】中添加该命令），如图 6-44 所示。

❾ 这样就完成了快捷菜单的创建。进入要加入该菜单的窗体的【设计视图】，在【属性表】窗格的【其他】选项下，将建立的快捷菜单附加到窗体的【快捷菜单栏】属性中，如图 6-45 所示。

加载项
用宏创建快捷菜单
加载项 新建组

图 6-44 【用宏创建快捷菜单】按钮

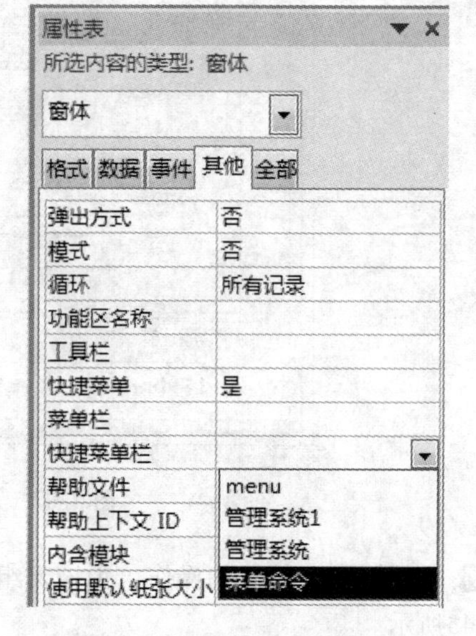

图 6-45 快捷菜单属性设置

❿ 这样就为窗体附加了一个快捷菜单，进入该窗体的【窗体视图】，单击鼠标右键，可见快捷菜单已经发生了变化，如图 6-46 所示。

图 6-46 窗体快捷菜单

在右键快捷菜单中选择相应的命令，就可以执行所设置的操作，如打印、弹出“关于”对话框、关闭当前窗体等。

思考与练习

一、选择题

1. 下面不可以使用宏命令来完成的操作是（　　）。

   A. 打开窗体　B. 发送数据库对象　C. 弹出提示对话框　D. 连接数据源

2. 在宏命令中，用于打开窗体的命令是（　　）。

   A. OpenForm　B. OpenQuery　C. OpenReport　D. OpenTable

3. 宏是由（　　）构成的，而宏组是由（　　）构成的。

   A. 宏命令　B. 宏　C. 条件宏　D. 宏组

4. 宏可以分为独立宏和嵌入式宏，那么下列属性中不属于独立宏特点的是（　　）。

   A. 显示在导航窗格中

   B. 手工方法附加到控件中

   C. 复制窗体时，附加的宏随之复制

   D. 宏是独立存在的

5. 关闭数据库对象使用的宏操作是（　　）。

   A. Quit　B. Close　C. StopMacro　D. Return

6. 每条宏指令都必须选择或填写的是（　　）。

   A. 操作　B. 宏名　C. 条件　D. 注释

7. 以下关于宏的描述中，错误的是（　　）。

   A. 宏是一种工具，可以用它来自动完成任务，并向窗体、报表和控件中添加功能。

   B. 在 Access 中，可以将宏看作一种简化的编程语言。

   C. 一个宏对象可以包含多个宏。

   D. 一个宏由单个宏操作组成，大多数操作都不需要参数。

8. 关于宏运行的方式，错误的是（　　）。

   A. 在“宏”生成器中运行宏。

   B. 在窗体或控件的事件中触发宏。

   C. 宏不可以直接运行。

   D. 通过 RunMacro 运行宏。

9. 若一个宏包含多个操作，在运行宏时将按（　　）顺序来运行这些操作。

   A. 从上到下　B. 从下到上

   C. 从左到右　D. 从右到左

10. 在 Access 系统中提供了（　　）执行的宏调试工具。

    A. 单步　B. 同步　C. 运行　D. 继续

二、填空题

1. 宏是由一个或多个________组成的集合。
2. 由多个操作构成的宏，执行时是按照________执行的。
3. 宏中条件项是逻辑表达式，返回值只有________和________值。

4. 经常使用的宏运行方法是将宏赋予某一个窗体或报表控件的________，通过触发事件运行宏。

5. 宏操作中________操作的功能是显示消息信息。

6. 如果要建立一个宏，希望执行该宏后，首先打开一个表，然后打开一个窗体，那么在该宏中应该使用 OpenTable 和________两个操作。

7. 嵌入式宏________单独存在于导航窗格中的宏类中。

8. 通过宏的________功能，可以检验宏的运行是否正常。

三、问答题

1. 简述什么是宏。

2. 运行宏有几种方法？各有什么不同？

3. 如何为宏添加条件？

4. 嵌入式宏的创建与独立宏的创建有什么不同？

第7章　模块与VBA

VBA模块是Access 2010数据库的第六大对象。用户可以借助于VBA程序，创建出功能强大的专业数据库管理系统。

学习要点：

- 模块的概念与分类
- VBA语言的功能
- VBA的语法
- VBA的程序流程控制
- 创建VBA程序的方法
- 过程调用和参数传递
- VBA程序的调试

学习目标：

通过对本章的学习，读者应该掌握VBA模块作为Access数据库的第六大对象所具备的功能。熟悉VBA程序的语法，掌握顺序、选择和条件3种程序结构。通过学习还应全面掌握创建和调试各种VBA程序的方法，掌握事件过程和通用过程的区别，掌握过程调用和参数传递。

7.1　VBA程序设计语言

VBA（Visual Basic for Applications）是Microsoft公司利用VB语言开发的集成在Office办公软件中，面向对象开发技术开发的Visual Basic可视化编程语言。

VBA与其他语言不同点：VBA不能编译成扩展名为.Exe的可执行程序，是由Microsoft Office解释执行的，即VBA不能脱离Office环境而运行。

一般来说：VBA可让用户不需要编太多代码完成足够的程序响应事件，如执行查询、设置宏等，也可以让用户利用内置的函数或用户自定义函数执行相当复杂的计算。

7.1.1　VBA的编辑器

Access 2010中包含了VBA，它是VBA程序的编辑、调试环境。下面介绍进入VBA开发环境（界面）的方法以及开发界面的各个窗口。

(1) 直接进入 VBA

进入 Access 2010，单击【数据库工具】选项卡，单击【宏】组中的【Visual Basic】按钮即可进入 VBA 编程环境，如图 7-1 所示。

(2) 新建一个模块，进入 VBA

单击【创建】选项卡，单击【宏与代码】组中的【模块】按钮，新建了一个 VBA 模块，并进入 VBA 编程环境，如图 7-2 所示。

图 7-1 【Visual Basic】按钮

图 7-2 【宏与代码】组中的【模块】按钮

(3) 新建用于响应窗体、报表或控件的事件过程进入 VBA

在控件的【属性表】窗格中，进入【事件】选项卡，在任一事件的下拉列表框中选择【事件过程】选项，再单击后面的省略号按钮，为控件添加事件过程，如图 7-3 所示。

通过以上各种方法，均可以进入 VBA，界面如图 7-4 所示。

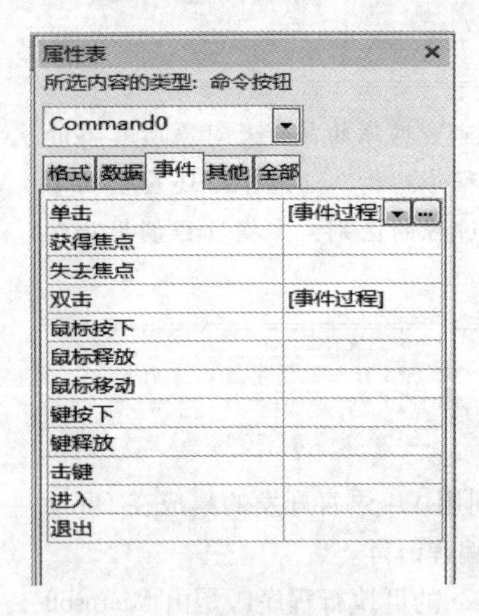

图 7-3 【属性表】对话框

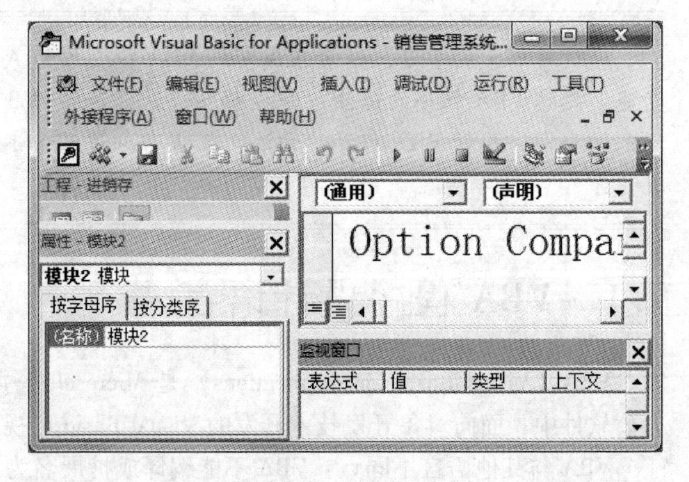

图 7-4 VBA 界面

可以看到，VBA 的开发环境窗口除去熟悉的菜单栏和工具栏以外，其余的屏幕可以分为 3 个部分，分别为【代码】窗口、【工程】窗口和【属性】窗口。

- 【代码】窗口：该窗口是模块代码编写窗口。
- 【工程】窗口：在该窗口中用一个分层结构列表来显示数据库中的所有工程模块。
- 【属性】窗口：在该窗口中可以显示和设置选定的 VBA 模块的各种属性。

7.1.2 VBA 语法知识

语法是任何程序的基础。一个函数程序，就是某段命令代码按照一定的规则，对具有一定数据结构的变量、常量等进行运算，从而计算出结果。

1. 数据类型

VBA 的数据类型可以分为数值数据类型、布尔数据类型、日期数据类型、字符串数据类型、变体数据类型和用户自定义数据类型。不同数据类型所占用的内存空间和表示的数值范围是不同的。

(1) 数值数据类型

数值数据类型分为：字节型（Byte）、整型（Integer）、长整型（Long）、单精度浮点型（Single）、双精度浮点型（Double）和货币型（Currency）。

(2) 布尔数据类型

布尔数据类型（Boolean）只有 True 和 False 两个值，支持布尔数据的逻辑与、或、非等运算。

(3) 日期数据类型

日期数据类型（Date）以 64 位浮点数值形式存储。日期数据类型表示的范围为公元 100 年 1 月 1 日至公元 9999 年 12 月 31 日，时间从 0:00:00 ～ 23:59:59。

(4) 字符串数据类型

字符串（String）就是一个字符的序列，有可变长字符串和定长字符串两种类型。在 VBA 中字符串是放在双引号中的，双引号不算在字符串中。

(5) 变体数据类型

变体数据类型（Variant）的变量所代表的数据类型不是确定的，可以成为任何类型的变量。

(6) 用户自定义的数据类型

除了上面所述系统提供的数据类型以外，VBA 还允许用户自己定义数据类型，其语法格式如下：

```
Type 数据类型名
数据类型元素名  as 系统数据类型名
End  Type
```

例如，有下面的例子：

```
Type student
    stdnumber  as  String
      stdname  as  String
End  Type
```

上面定义了一个名称为“student”的用户数据类型，其中里面包括两个元素，stdnumber 定义了学号为字符串型，stdname 定义了学生姓名为字符串型。

2. 变量

变量是指在程序运行过程中其值可以变化的量。在 VBA 代码中声明和使用指定的变量存储值、计算结果或操作数据库中的任意对象。

一个变量有以下三个要素。

- 变量名：通过变量名来指明数据在内存中的存储位置。VBA 中规定，变量名只能由字母、数字和下划线 3 种字符构成，而且第一个字符必须为字母或下划线，不能包含空格和其他字符。
- 变量类型：变量的数据类型决定了数据的存储方式和数据结构。
- 变量的值：即内存中存储的变量值，它是可以改变的量，可以通过赋值语句来改变变量的值。

在 VBA 中，声明变量的格式如下：

```
定义词　变量名　as　数据类型
```

定义词可以是 Dim、Static、Public 等，"as" 是说明变量定义的关键词，数据类型可以是系统提供的数据类型，也可以是用户自定义的数据类型。

Public 用于声明全局变量，Static 定义的是静态变量，Dim 是最常用的定义词，可以用来定义变量和定义数组。

变量定义举例如下。

整型变量定义：Dim　x　as　Integer　或 Dim x%

长整型变量定义：Dim x　as　Long

单精度浮点数型变量定义：Dim a　as　Single

双精度浮点数型变量定义：Dim a　as　Double

货币型变量定义：Dim　totalcost　as　Currency

变体型变量定义：Dim totalcost

布尔型变量定义：Dim sex　as　Boolean

日期型变量定义：Dim birthday　as　Date

注意：日期类型数据在使用时必须用#括起来。

Birthday = #jun12th，1985#

变长字符串类型变量定义：Dim str1 as String

定长字符串类型变量定义：Dim str2 as String * 20

全局整型变量定义：Public　y　as　Integer

静态整型变量定义：Static　y　as　Integer

3. 常量

常量是指在程序运行中始终固定不变的量，VBA 常量包括数值常量、字符常量、日期常量、符号常量、固定常量和系统定义常量等。

在 VBA 中，声明常量的格式如下：

```
Const 常量名 = 表达式【as 类型名】
```

举例如下：

```
Const　Price = 300
Const School = "Beijing Institute Technology,zhuhai"
```

4. 数组

数组是一批相关数据的有序集合，本质上就是一组顺序排列的同名变量。定义了数组以后，可以引用整个数组，也可以引用数组中的某一个元素。

数组定义的语法格式如下：

```
Dim 数组名称(数组的维数) as 数据类型
```

例如：

```
Dim   Array1(20) as   String
Dim   Array2( ) as   String
```

以上定义的两个数组，数组 Array1 为大小是 20 的数组，Array2 是一个动态数组。

5. 运算符和表达式

VBA 提供了丰富的运算符，可以构成各种表达式。VBA 的运算符分为算术运算符、比较运算符和逻辑运算符。

(1) 算术运算符

算术运算符是常用的运算符，用来执行简单的数学运算。常用的算术运算符如表 7-1 所示。

表 7-1　常用的算术运算符表

加法运算符	+	3.5 +4
减法运算符	-	4 -2
乘法运算符	*	4 * 2
浮点除法运算符	/	5/3 的结果为 1.6666
整数除法运算符	\	3 \ 2 的结果为 1 13.57 \ 3.28 相当于 14 \ 3
求余运算符	Mod	7　Mod　4 结果为 3
求幂运算符	^	2^8　2^0.5

(2) 比较运算符

比较运算符也称关系运算符，用来对两个表述式的值进行比较，得到的比较结果为一个逻辑值，即 True 或 False。在 VBA 中提供了 6 种常用关系运算符，如表 7-2 所示。

表 7-2　关系运算符表

等于	=	a = b
不等于	< >	a < >b
大于	>	a > b
小于	<	a < b
大于等于	>=	a >= b
小于等于	<=	a <= b
比较对象变量	Is	Is >= 85

(3) 逻辑运算符

逻辑运算符也称为布尔运算符，用逻辑运算符连接两个或者多个表达式，可以组成一个布尔表达式，VBA 中的逻辑运算符主要如表 7-3 所示。

表 7-3　逻辑运算符表

逻辑否	Not	Not （12 >2）
逻辑与	And	（12 >2） And （12 <3）
逻辑或	Or	（12 >2） Or （12 <3）
逻辑异或	Xor	（12 >2） Xor （12 >3）
逻辑等价	Eqv	（12 >2） Eqv （12 >3）

6. 内部对话框

VBA 提供了两个实用的对话框函数：MsgBox( ) 和 InputBox( )。MsgBox( ) 用于显示信息，并根据返回值作出判断；InputBox( ) 通过对话的方式动态获取输入数据。

（1） MsgBox( )

在对话框中显示消息，等待用户单击按钮。

MsgBox( ) 函数的完整语法格式为：

```
MsgBox(Prompt,Buttons,Title,Helpfile,Context)
```

各个参数的具体含义如下。

- Prompt：必填字段。用以显示在对话框中的消息。
- Buttons：可选字段。用以指定显示按钮的数目、形式及使用的图标样式。如果省略，则 Buttons 的默认值为 0。
- Title：可选字段。在对话框标题栏中显示的字符串表达式。
- Helpfile：可选字段。字符串表达式，识别用来向对话框提供上下文相关的帮助文件。如果提供了 Helpfile，则也必须提供 Context。
- Context：可选字段。数值表达式，由帮助文件的作者指定给适当帮助主题的帮助上下文编号。如果提供了 Context，则也必须提供 Helpfile。

（2） InputBox( )

InputBox( ) 用于输入数据。它可以产生一个对话框，这个对话框作为输入数据的界面，等待用户输入数据，并返回所输入的内容。

InputBox( ) 函数的完整语法格式为：

```
InputBox(Prompt,Title,Default,Xpos,Ypos,Helpfile,Context)
```

各个参数的具体含义如下。

- Prompt：必填字段。用以显示在对话框中的消息。
- Title：可选字段。显示对话框标题栏中的字符串表达式。
- Default：可选字段。显示文本框中的字符串表达式，在没有其他输入时作为默认值。如果省略 Default，则文本框为空。
- Xpos：可选字段。指定对话框的左边与屏幕左边的水平距离。如果省略 Xpos，则对话框会在水平方向居中。
- Ypos：可选字段。指定对话框的上边与屏幕上边的距离。如果省略 Ypos，则对话框被放置在屏幕垂直方向距下边大约 1/3 的位置。
- Helpfile：可选字段。字符串表达式，识别用来向对话框提供上下文相关的帮助文件。

如果提供了 Helpfile，则也必须提供 Context。

- Context：可选字段。数值表达式，由帮助文件的作者指定给适当帮助主题的帮助上下文编号。如果提供了 Context，则也必须提供 Helpfile。

7. 程序语句

用一定的程序语句，将各种变量、常量、运算符、函数等连接在一起的、能够完成特定功能的代码块，就是程序。由此可见，各个程序语句在整个程序中十分重要。VBA 的程序语句主要可以分为以下几种。

- 声明语句：用于为变量、常数或程序取名称，并指定一个数据类型。
- 赋值语句：用于指定一个值或表达式为变量或常数。
- 可执行语句：可以执行一个方法或函数，并且可以循环执行或从代码块中执行。
- 流程控制语句：可以根据给定条件的分析、比较和判断，以控制程序的执行流向。

在程序中由语句完成具体的功能，执行具体的操作指令。以下是 VBA 语句构成程序的一些基本的语法规定。

- 每个语句的最后都要按 Enter 键结束。
- 多个语句写在同一行时，各个语句之间要用“:”隔开。
- 一个语句可以写在多行，各行的末尾用下划线“_”表示续行，并且下划线至少应当和它前面的字符保留一个空格，否则便会直接将下划线和字符当作一个字符。
- 语句中的命令词、函数、变量名、对象名等不必区分大小写。

7.1.3　VBA 程序流程控制

在 VBA 程序中，程序的结构一般可以分为顺序结构、选择结构和循环结构 3 种。利用各种结构，可以实现对给定条件的分析、比较和判断。下面介绍流程控制语句。

1. If…Then…Else 语句

If…Then…Else 语句根据条件表达式的结构，有条件地执行一组语句，其语法结构如下：

```
If 条件表达式 Then 语句 1
    Else
          语句 2
End If
```

If…Then…Else 语句必须以 If 子句开始，并以 End If 子句结束。如果条件表达式的结果为 True，执行语句 1；否则执行 Else 子句中的语句 2 或者 End If 语句的下一条语句。Else 子句是可选的，用于不满足条件表达式的其他情况下的任务。

下面以在数据库中编写一个 VBA 程序，实现对输入的分数评定等级为例，说明 If 语句的主要用法。

操作步骤

❶ 启动 Access 2010，新建一个数据库。

❷ 单击【数据库工具】选项卡下的 Visual Basic 按钮，进入 VBA 编辑环境。

❸ 在编辑器左边的【工程管理器】窗口中右击新建的数据库名，在弹出的快捷菜单中

选择插入模块，这样就在数据库中新建一个模块，模块名为模块 1。

❹ 在【代码】窗口中编写程序，输入代码如下所示。

```
Sub choose( )
    Dim result As Integer
    result = InputBox("请输入分数")
    '调用 Input 函数接受输入
    If result < 60 Then  '选择结果判断等级
        MsgBox("不及格")
    ElseIf result < 75 Then
        MsgBox("通过")
    ElseIf result < 85 Then
        MsgBox("良好")
    ElseIf result <= 100 Then
        MsgBox("优秀")
    Else
      MsgBox("输入分数错误")
      '输入范围不是 100 以内,那么提示出错
    End If
End Sub
```

❺ 将光标定位在过程中的任意位置，按下 F5 键执行该程序，弹出输入分数对话框，如图 7-5 所示。

❻ 在对话框中输入一个整型数值，如“78”，弹出显示“良好”的对话框，如图 7-6 所示。

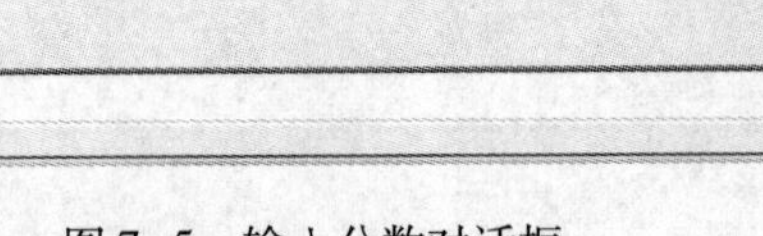

图 7-5　输入分数对话框

图 7-6　运行结果对话框

读者可以输入不同的整数值依次测试 ElseIf 语句的工作流程，即从上到下依次检测，如果检测合适则执行，执行后跳出。

2. Select Case 语句

如果表达式计算结果有多个，并根据表达式的值来执行其中一个语句，那么就需要使用 Select Case 语句。该语句根据表达式的值，运行若干组语句中的某一组，其语法结构如下。

```
Select Case 表达式
    Case 表达式值 1
```

```
        语句块1
    Case 表达式值2
        语句块2
        ……
    Case 表达式值 n
        语句块 n
    Case 表达式值 n+1
        语句块 n+1
End Select
```

Case 语句以 Select Case 开头，以 End Select 结尾，其主要功能就是根据“表达式”的值，从多个语句块中选择一个符合条件的语句块执行。

下面同样以在数据库中编写一个 VBA 程序，实现对输入的分数评定等级为例，说明 Case 语句的主要用法。

操作步骤

❶ 启动 Access 2010，新建一个数据库。

❷ 单击【数据库工具】选项卡下的 Visual Basic 按钮，进入 VBA 编辑环境。

❸ 在编辑器左边的【工程管理器】窗口中右击新建的数据库名，在弹出的快捷菜单中选择插入模块，这样就在数据库中新建一个模块，模块名为模块1。

❹ 在【代码】窗口中编写程序，输入代码如下所示。

```
Sub grade( )
    Dimresult As Integer
    result  = InputBox( "请输入分数" )
   '调用 Input 函数接受输入
    Select Case result          '选择结果判断等级
Case Is  < 60
MsgBox ( "不及格" )
        Case 60 To 75
        MsgBox ( "通过" )
        Case 75 To 85
        MsgBox ( "良好" )
        Case 75 To 85
        Case Is  > =  85
        MsgBox ( "优秀" )
        Case Else
        MsgBox ( "输入分数错误" )
         '输入范围不是 100 以内,那么提示出错
    End Select
End Sub
```

❺ 将光标定位在过程中的任意位置，按下 F5 键执行该程序，弹出输入分数对话框，如图 7-7 所示。

❻ 在对话框中输入一个整型数值，如“78”，弹出显示“良好”的对话框，如图 7-8 所示。

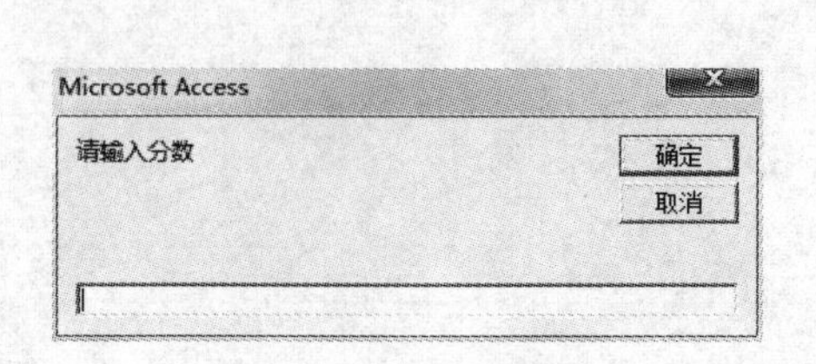

图 7-7 输入分数对话框

图 7-8 运行结果对话框

读者可以输入不同的整数值依次测试 Case 语句的工作流程，即从上到下依次检测，如果检测合适则执行，执行后跳出。

3. For…Next 语句

当需要对某语句段进行确定次数的循环时，使用 For…Next 循环语句，其语法结构如下。

```
For 循环变量 = 初值 To 终值【Step 步长】
【循环体】
Next【循环变量】
```

以上各个语句的作用如下。

- 循环变量：作为进行循环控制的计数器，是一个数值变量。
- 初值：循环变量的初始值，是一个数值表达式。
- 终值：循环变量的终止值，也是一个数值表达式。
- 步长：每次循环，循环变量增加的值，正负均可，但不能为0。如果步长为1，可以省略不写。
- 循环体：要执行的循环内容，在 Next 以后，循环终止，程序顺序执行剩余的语句。Next 后面的循环变量可以省略不写。

例如：利用 For…Next 语句，把20以内的奇数赋给 Array1 数组的程序如下。

```
Function Array( ) As Integer
    Dim Array1(9) As Integer
    Dim i As Integer
    For i =1 To 19 Step 2
    Array1(i) =i
    Next
End Function
```

4. Do…Loop 循环

对于循环次数不明确的条件型循环，可以用 Do…Loop 循环语句实现循环。其语法结构如下。

```
Do  While 条件
```

```
【语句块】
Loop
```

它的执行过程为：程序顺序执行，当执行到 Do While 时，对条件进行判断，如果判断结果为 True，执行下面的语句块，当向下执行到 Loop 时，程序自动返回到 Do While 语句，进行新一轮的判断与循环。只有当判断的结果为 False，循环变量不满足判断条件时，程序跳出语句块，直接执行 Loop 后面的命令。

下面是用 Do…Loop 循环计算 1 +2 +3 +… +100 的 VBA 程序。

```
Sub addsum( )
    Dim sum As Integer
    Dim i As Integer
    sum =0
    i =1
    Do While i  <=  100
    sum = sum  +  i
    i = i +1
    Loop
    MsgBox( sum)
End Sub
```

7.2　过程与模块

VBA 编程中有过程、函数和模块，那么什么是过程和函数呢？什么是模块呢？它们之间有怎样的调用关系呢？调用时参数如何传递？下面逐一介绍。

7.2.1　过程与过程的创建

在 VBA 中，把能够实现特定功能的程序段用特定的方式封装起来，这种程序段的最小单元就称为过程。在 VBA 的编辑环境中，过程的识别很简单，就是两条横线内，Sub 与 End Sub 或 Function 与 End Function 之间的所有部分。

VBA 中过程分为两类，即事件过程和通用过程。通用过程根据是否返回值又可以分为 Funcion 过程和 Sub 过程。

1. 创建事件过程

事件通常是指用户对对象操作的结果。比如对数据的操作、键盘响应事件、鼠标响应事件等。在 Access 中，系统提供了多达 40 多种的事件支持，比如鼠标单击事件、鼠标双击事件等。

事件过程是指当发生某一个事件时，对该事件作出反应的程序段。例如，单击一个按钮时，可以设定单击后的程序动作，是退出程序还是执行程序。这些事件过程构成了 VBA 过程的主体。

下面以一个窗体上建立一个按钮控件，并对该按钮添加事件过程来说明事件过程的创建过程。

操作步骤

❶ 启动 Access 2010，打开“销售管理系统”数据库或新建一个数据库。

❷ 单击【创建】选项卡下【窗体】组中的【窗体设计】按钮，进入窗体的【设计视图】，如图 7-9 所示。

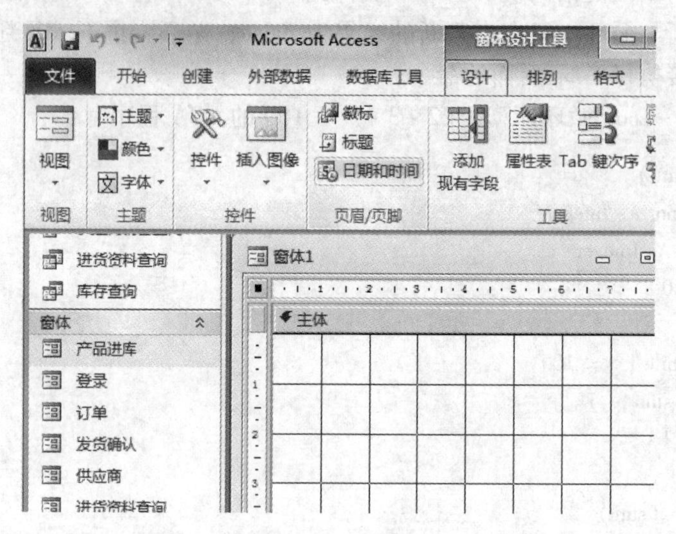

图 7-9 窗体设计视图

❸ 单击【设计】选项卡下的【属性表】按钮，弹出【属性表】窗格。

❹ 单击【控件】组中的【按钮】按钮，并在窗体中单击，在弹出的【命令按钮向导】对话框中选择【应用程序】类别中的【退出应用程序】操作，单击【完成】按钮，向窗体中添加一个孤立的命令按钮，如图 7-10 所示。

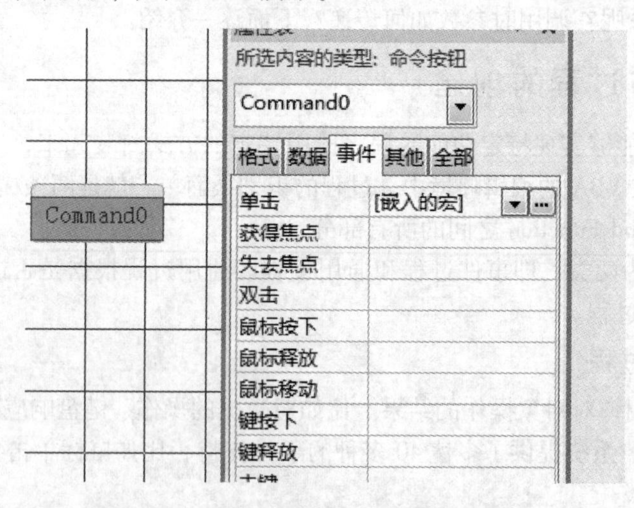

图 7-10 添加了命令按钮的窗体

❺ 单击该按钮，将【属性表】窗格切换到【事件】选项卡下，单击【单击】行右侧的 ▾，选择【事件过程】，然后再单击右侧的省略号按钮 …，弹出【选择生成器】对话框，如图 7-11所示。

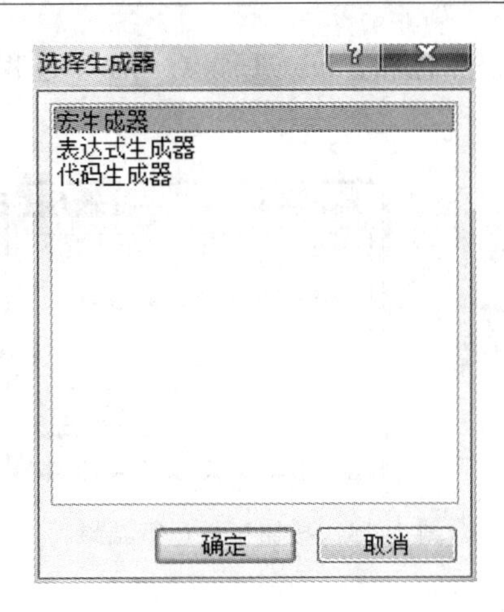

图 7-11　【选择生成器】对话框

❻ 选择“代码生成器”选项，并单击【确定】按钮，直接进入 VBA 编辑器，并新建了一个”Form_窗体 1”模块，如图 7-12 所示。

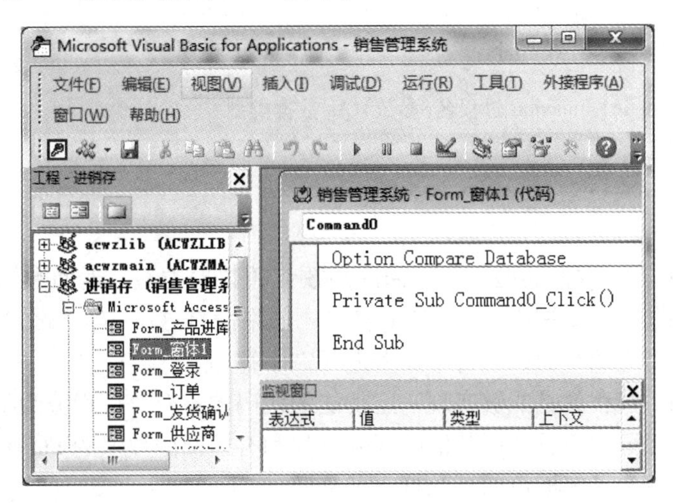

图 7-12　VBA 界面

❼ 在【代码】窗口中加入要为此按钮添加的程序段，输入以下的代码并保存该窗体。

```
Private Sub Command0_Click( )
MsgBox ("这是一个按钮的单击事件过程!")
End Sub
```

❽ 进入该窗体的【窗体视图】，单击上述添加的孤立按钮，弹出如图 7-13 所示的对话框。

2. 创建通用过程

事件过程是设定的操作只从属于一个控件。如果很多控件或事件都想要执行相同的操作，那只要创建一个公共过程供需要的控件或事件调用。这个公共过程就是下面要讲的通用过程。

通用过程是指当多个不同的事件需要相同的反应、执行相同的代码时，就可以把这一段代码单独封装起来，供多个事件调用。

通用过程又分两类，即无返回值的 Sub 过程（子程序过程）和有返回值的 Function 过程（函数过程）。

图 7-13 按钮事件运行结果

Sub 过程的定义格式如下：

```
【Private】【Public】Sub 过程名(参数)
语句块
End Sub
```

Function 过程的定义格式如下：

```
【Private】【Public】Function 过程名(参数) As 数据类型
函数语句
过程名 = <表达式>
End Sub
```

在上面定义的“As 数据类型”是返回的函数值的数据类型，返回数据的值是由里面的“过程名 = <表达式>”来决定，这一句很重要，如果没有这一句，那么 Function 函数将返回默认值，数值类型返回 0 值，字符串类型返回空字符串。

综上所述可知，过程就是能够实现一定功能的代码的集合。过程分为事件过程和通用过程，通用过程又可以分为不返回函数值的 Sub 过程和有返回函数值的 Function 过程。了解了过程的概念之后，就为了解模块的概念打下了基础。

7.2.2 模块与模块的创建

模块一般是由声明、语句和过程组成的集合，它们作为一个已命名的单元存储在一起，对 Microsoft Visual Basic 代码组织 。简单地说，模块是由能够完成一定功能的过程组成的。过程是由一定功能的代码组成的，如果要创建通用过程，那么应该做的第一步就是要先建立一个模块，然后在这个模块中建立过程。

打开任何一个【代码】窗口，这个窗口就是一个模块，窗口中横线与横线间的代码就是一个过程，如图 7-14 所示。

模块的基本类型有两种：标准模块和类模块。

1. 标准模块的创建

简单而言，标准模块就是一个 VBA 模块。在标准模块中，放置可供整个数据库其他过程使用的 Sub 和 Function 过程。可以在导航窗格中的【模块】对象下看到，如图 7-15 所示。

图 7-14　代码窗口

图 7-15　导航窗格

创建标准模块有 3 种方法。

第一种：单击【创建】选项卡下【宏与代码】中的【模块】按钮即可进入模块代码窗口。如图 7-16 所示。

第二种：单击【数据库工具】选项卡下【宏】组中的【Visual Basic】按钮，进入 VBA 的编程环境，单击工具栏中【模块】按钮旁的小箭头或单击【插入】菜单，在弹出的菜单中选择【模块】命令，如图 7-17 所示。

图 7-16　【宏与代码】组中的【模块】按钮

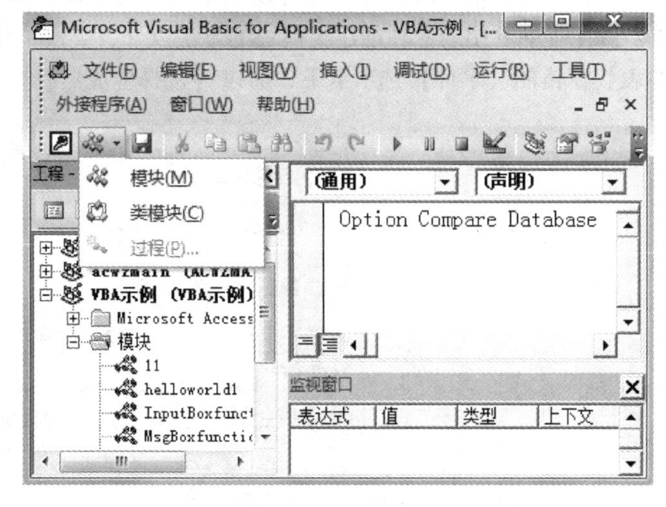

图 7-17　VBA 界面

第三种：在【工程管理器】中右击，在弹出的快捷菜单中选择【插入】|【模块】命令，如图 7-18 所示。

2. 类模块的创建

类模块是专门为窗体、报表和控件设置事件过程的模块。它的作用是可以更加方便地创建和响应窗体和报表的各种事件。

相对于标准模块中的过程而言，类模块中的事件过程主要有以下几个优点。

(1) 类模块的所有代码全部保存在相应的窗体或者报表中，用户不必刻意记忆各个过程的存放模块等。

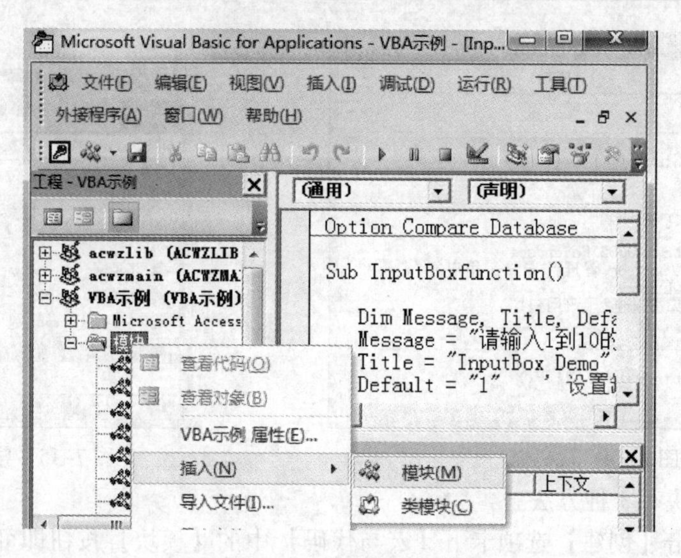

图 7-18　插入模块菜单

（2）事件过程直接与事件相连，用户不需要进行太多的设定。

（3）对窗体和报表进行复制、导出等操作时，事件过程作为属性一起被复制和导出。

上面创建标准模块的方法都可以用来创建类模块，只要在创建时选择【类模块】命令即可。除了上面介绍的 3 种创建类模块的方法以外，类模块还可以有第四种方法创建，即在【属性表】窗格的【事件】选项卡下，通过【选择生成器】对话框来创建，如图 7-19 所示。

图 7-19　【选择生成器】对话框

选择【代码生成器】以后，就可以进入 VBA 编辑器了，并自动为当前的窗体建立一个类模块。

7.2.3　过程调用和参数传递

定义了过程，就可以被调用。过程的调用是一条独立的语句，通常有以下两种形式：

Call 过程名【(参数列表)】

或

过程名【参数列表】

在过程调用过程中需要进行参数传递。过程中的代码通常需要某些关于程序状态的信息才能完成工作，信息包括在调用过程时传递到过程内的变量。在变量传递给过程的时候，变量称为参数，参数就是传递给一个过程的常数、变量或表达式。参数按照传递形式分为以下两种。

(1) 按值传递参数

按值传递参数时，传递的只是变量的副本。如果过程中改变了这个值，则所作变动只影响副本而不会影响变量本身。必须用 ByVal 关键字指出参数是按值来传递的。

(2) 按地址传递参数：

过程使用变量的内存地址访问实际变量的内容，将变量传递给过程时，通过过程可改变变量值。ByRef 指按地址来传送，在 VBA 代码中默认使用按地址传递参数，而且 ByRef 可以省略不写。

下面的例子说明过程调用时两种参数传递的区别。

```
Public Sub byvalue()
  Dim x As Integer, Y As Integer
  x = 1
  Y = 5
  Call Result(x, Y)
  MsgBox ("x 的值为:" & x & "y 的值为:" & Y)
End Sub

Sub Result(ByVal intNumber1 As Integer, intNumber2 As Integer)
    intNumber1 = intNumber1 + 100
    intNumber2 = intNumber2 + 100
End Sub
```

运行结果：“x 仍为：1，而 y 为：105”，如图 7-20 所示。

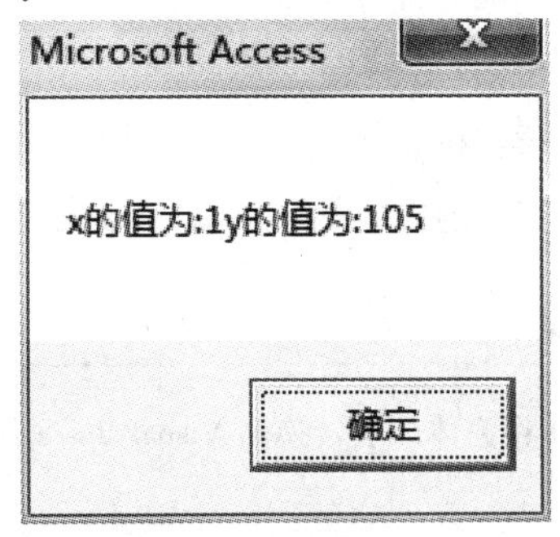

图 7-20　运行结果

7.2.4　将宏转换为模块

在 Access 2010 中，可以将宏看做一种简化的编程语言，宏提供了 VBA 可用命令的子集。可以使用 Access 2010 自动将宏转换为 VBA 模块或类模块。用户可以转换附加到窗体或报表的宏，而不管它们是作为单独的对象存在还是作为嵌入的宏存在。当然也可以转换未附加到特定窗体或报表的全局宏，

全局宏转换的方式一般有以下两种。

第一种：进入宏的设计视图，单击【设计】选项卡【宏】组中【将宏转换为 Visual Basic 代码】按钮，如图 7-21 所示。

图 7-21 【将宏转换为 Visual Basic 代码】按钮

第二种：选择待转换的宏，单击【文件】|【对象另存为】选项，在【另存为】对话框中选择保存类型为【模块】，如图 7-22 所示。

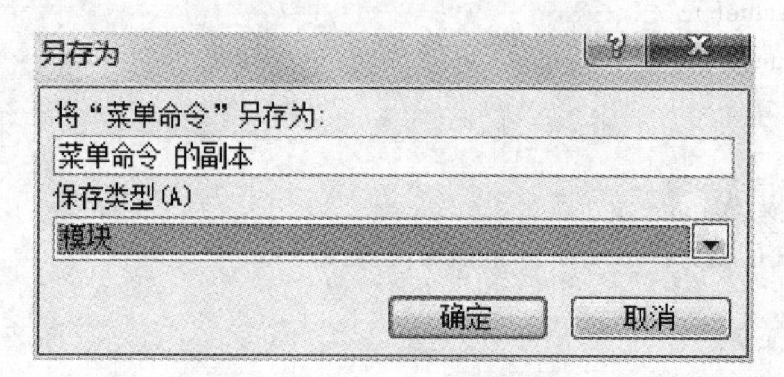

图 7-22 【另存为】对话框

嵌入式宏转换的方法为：进入附加有嵌入式宏的窗体的设计视图，在【设计】选项卡上的【工具】组中，选择【将窗体的宏转换为 Visual Basic 代码】按钮，如图 7-23 所示。

图 7-23 【将窗体的宏转换为 Visual Basic 代码】按钮

7.3 VBA 程序调试

在 VBA 中，由于在编写代码的过程中会出现各种各样的问题，所以编写的代码很难一

次成功，这时就需要运用 VBA 开发环境中提供的调试手段来调试程序，以便消除代码中的错误。

7.3.1　VBA 程序的调试环境和工具

VBA 开发环境中。【调试】菜单、【调试】工具栏、【立即窗口】、【本地窗口】和【监视窗口】就是专门用来调试 VBA 程序的。

在 VBA 开发窗口中，可以随时利用【调试】菜单中的命令和【调试】工具栏中按钮来调用【立即窗口】、【本地窗口】和【监视窗口】，以实现对编写的程序进行监控和跟踪，如图 7-24 所示。

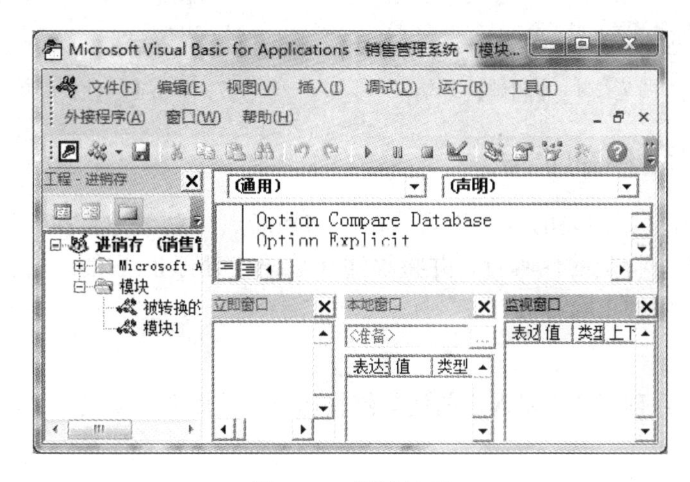

图 7-24　调试界面

三个调试窗口的主要作用如下。

- 【立即窗口】：在其中随时输入过程名和过程的参数，系统自动计算结果，根据该结果判断程序运行状况。也可以在【立即窗口】中输入表达式，能得出表达式的值。
- 【本地窗口】：查看当前过程中的所有变量声明及变量值。
- 【监视窗口】：对调试中的程序变量或表达式的值进行追踪，用于判断逻辑错误。

【调试】工具栏如图 7-25 所示。

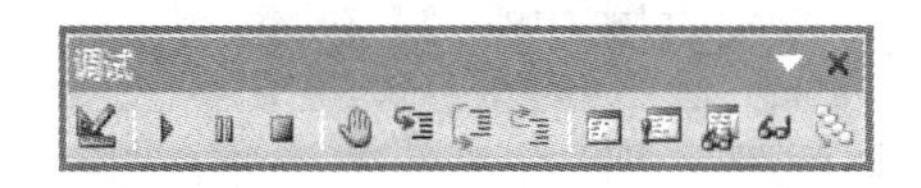

图 7-25　【调试】工具栏

将鼠标放在按钮上就能显示按钮的名称。工具栏有【设计模式】、【运行】、【中断】、【重新设置】、【切换断点】、【逐句执行】、【逐过程执行】、【本地窗口】、【监视窗口】、【快速监视】等按钮。

上面介绍的【调试】工具栏上各按钮的功能，用户大部分可以在【调试】下拉菜单中看到。【调试】菜单如图 7-26 所示。

在 VBA 开发环境中的【运行】菜单下，可以看到各种运行按钮，各种运行按钮的功能和【调试】工具栏中的一样。【运行】菜单如图 7-27 所示。

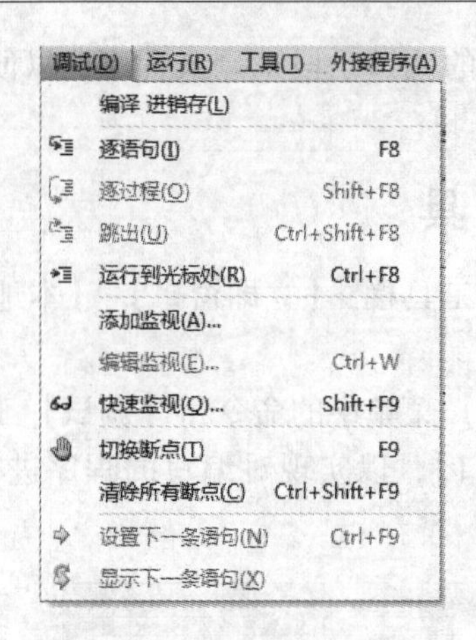

图 7-26 【调试】菜单

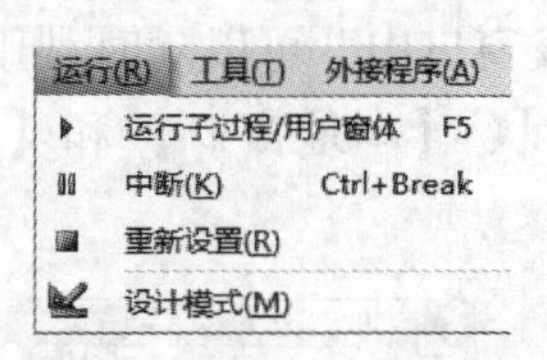

图7-27 【运行】菜单

7.3.2 VBA 程序的调试

调试 VBA 程序，最主要的两个步骤就是“切换断点”和“单步执行”，断点主要用于监视将要执行的某个特定的代码行，并将程序在该语句处停止。单步执行就是每次运行一步，以检查每一语句的正确与否。

1. 断点调试

断点经常用来在程序产生错误之前使其停止运行，从而在错误发生之前检查过程中所有的变量和条件。

可以通过以下几种方法设置断点。

- 进入【代码】窗口，将光标定位到窗口中一个执行语句或者赋值语句的位置，然后单击【调试】菜单中的【切换断点】命令，即可设置断点。
- 进入【代码】窗口，将光标定位到窗口中一个执行语句或者赋值语句的位置，然后单击【调试】工具栏中的【切换断点】按钮，即可设置断点。
- 设置断点的一种快捷方式就是将光标定位后，直接按下 F9 键，即可设置断点。

设置断点以后，可以看到在【代码】窗口中出现了“断点”效果，如图 7-28 所示。

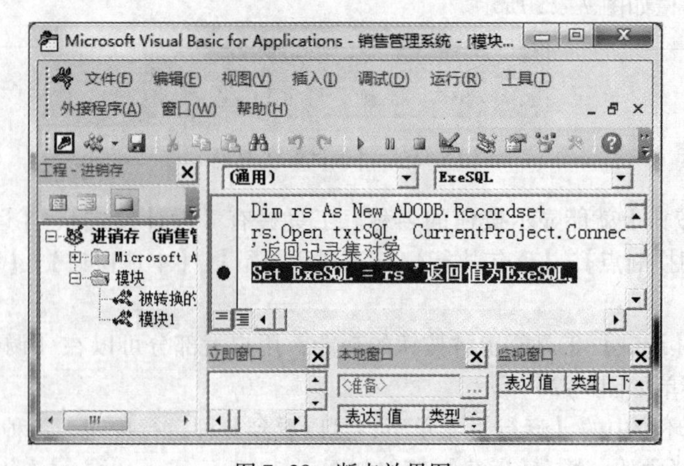

图 7-28 断点效果图

设置断点后，按 F5 键执行过程只能执行第一个断点前的所有语句。

只要在断点语句前按 F9 或调试工具栏上【切换断点】按钮即可取消断点。

2. 单步执行

在 VBA 的调试执行时除了断点调试外，还有一种单步执行调试方法。如果希望单步执行每一行程序代码，包括被调用过程中的程序代码，可以单击【调试】菜单或工具栏中的【逐语句】选项，该运行方式下，VBA 运行当前语句，并自动转到下一条语句，同时将程序挂起。

思考与练习

一、选择题

1. 模块是由（　　）构成的，而过程是由（　　）构成的。
   A. 模块　B. 过程　C. 事件　D. 语句
2. 下列不能实现条件选择功能的语句是（　　）。
   A. If…then…Else　B. If…then
   C. Select Case　D. For…Next
3. 将变量 NewVar 定义为 Integer 型正确的是（　　）。
   A. Integer Newvar
   B. Dim NewVar Of Integer
   C. Dim NewVar As Integer
   D. Dim Integer NewVar
4. 有关运算符优先级的比较，正确的是（　　）。
   A. 算术运算符 > 逻辑运算符 > 关系运算符
   B. 逻辑运算符 > 关系运算符 > 算术运算符
   C. 算术运算符 > 关系运算符 > 逻辑运算符
   D. 以上均不正确
5. 关于变量的叙述错误的是（　　）。
   A. 变量名的命名同字段命名一样，但变量命名不能包含有空格或除了下划线符号外的任何其他的标点符号。
   B. 变量名不能使用 VBA 的关键字。
   C. VBA 中对变量名的大小写敏感，变量名“Newyear”和“newyear”代表的是两个不同的变量。
   D. 根据变量是否定义，将变量划分为隐含型变量和显式变量。
6. 以下关于模块功能的描述中，错误的是（　　）。
   A. 维护数据库　B. 创建自定义函数
   C. 显示详细的错误提示　D. 执行用户级操作
7. VBA 中的数据类型不包括（　　）。
   A. 数值数据类型　B. 布尔数据类型

C. 日期数据类型　　D. 24 小时制时间类型

8. 对于以下循环结构，正确的叙述是（　　）。

```
Do Until 条件
      循环体
Loop
```

A. 如果“条件”值为0，则一次循环体也不执行。

B. 如果“条件”值为0，则至少执行一次循环体。

C. 如果“条件”值不为0，则一次循环体也不执行。

D. 不论“条件”是否为真，至少要执行一次循环体。

9. 以下程序段运行后，n值是（　　）。

```
N = 0
  For i = 1 To 3
    For j = -4 To -1
      N = N + 1
    Next j
  Next i
```

A. 0　　B. 3　　C. 4　　D. 12

10. 已定义好有参函数f（m），其中形参m是整型量。下面调用该函数，传递实参为5，将返回的函数值赋给变量t，则正确的是（　　）。

A. t = f(m)　　B. t = Call f(m)　　C. t = f(5)　　D. t = Call f(5)

二、填空题

1. VBA的全称是__________。

2. VBA的三种流程控制结构是顺序结构、________和________。

3. 断点的作用是__________。

4. 模块可以分为________和________。

5. VBA中提供了5种程序调试运行的方式，分别是逐语句执行、逐过程执行、________、________和________。

三、问答题

1. 简述参数传递的两种方法及其区别。

2. 简述VBA中3种常见的循环语句。

3. 分支结构语句有几个？它们有什么区别？

4. Sub过程和Function过程有什么不同，调用的方法有什么不同？

四、程序设计

1. 创建名为“求动物数量”的模块。已知鸡和猪的数量一共是33只（头），脚的总数是96只，分别求出鸡和猪的数量。

2. 创建名为“判断闰年”的模块。通过InputBox输入框接收查询的年份，判断并显示该年份是否闰年。

第2篇　Access 2010 数据库应用实验指导

本篇是教材教学内容的配套实验指导，使学生在完成相应章节内容的学习后，通过实验指导部分的操作，加深对相应内容的理解和掌握。本篇共有8个实验，其内容围绕“高校图书借阅管理系统”进行设计，从数据库的创建开始，一直到VBA的简单应用部分，形成了一个具有一定应用意义的完整系统，从而使学生在做实验过程中了解到系统设计的过程和具体方法。

实验1　创建数据库

实验目的

1. 掌握 Access 2010 的启动和退出方法。
2. 熟悉 Access 2010 开发环境及系统设置方法。
3. 掌握 Access 2010 数据库的创建方法。

实验任务

启动 Access 2010 数据库管理系统，创建一个名为“高校图书借阅管理系统”的数据库。

实验1.1　Access 2010 的启动与退出

【实验内容】

在 Windows 操作系统下，启动与退出 Access 2010 的方法。

【操作步骤】

(1) 启动 Access 2010

单击【开始】菜单，然后在【程序】菜单中选择【Microsoft Office】子菜单下的【Microsoft Access 2010】命令，启动 Access 2010，打开 Access 2010 应用程序窗口。

(2) 退出 Access 2010

退出 Access 2010 数据库的方法有多种，常用方法有以下3种。

- 单击【文件】选项卡，在打开的 Backstage 视图列表中单击【退出】命令。
- 单击【文件】选项卡，在打开的 Backstage 视图列表中单击【关闭数据库】命令。
- 按 Alt + F4 组合键。

实验 1.2 Access 2010 的系统设置

【实验内容】

设置 Access 2010 应用程序的默认文件格式为“Access 2007”、数据库文件夹为“d:\Access\我的数据库”，添加“d:\Access”及其子文件夹为受信任位置。

【操作步骤】

(1) 启动 Access 2010。

(2) 单击【文件】选项卡，在打开的 Backstage 视图列表中单击【选项】命令。

(3) 在打开的【Access 选项】对话框中，单击左侧列表中的【常规】选项，设置结果如实验图 1-1 所示。

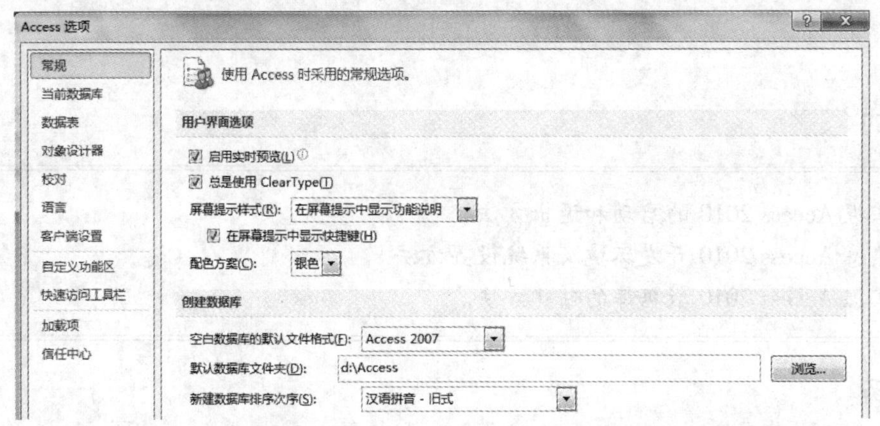

实验图 1-1 Access【常规】选项对话框

(4) 添加“d:\Access”及其子文件夹为受信任位置。单击 Access 选项左侧列表中的【信任中心】选项，单击右侧页面上的【信任中心设置】按钮，单击【添加新位置】按钮，设置结果如实验图 1-2 所示。

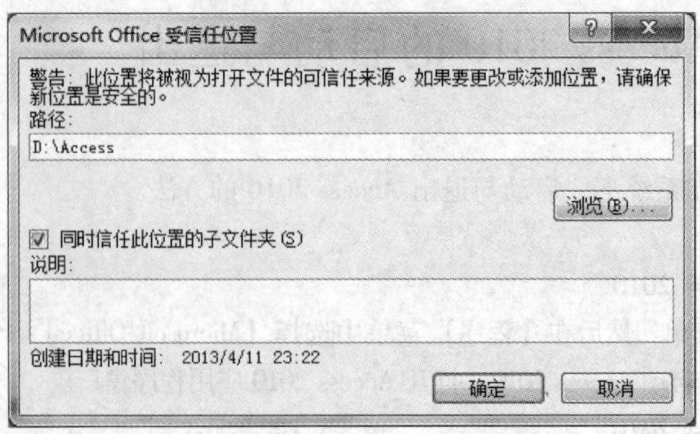

实验图 1-2 添加受信任位置

（5）完成上述 Access 选项设置后，单击【确定】按钮保存更新。

（6）退出并再次启动 Access 2010 应用系统时，新的 Access 选项生效。

实验 1.3　创建空白数据库

【实验内容】

在“d:\Access”目录下创建一个空白数据库，命名为“高校图书借阅管理系统”。

【操作步骤】

（1）启动 Access 2010 程序。选择【文件】选项卡，进入 Backstage 视图。在左侧导航窗格中单击【新建】命令，并在中间的窗格中单击【空数据库】选项。

（2）确定新数据库的数据库文件名和保存路径。若需改变文件的保存位置，单击【浏览到某个位置来存放数据库】按钮，更改文件的保存路径。在文件名的位置输入“高校图书借阅管理系统”，如实验图 1-3 所示。

实验图 1-3　新建数据库

（3）单击【创建】按钮。

实验 1.4　备份数据库

【实验内容】

将在“d:\Access”目录下创建的“高校图书借阅管理系统”数据库，备份到其他位置，并将备份文件命名为“数据库名 + 备份日期”。

【操作步骤】

（1）打开“高校图书借阅管理系统”数据库，单击【文件】选项卡。在打开的视图左侧导航窗格中单击【保存并发布】命令，选择【备份数据库】选项，如实验图 1-4所示。

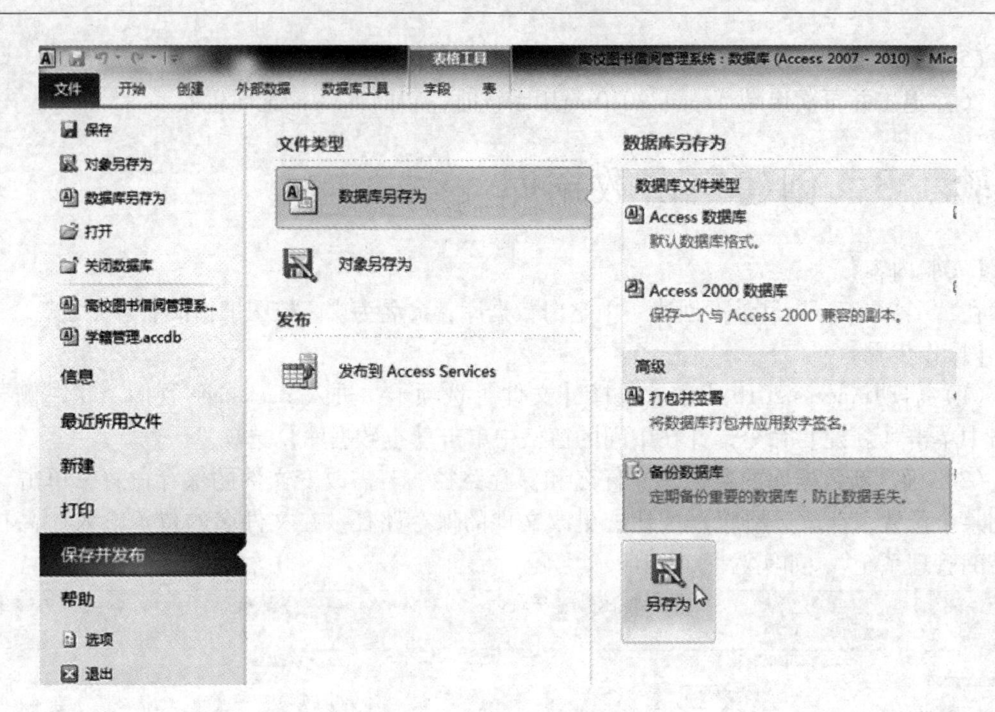

实验图 1-4 数据库文件的备份

（2）单击【另存为】按钮，在弹出的【另存为】对话框内，系统默认将备份文件名设置为“数据库名 + 备份日期”。

（3）指定备份文件的保存位置，单击【保存】按钮，数据库的备份完成。

实验 2　表的创建和操作

实验目的

1. 掌握 Access 2010 数据库中创建表的各种方法。
2. 掌握字段的属性设置方法。
3. 掌握表间关系的建立方法。
4. 熟悉各种表中数据的输入方法。
5. 掌握对表的操作和维护方法。
6. 掌握索引的种类和建立方法。
7. 掌握调整数据表外观的方法。

实验任务

打开实验 1 所创建的“高校图书借阅管理系统 . accdb”，使用各种表的创建方法完成数据库内表对象的创建，为相关表设置主键和索引，创建和编辑表间关系，并向表中输入数据和设置数据表的格式。

实验 2. 1　使用字段模板创建表

【实验内容】

利用字段模板创建“读者类型”表和“学院”表。

【操作步骤】

（1）打开实验 1 所创建的“高校图书借阅管理系统 . accdb”数据库。

（2）单击【创建】选项卡【表格】组中【表】图标。Access 将在该数据库中插入一个新表，并以数据表视图将其打开。

（3）添加新字段或重命名字段。“读者类型”表的表结构如实验表 2-1 所示。

实验表 2-1　“读者类型”表结构

字段名称	数据类型	说　明
类型编号	文本	主键，代替原来的 ID 字段
类型名称	文本	
可借图书数量	数字	
可借天数	数字	

（4）在单元格中输入如实验图 2-1 所示的数据。

读者类型

类型编号	类型名称	可借图书数量	可借天数
S01	学生	6	60
T01	教师	10	60

实验图 2-1 “读者类型”表的记录

（5）保存表并命名为“读者类型”。

（6）按照上述步骤，创建“学院”表，表的结构如实验表 2-2 所示。

实验表 2-2 “学院”表结构

字段名称	数据类型	说明
学院编号	文本	主键，代替原来的 ID 字段
学院名称	文本	

表中的数据如实验图 2-2 所示。

学院

学院编号	学院名称
X01	计算机学院
X02	信息学院
X03	商学院
X04	机械与车辆工程学院
X05	外语学院
X06	会计与金融学院
X07	设计与艺术
X08	化工学院
X09	数理学院
X10	文法学院

实验图 2-2 “学院”表的记录

实验 2.2 使用设计视图创建表

【实验内容】

在设计视图中，创建指定字段及其数据类型的“读者信息”表和“图书信息”表，并定义表的主键。

【操作步骤】

（1）单击【创建】选项卡【表格】组中【表设计】图标。

（2）在设计视图的“字段名称”列中输入如实验表 2-3 所示的字段名称。

（3）设置“数据类型”及其字段大小。

（4）重复操作步骤（2）和步骤（3），直至所有字段添加完毕。

（5）设置“读者编号”字段为主键。

（6）保存新表并命名为“读者信息”。

（7）按照上述操作步骤，创建“图书信息”表，表结构如实验表 2-4 所示。

实验表 2-3　“读者信息”表

字段名称	数据类型	字段大小	说　明
读者编号	文本	15	主键
姓名	文本	10	
类型	文本	3	
照片	OLE 对象		
办证日期	日期/时间		
密码	文本	20	

实验表 2-4　“图书信息”表

字段名称	数据类型	字段大小	说　明
图书编号	文本	20	主键
图书类别	文本	5	
图书名称	文本	50	
作者	文本	30	
ISBN	文本	17	
出版社	文本	20	
价格	货币		
出版日期	日期/时间		
登记日期	日期/时间		
是否借出	是/否		
简介	备注		

（8）双击导航窗格中的“读者信息”表，进入其数据表视图。在姓名列后面插入查阅列“性别”字段。将光标定位于“姓名”字段，单击【字段】选项卡【添加和删除】组中【其他字段】图标，从下拉列表中选择“查阅和关系”。在如实验图 2-3 所示的【查阅向导】对话框中，选择【自行键入所需的值】选项，输入如实验图 2-4 所示的查阅列数据（值列表：男、女），输入如实验图 2-5 所示的查阅列字段名称为【性别】。

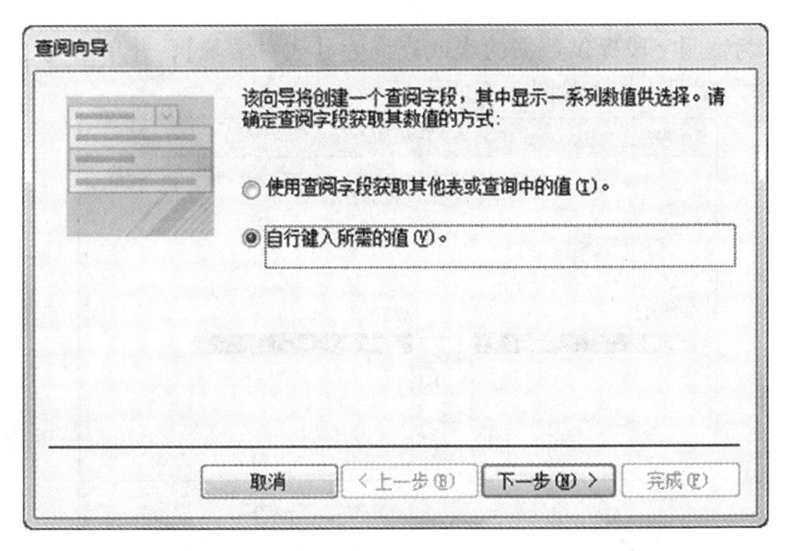

实验图 2-3　【查阅向导】对话框

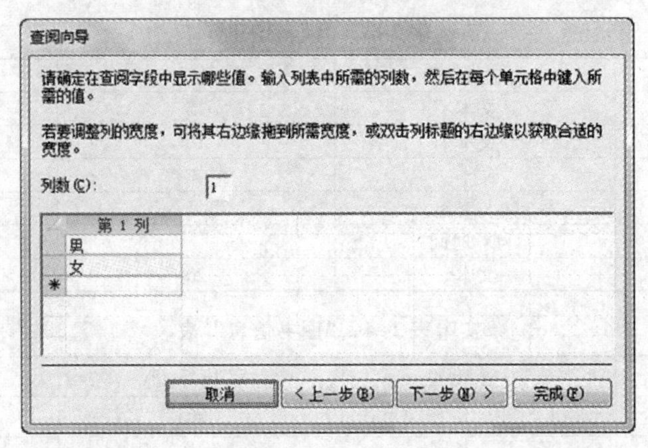

实验图 2-4　查阅列的插入－组合框的数据来源

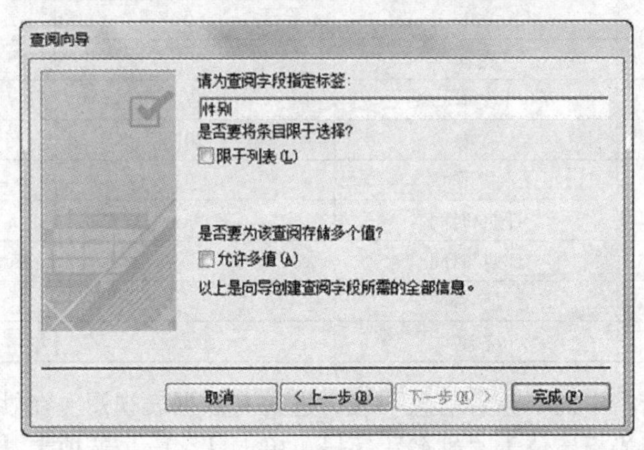

实验图 2-5　查阅列的插入－查阅列的字段名称

（9）使用类似的方法，在“类型”列后面插入“学院”查阅列。该列的数据来源类型为“表或查询中的值”（从【学院】表中【学院名称】字段取值，按“学院名称”升序显示列表）。

（10）选择为查阅字段提供数据的表或查询为【表：学院】，并单击【下一步】按钮，选择“学院名称”字段，如实验图 2-6 所示。

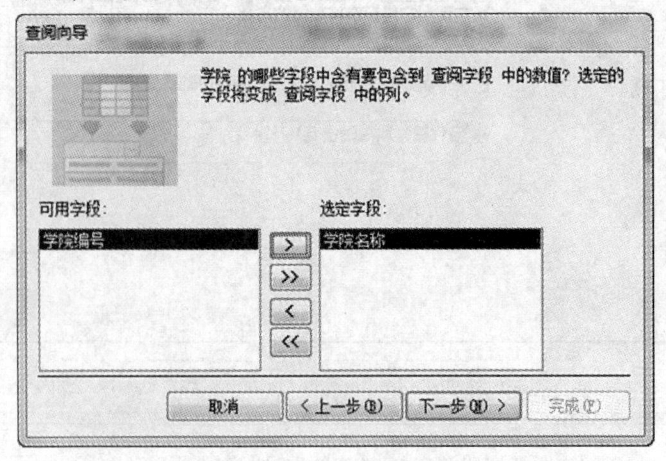

实验图 2-6　查阅列的插入－查阅列的字段的数据来源

（11）单击【下一步】按钮，选择按“学院名称”升序排列，并按照向导的指示进行操作。在如实验图2-7所示的对话框中，指定查阅字段的标签为“学院”。

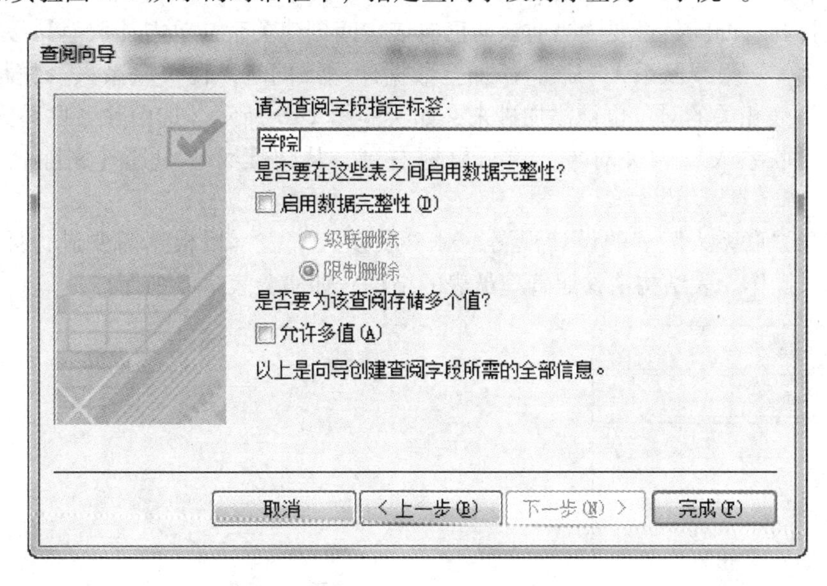

实验图2-7　查阅列的字段名称

（12）设置各字段的数据类型和格式等参数。

（13）保存并打开“读者信息”表的数据表视图，查看相关列的输入，如实验图2-8所示。

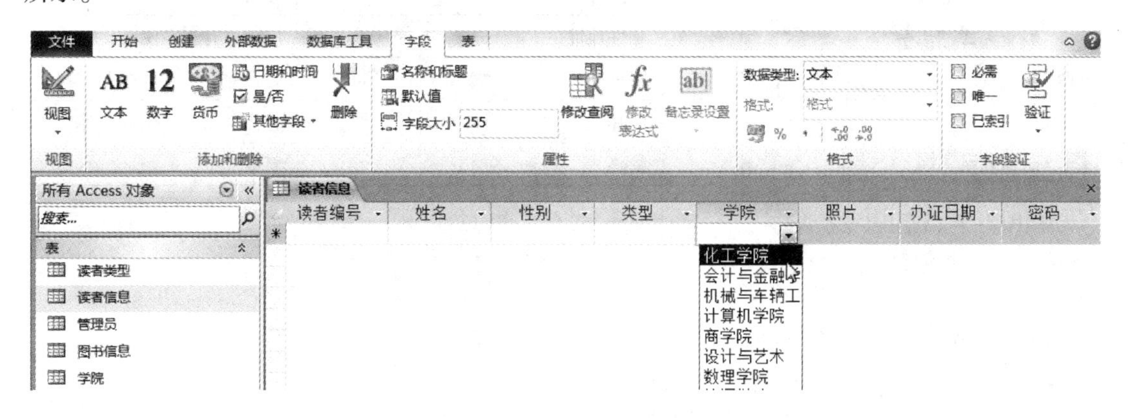

实验图2-8　查阅列字段的输入

实验2.3　使用表模板创建表

【实验内容】

使用“联系人”模板，创建“管理员”表。

【操作步骤】

（1）单击【创建】选项卡【模板】组中【应用程序部件】按钮，从下拉列表中选择

【联系人】模板。

(2) 由于数据库中已经存在表（“读者类型”表、“学院”表等），此时将有【创建关系】对话框打开，询问是否要为当前表与已有表之间创建关系，单击【取消】按钮。

(3) 此时，一张“联系人”表将添加至数据库内。同时，在“联系人”模板内的其他与“联系人”表相关的对象也被添加进来，如实验图 2-9 所示。选中除“联系人”表对象之外的其他“联系人”相关对象，单击鼠标右键，从快捷菜单中选【删除】，删除其他对象。

(4) 打开“联系人”表的设计视图，对“联系人”表字段根据需要进行插入、删除、重命名等编辑操作。表结构请参照管理员表的结构，如实验表 2-5 所示。

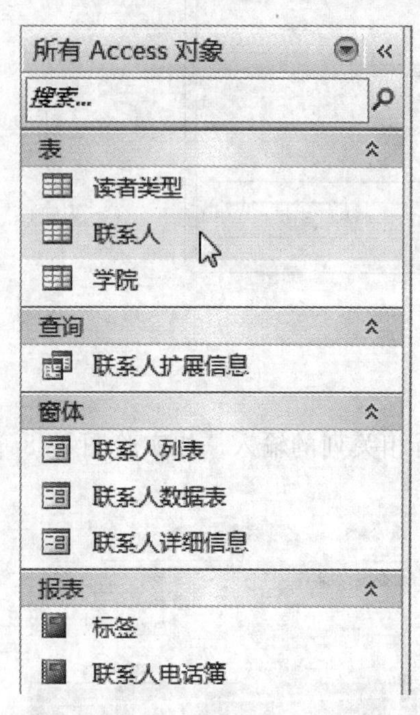

实验图 2-9　利用“联系人”模板创建表

实验表 2-5　“管理员”表结构

字段名称	数据类型	字段大小	说　明
管理员编号	文本	8	主键，替代原来的 ID 字段
姓名	文本	10	替代原来的“姓氏”字段
性别	文本	1	新增
电子邮件地址	超链接		应用原有表字段
手机	文本	11	替代原来的“职务”字段
照片	附件		替代原来的“附件”字段
密码	文本	6	新增

(5) 将该表重命名为“管理员”。

实验 2.4　通过导入外部数据创建表

【实验内容】

(1) 将现有的 Excel 文件数据导入并生成新表“图书借阅表”。

(2) 将现有的文本文件数据导入并生成新表“违规管理”表（实验所需文件下载地址：http://www.izhbit.cn）。

【操作步骤】

(1) 单击【外部数据】选项卡，选择【导入并链接】组中的 Excel 按钮，Access 会弹出【获取外部数据 - Excel 电子表格】对话框。

（2）选择保存于本地磁盘的外部文件“图书借阅表.xls”，并指定数据在当前数据库中的存储方式和存储位置为“将源数据导入当前数据库的新表中”。

（3）如果Excel文件包含多个工作表，确定源数据所在的Excel工作表。

（4）指明源数据中的第一行包含列标题（字段名）。

（5）指定“借阅编号”字段作为表的主键，如实验图2-10所示。

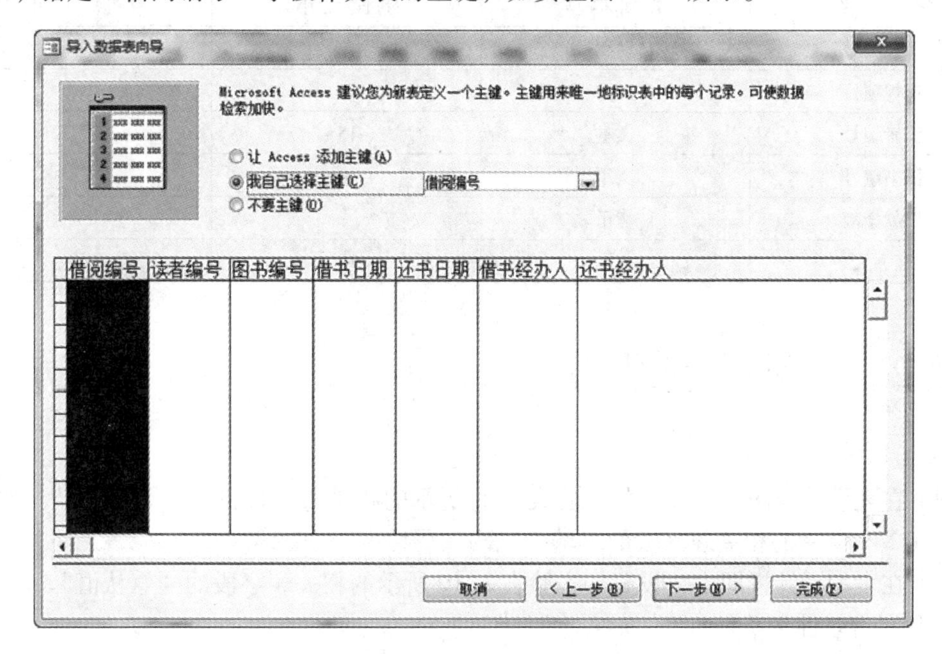

实验图2-10　通过导入Excel文件创建表

（6）单击【下一步】按钮，在“导入到表”文本框中输入表名为“图书借阅表”。

（7）打开表的设计视图，设置主键，并按照如实验表2-6所示的各字段的数据类型和格式进行参数设置。

实验表2-6　“图书借阅表”结构

字段名称	数据类型	字段大小	说　明
借阅编号	自动编号		主键
读者编号	文本	15	
图书编号	文本	20	
借书日期	日期/时间		
还书日期	日期/时间		
借书经办人	文本	10	
还书经办人	文本	10	

（8）单击【外部数据】选项卡【导入】组的【文本文件】按钮，Access将弹出【获取外部数据－文本文件】对话框向导。

（9）选择保存于本地磁盘的外部文件“违规管理表.txt”，并指定数据在当前数据库中的存储方式和存储位置为“将源数据导入当前数据库的新表中”。

(10) 设置外部数据的格式：带逗号分隔符、文本识别符为双引号。

(11) 指明源数据中的第一行包含列标题（字段名）。

(12) 设置如实验表 2-7 所示的各字段的数据类型和格式等参数。

实验表 2-7 “违规管理表”结构

字段名称	数据类型	字段大小	说明
违规编号	自动编号		主键
违规项目	文本	20	
读者编号	文本	15	
图书编号	文本	20	
罚款金额	货币		
经办人	文本	10	

实验 2.5 维护表结构

【实验内容】

(1) 在表设计视图中，设置如实验表 2-8 所示的相关表字段的“字段大小”、“格式”和实验表 2-9 所示的相关表字段的“输入掩码”属性。

(2) 在表的设计视图中，设置如实验表 2-10 所示的相关表字段的“默认值”、“有效性规则”和“有效性文本”。

(3) 在表的设计视图中，设置如实验表 2-11 所示的“查阅列”字段。

【操作步骤】

(1) 打开“读者类型”表的设计视图。

(2) 按照实验表 2-8 设置相关的字段属性值。

(3) 保存表结构的编辑。

(4) 按照上述步骤，分别设置实验表 2-8 中其余各表相应字段的属性值。

实验表 2-8 部分表字段的“字段大小”和“格式”属性设置

表名	字段名称	字段大小	格式
读者类型	类型编号	3	
	类型名称	10	
	可借图书数量	字节	
	可借天数	字节	
图书借阅表	借书日期		长日期
	还书日期		长日期
违规管理表	罚款金额		小数位数：2 位
图书信息	价格		小数位数：2 位
	出版日期		长日期
	登记日期		长日期

续表

表　　名	字段名称	字段大小	格　　式
读者信息	办证日期		长日期
	密码	6	
管理员	照片		标题：照片

（5）打开“读者信息”表的设计视图。

（6）按照实验表2-9设置相关的字段“输入掩码”属性，并保存表结构的编辑。

实验表2-9　部分表字段的“输入掩码”属性设置

表　　名	字段名称	输入掩码
读者信息	办证日期	0000\ -99\ -99;; _
	密码	密码
管理员	密码	密码
	手机	00000000000;; -

（7）按照上述操作步骤，设置其余各表字段的属性值。

（8）打开实验表2-10中各表的设计视图，并按表中的内容进行相关表字段的“默认值”、“有效性规则”和“有效性文本”的设置。

实验表2-10　部分表字段的“默认值”、“有效性规则”和“有效性文本”属性设置

表　　名	字段名称	默认值	有效性规则	有效性文本
图书信息	出版日期		< = Date ( )	出版日期应该在当前日期之前！
	是否借出	False		
违规管理表	罚款金额	0		
图书借阅表	借书日期	Date( )	<= Date( )	借书日期应该在当前日期之前！

（9）打开“管理员”表的设计视图。选择需要设置“查阅列”的字段，如“性别”。

（10）从“数据类型”下拉列表中选择“查阅向导…”，Access随即弹出“查阅向导”对话框。

（11）根据实验表2-11有关说明，设置“查阅向导”中各步骤的参数。

（12）保存表结构的编辑。设置为“查阅列”字段的索引属性自动设置为【有（有重复）】。

（13）按照上述操作步骤，设置其余表字段的“查阅列”字段。

实验表2-11　部分表字段的“查阅列”字段参数

表　　名	字段名称	查阅列数据来源类型	查阅列数据来源
管理员	性别	自行输入所需的值	“男”；“女”
读者信息	类型	表/查询	“读者类型”表，使用其中的“类型名称”字段
图书信息	图书类别	自行输入所需的值	“人文”；“社科”；“哲学”；“经济”；“军事”；“语言”；“艺术”；“自然科学”；“数理科学和化学”；“生物科学”；“医疗、卫生”

续表

表　　名	字 段 名 称	查阅列数据来源类型	查阅列数据来源
图书借书表	读者编号	表/查询	行来源:“读者信息”表“读者编号”字段，组合框中显示“读者编号”、“姓名”字段，不隐藏键列 列宽：2 cm；1 cm
	图书编号	表/查询	“图书信息”表
	借书经办人	表/查询	“管理员”表“管理员编号”字段，组合框显示“管理员编号”、“姓名”字段，不隐藏键列
	还书经办人	表/查询	“管理员”表“管理员编号”字段，组合框显示“管理员编号”、“姓名”字段，不隐藏键列
违规管理表	违规项目	自行输入所需的值	“超期”；“损坏”；“涂写”；“丢失”
	读者编号	表/查询	行来源：“读者信息”表“读者编号”字段，组合框中显示“读者编号”、“姓名”字段，不隐藏键列 列宽：1.5 cm；1.3 cm
	图书编号	表/查询	“图书信息”表
	经办人	表/查询	行来源：“管理员”表“管理员编号”字段，组合框中显示“管理员编号”、“姓名”字段，不隐藏键列 列宽：1.5 cm；1.3 cm

实验 2.6　编辑表间关系

【实验内容】

为了实现不同表间的协同操作，设计如实验图 2-11 所示的各相关表之间的关系，并在 Access 关系窗口中对各关系作以下操作：实施参照完整性、级联更新和级联删除。

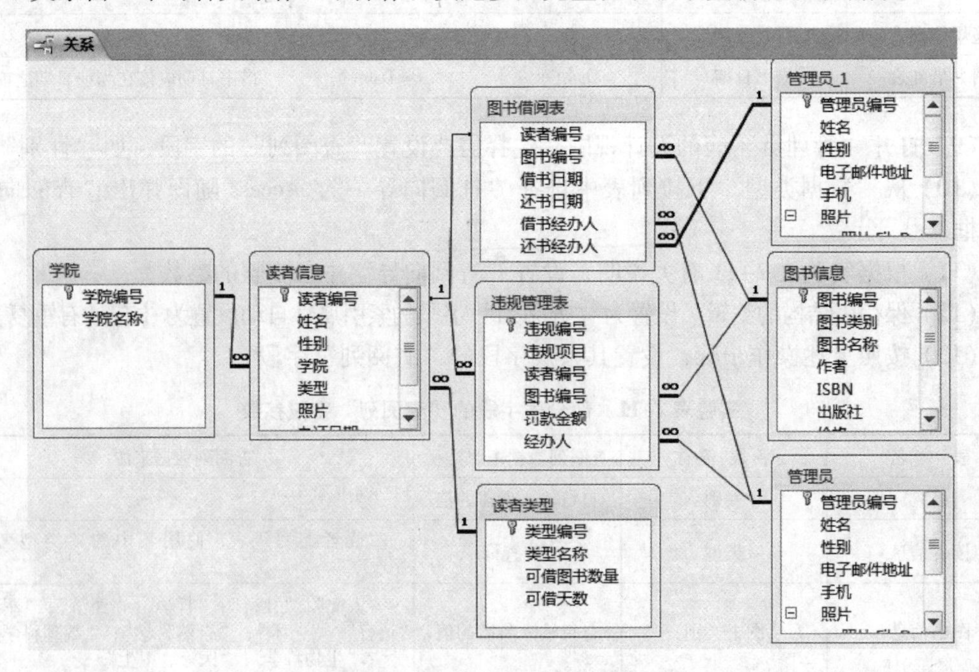

实验图 2-11　系统的“关系”窗口

【操作步骤】

（1）关闭所有表。

（2）单击【数据库工具】选项卡【关系】组中的【关系】按钮，进入 Access 的“关系管理器”。

（3）如果【关系】窗口中没有对象或没有显示关联表，单击【设计】选项卡【关系】组中的【显示表】图标，从列中选择要被关联的对象，如“图书信息”表、“图书借阅表”等。

（4）如果两个表之间没有建立关系，先按照实验图 2-11 建立关系连接线。

（5）单击被编辑的关系连接线，被选中的连接线显示为黑色的粗线条状。

（6）单击【设计】选项卡【工具】组中的【编辑关系】按钮或双击被选中的连接线，打开【编辑关系】对话框，分别设置是否启用“实施参照完整性”、“级联更新”或“级联删除”功能。

（7）保存关系的编辑并返回“关系管理器”。

（8）重复步骤（3）～（6），编辑如实验图 2-11 所示的其余关系。

（9）单击【设计】选项卡【关系】组中的【关闭】按钮，保存关系及其布局。

实验 2.7　数据的输入

【实验内容】

（1）通过导入外部“读者和图书信息 . xls”文件数据方式，向“读者信息”表和“图书信息”表追加数据记录（文件下载地址：http://www. izhbit. cn）。

（2）输入“管理员”表的数据信息。

（3）使用组合框、日期选择器等工具，输入如实验表 2-12“图书借阅表”中的数据记录。

（4）完善“读者信息”表数据信息，输入各记录的“照片”字段。

（5）通过导入外部“违规管理表 . txt”文件数据方式，向“违规管理表”追加数据记录。

【操作步骤】

1. 通过导入外部“读者和图书信息 . xls”文件数据方式，向“读者信息”表和“图书信息”表追加数据记录

（1）如果将要导入数据的表处于打开状态，先关闭该表。

（2）单击【外部数据】选项卡【导入】组中的 Excel 图标，Access 将弹出【导入外部数据 - Excel 电子表格】对话框向导。

（3）选择保存于本地磁盘的外部文件“读者和图书信息 . xls”，指定数据在当前数据库中的存储方式和存储位置为“向表中追加一份记录的副本”选择“读者信息”表。

（4）如果 Excel 文件包含多张工作表，确定数据所在的 Excel 工作表，如“读者信息”或“图书信息”，如实验图 2-12 所示。

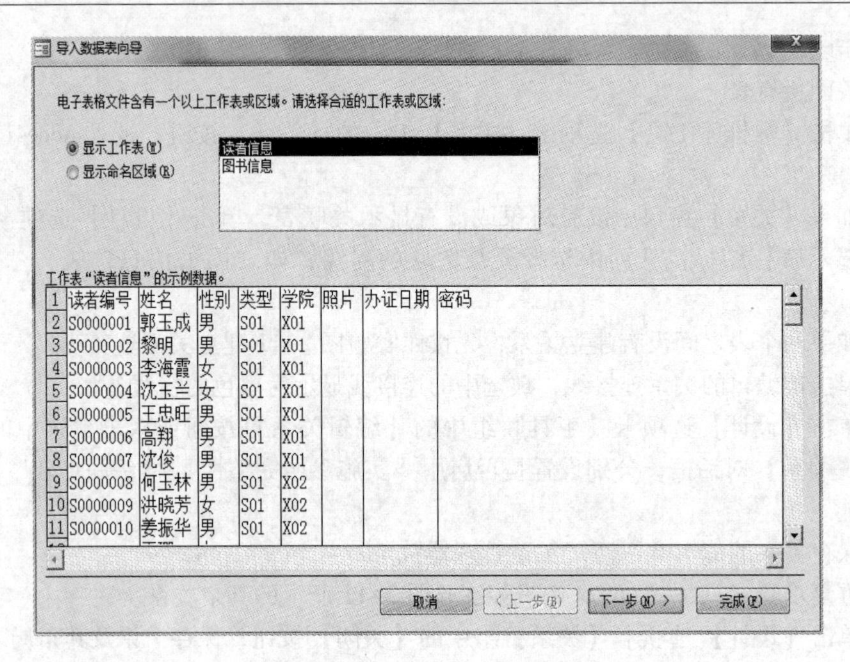

实验图 2-12 导入数据表向导

(5) 如果源数据中的第一行包含列标题（字段名），则勾选该选项。

(6) 完成向导各步骤，返回导航窗格打开上述的表对象查看导入数据后的结果。

(7) 重复操作步骤（2）~（6），向“图书信息”表导入“读者和图书信息.xls”文件中“图书信息”工作表的数据记录。

2. 输入“管理员”表的数据信息

参照实验图 2-14 录入“管理员”表中的数据。

(1) 在导航窗格中打开“管理员”表，进入管理员表的数据表视图。

(2) 录入管理员编号、姓名、性别等信息。其中【超链接】类型的数据既可以直接从键盘输入，也可以用下述方法完成：将焦点定位在【电子邮箱】字段上单击鼠标右键，从弹出的快捷菜单中选择【超链接】选项下的【编辑超链接】选项。

(3) 在对话框中输入要显示的文字、链接指向的电子邮件地址等，如实验图 2-13 所示。

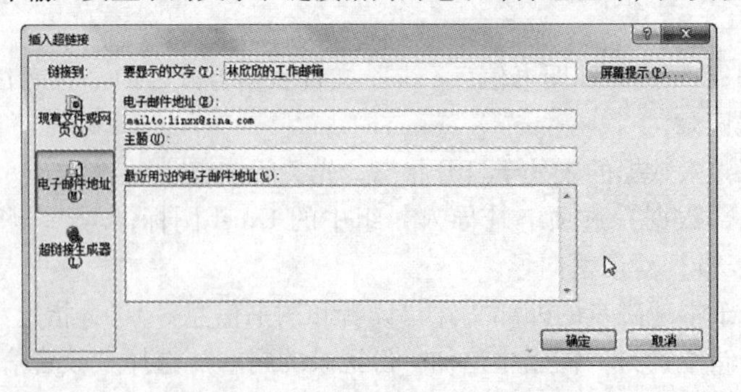

实验图 2-13 输入【超链接】类型的字段

(4) 重复步骤（2）和（3），直至所有记录的【电子邮件地址】字段输入完毕。

- 当直接在“超链接”类型字段内输入字段值时，数据将直接显示在相应记录的对应字段内。

- 采用“编辑超链接”的方式完成输入时，可以在相应字段上显示不同于超链接内容的屏幕提示信息，如“林欣欣的工作邮箱”。

两者的显示效果，请参见实验图 2-14。

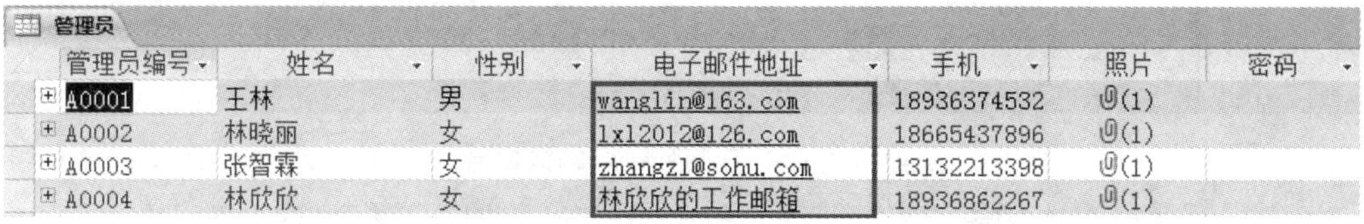

管理员

管理员编号	姓名	性别	电子邮件地址	手机	照片	密码
A0001	王林	男	wanglin@163.com	18936374532	(1)	
A0002	林晓丽	女	lxl2012@126.com	18665437896	(1)	
A0003	张智霖	女	zhangzl@sohu.com	13132213398	(1)	
A0004	林欣欣	女	林欣欣的工作邮箱	18936862267	(1)	

实验图 2-14　“超链接”类型字段两种输入方法显示效果的比较

（5）将焦点定位在某一条记录的“照片”字段上。如果附件类型字段值为空，显示为(0)。需要添加文件时，双击该附件字段，显示【附件】对话框。

（6）在【附件】对话框中单击【添加】按钮，从弹出的【选择文件】对话框中选定作为附件的一个或多个文件后，单击【打开】按钮。

（7）返回【附件】对话框，显示已选定文件的列表。

（8）单击【确定】，返回数据表视图，附件字段中显示回形针图案以及附件文件的个数，如实验图 2-14 所示。

3. 使用组合框、日期选择器等工具，输入实验表 2-12“图书借阅表”中新增记录的数据记录

（1）在导航窗格中打开“图书借阅表”，进入该表的数据表视图。

（2）在单元格中依次输入实验表 2-12 所示的数据：对于“查阅列”字段，如“读者编号”、“图书编号”字段，通过单击该字段单元格右下角的图标打开组合框列表，并从中单击其中一个选项作为字段值；对于“日期/时间”数据类型的字段，如“借书日期”、“还书日期”字段，通过单击该字段单元格右侧的日期选择器图标，直接在选择器中点取某一年度、月份和日期即可完成日期数据的输入，或者直接在相应的组合框内输入日期值完成数据的输入，如图 2-15 所示（其中的“借阅编号”字段为“自动编号”类型，无需用户输入）。

实验表 2-12　“图书借阅表”的新增记录数据

借阅编号	读者编号	图书编号	借书日期	还书日期	借书经办人	还书经办人
	S0000001	B0100000002	2012-4-2	2012-10-13	A0001	A0002
	S0000005	B0300000005	2012-2-18	2012-4-27	A0003	A0001
	S0000005	B0300000006	2012-2-18	2012-3-14	A0002	A0002
	S0000007	B0500000009	2012-6-10	2012-6-30	A0001	A0003
	S0000004	B0200000003	2012-9-12	2012-11-4	A0001	A0001
	S0000005	B0500000010	2012-11-18	2012-12-30	A0003	A0003
	S0000001	B0100000002	2012-8-3	2012-9-8	A0002	A0004
	S0000001	B0400000007	2013-4-14		A0001	
	S0000001	B0100000001	2013-4-1	2013-4-3	A0001	A0002

4. 完善“读者信息”表数据信息，输入各记录的“照片”字段

（1）打开“读者信息”表的数据视图，鼠标右键单击某一条记录的“照片”字段，在弹出的快捷菜单中选择【插入对象】，如实验图 2-16 所示。

图书借阅表

借阅编号	读者编号	图书编号	借书日期	还书日期	借书经办人	还书经办人
1	S0000001	B0100000002	2012年4月2日	2012年10月13日	A0001	A0002
2	S0000005	B0300000005	2012年2月18日	2012年4月27日	A0003	A0001
3	S0000005 王忠旺		2012年2月18日	2012年3月14日	A0002	A0002
4	S0000006 高翔		2012年6月10日	2012年6月30日	A0001	A0003
5	S0000007 沈俊		2012年9月12日	2012年11月4日	A0001	A0001
6	S0000008 何玉林		2012年11月18日	2012年12月30日	A0003	A0003
(新建)	S0000009 洪晓芳					
	S0000010 姜振华					

实验图 2-15 查阅列字段的数据输入

读者编号	姓名	性别	学院	类型	照片	办证日期	密码
S0000001	郭玉成	男	计算机学院	学生	Package		
S0000002	黎明	男	计算机学院	学生			
S0000003	李海霞	女	计算机学院	学生			
S0000004	沈玉兰	女	计算机学院	学生			
S0000005	王忠旺	男	计算机学院	学生			
S0000006	高翔	男	计算机学院	学生			
S0000007	沈俊	男	计算机学院	学生			
S0000008	何玉林	男	信息学院	学生			
S0000009	洪晓芳	女	信息学院	学生			
S0000010	姜振华	男	信息学院	学生			
S0000011	王珊	女	信息学院	学生			
S0000012	张清奎	男	信息学院	学生			
S0000013	卢云红	女	信息学院	学生			

剪切(T)
复制(C)
粘贴(P)
升序排序(A)
降序排序(D)
从“照片”清除筛选器(L)
不是 空白(N)
插入对象(J)...

实验图 2-16 输入“OLE 对象”类型的字段

(2) 在打开的对话框中，选择【由文件创建】，单击【浏览】按钮，找到保存于本地磁盘的照片文件，如“7. jpg”。

(3) 单击【确定】按钮，则在相应的字段内，将显示“程序包”字样，照片对象插入完毕。重复上述步骤，完成其他照片对象的录入。

5. 通过导入外部“违规管理表 - 数据 . txt”文件数据方式，向“违规管理表”追加数据记录

(1) 如果将要导入数据的表处于打开状态，先关闭该表。

(2) 单击【外部数据】选项卡【导入】组中的【文本文件】图标，Access 将弹出【导入外部数据 - 文本文件】对话框向导。

(3) 选择保存于本地磁盘的外部文件“违规管理表 - 数据 . txt”，指定数据在当前数据库中的存储方式和存储位置为“向表中追加一份记录的副本”，选择“违规管理”表，则相应数据导入到“违规管理”表中，如实验图 2-17 所示。

违规管理表

违规编号	违规项目	读者编号	图书编号	罚款金额	经办人
1	超期	S0000001	B0100000002	¥1.20	A0001
2	涂写	S0000001	B0100000002	¥10.00	A0001
3	损坏	S0000007	B0500000009	¥10.00	A0001
4	丢失	S0000005	B0300000006	¥12.00	A0003

实验图 2-17 导入数据后的违规管理表

实验 2. 8 数据的维护

【实验内容】

根据“读者信息”表，筛选出“商学院”所有的记录，结果以性别升序显示，并汇总该学院人数。

【操作步骤】

（1）在导航窗格中打开“读者信息”表，进入其数据表视图。

（2）执行筛选。单击【学院】字段右侧的筛选器，从筛选器列表中仅勾选【商学院】选项，如实验图 2–18 所示。

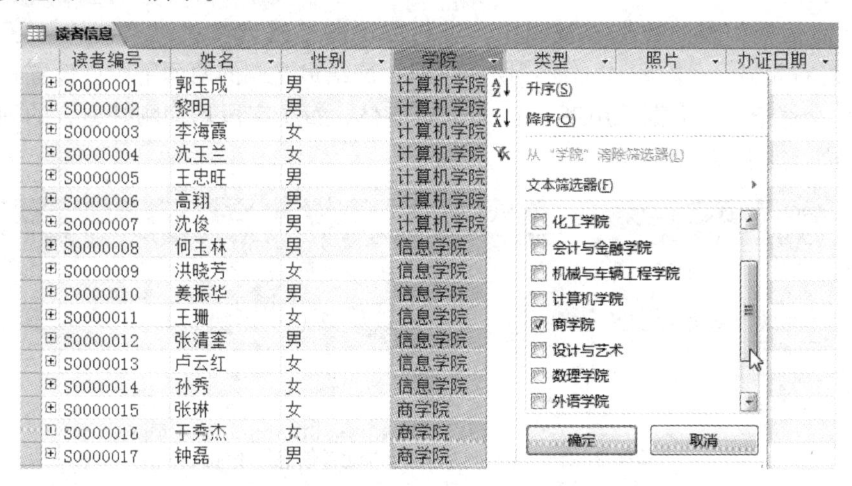

实验图 2–18　“筛选”操作

（3）数据排序。定位在“性别”字段右侧的箭头，从列表中选择【升序】，如实验图 2–19所示。

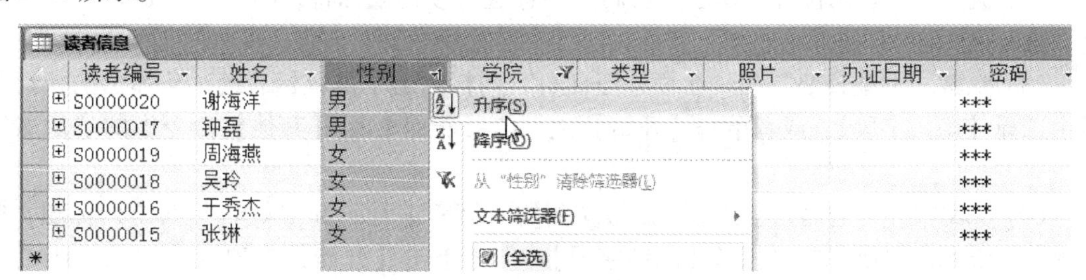

实验图 2–19　按“性别”排序操作

（4）人数汇总。单击【开始】选项卡【记录】组中【合计】图标。单击【汇总】行上“姓名”字段单元格并选择【计数】汇总方式，计算出视图中所有显示记录的总人数，如实验图 2–20 所示。

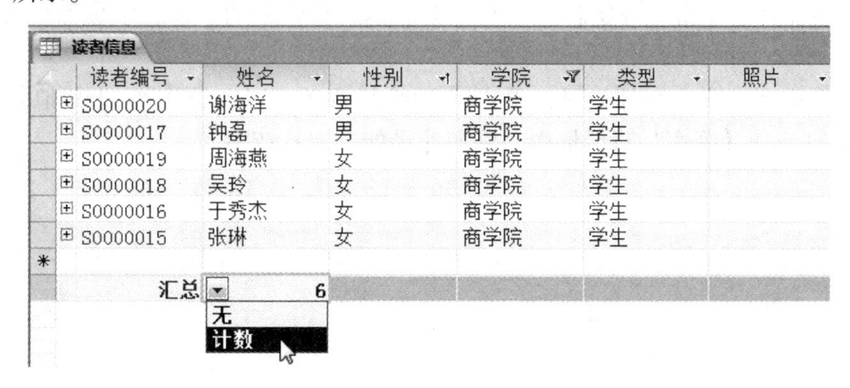

实验图 2–20　汇总学院人数

实验 2.9　数据表的格式设置

【实验内容】

在“读者信息”表的数据表视图中，进行以下的格式调整：将“密码”字段调整到“性别”字段右侧显示；隐藏“办证日期”字段；冻结最左侧的两列字段；设置每条记录的行高为 18，全部记录的数据采用隶书 14 号蓝色字体，每个字段均为刚好适合的列宽。设置后的数据表如实验图 2-21 所示。

读者信息

读者编号	姓名	性别	密码	学院	类型	照片	办证日期
S0000023	胡佐超	男	***	机械与车辆工程学院	学生		
S0000001	郭玉成	男	***	计算机学院	学生	Package	
S0000010	姜振华	男	***	信息学院	学生		
T0000009	郝大年	男	***	数理学院	教师		
S0000008	何玉林	男	***	信息学院	学生		
S0000020	谢海洋	男	***	商学院	学生		

实验图 2-21　格式调整后的“读者信息”数据表

【操作步骤】

(1) 在导航窗格中双击“读者信息”表，进入其数据表视图。

(2) 调整列的显示位置。单击“密码”列标题，按住鼠标将列拖到“性别”字段右侧后，放开鼠标。

(3) 隐藏“办证日期”列。在“办证日期”列标题上单击鼠标右键，从弹出的快捷菜单中选择【隐藏字段】；或者单击【开始】选项卡【记录】组【其他】命令中的“隐藏字段”。

(4) 冻结最左侧的两列字段。选定最左侧的“读者编号”和“姓名”两个列标题，单击鼠标右键，从快捷菜单中选择【冻结字段】；或者单击【开始】选项卡【记录】组【其他】命令中的【冻结字段】。

(5) 设置行高。选定所有记录，从单击鼠标右键弹出的快捷菜单中选择【行高】；或者单击【开始】选项卡【记录】组【其他】命令中的【行高】。在打开的【行高】对话框中，输入行高值：18。

(6) 设置字体。单击【开始】选项卡【文本格式】组中的字体、字号等相关命令进行设置。

(7) 设置列宽。选定全部记录，单击【开始】选项卡【记录】组【其他】命令中的【列宽】。在打开的【列宽】对话框内，单击【最佳匹配】按钮。

实验 3　查询的设计

实验目的

1. 掌握创建单表、多表查询的方法。
2. 掌握创建交叉表查询的方法。
3. 掌握创建参数查询的方法。
4. 掌握各种操作查询的创建方法。

实验任务

在“高校图书借阅管理系统”中创建并执行各种查询。

实验 3.1　创建选择查询

【实验内容】

(1) 分别使用查询向导和设计视图建立简单查询。

(2) 修改上一步实验“读者查询 2”查询，创建带条件的选择查询。

【操作步骤】

1. 分别使用查询向导和设计视图建立简单查询，查询的数据来源为“读者信息”表。

(1) 通过查询向导创建查询。

- 单击【创建】选项卡【查询】组中【查询向导】图标，选择【简单查询向导】选项。
- 选择“表：读者信息”后，选择“读者编号”字段，单击“>”按钮选择查询所需的字段，然后依次选择“姓名”、“性别”、“学院”3 个字段，单击【下一步】按钮，将查询指定标题为“读者信息查询”，然后单击【完成】按钮，这样就完成了通过查询向导创建查询。查询结果如实验图 3-1 所示。

读者信息 查询

读者编号	姓名	性别	学院
S0000001	郭玉成	男	计算机学院
S0000002	黎明	男	计算机学院
S0000003	李海霞	女	计算机学院
S0000004	沈玉兰	女	计算机学院
S0000005	王忠旺	男	计算机学院
S0000006	高翔	男	计算机学院
S0000007	沈俊	男	计算机学院
S0000008	何玉林	男	信息学院
S0000009	洪晓芳	女	信息学院
S0000010	姜振华	男	信息学院

实验图 3-1　“读者信息”查询结果

(2) 通过设计视图创建查询。

- 单击【创建】选项卡【查询】组中的【查询设计】按钮。

- 添加“读者信息”表，然后单击【关闭】按钮。
- 在字段中，依次选择“读者编号”、“姓名”、“性别”、“学院”4个字段，单击【运行】按钮。
- 保存查询为“读者信息查询2”。

2. 修改上一步实验“读者信息查询2”查询，使结果仅显示“商学院”学生的资料，保存查询对象为“学院条件查询”。

（1）打开上一步所创建的“读者信息查询2”的设计视图。

（2）在设计网格“学院”栏的条件中，输入“X03”（商学院的学院编号），如实验图3-2所示。

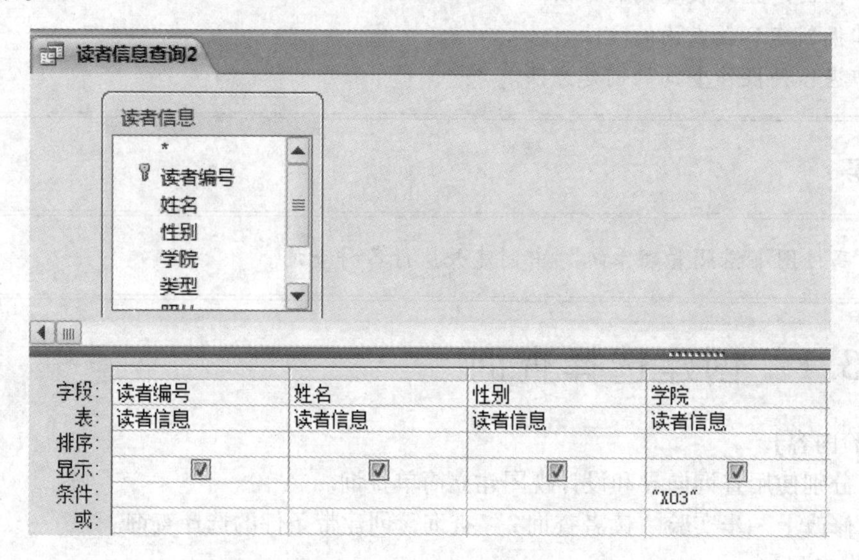

实验图3-2　查询条件的设置

（3）单击【运行】按钮将查询另存为“学院条件查询”。

实验3.2　创建汇总查询

【实验内容】

修改实验3.1中的“读者查询2”查询，建立“按学院统计人数汇总查询”。结果如实验图3-4所示。

【操作步骤】

（1）打开实验3.1结果“读者信息查询2”设计视图。

（2）在设计网格中，删除“姓名”、“性别”列。

（3）单击【设计】选项卡【显示/隐藏】组中【汇总】按钮，设计网格中自动添加“总计”行，如实验图3-3所示。

（4）在“读者编号”列的总计行中选择“计算”，操作结果如实验图3-4所示。

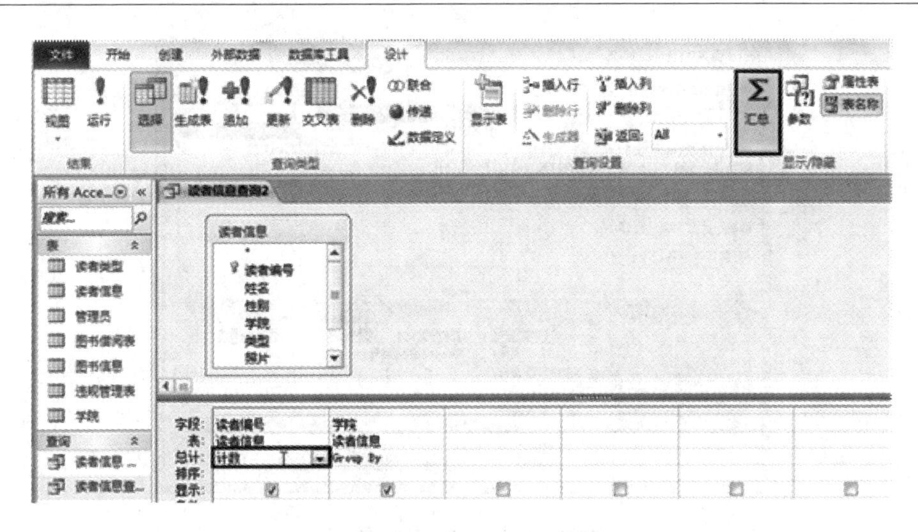

实验图 3-3　汇总查询的设计视图

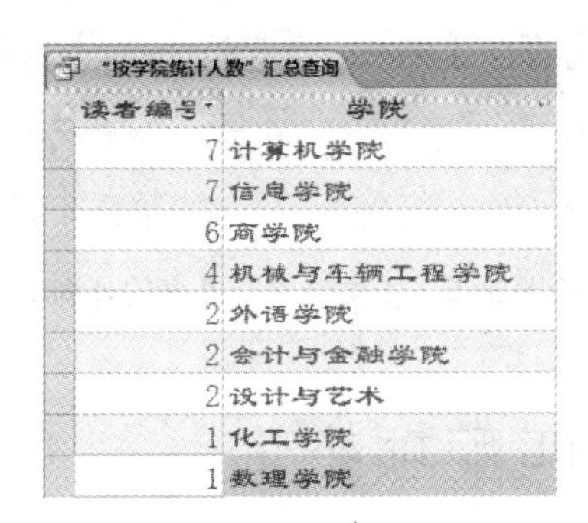
"按学院统计人数"汇总查询

读者编号	学院
7	计算机学院
7	信息学院
6	商学院
4	机械与车辆工程学院
2	外语学院
2	会计与金融学院
2	设计与艺术
1	化工学院
1	数理学院

实验图 3-4　"按学院统计人数"汇总查询结果

实验 3.3　创建交叉表查询

【实验内容】

建立交叉查询"图书借阅交叉表"，以便查询每个读者借阅某本图书的累计次数，结果如图 3-6 所示。

【操作步骤】

(1) 单击【创建】选项卡【查询】组中【查询向导】按钮，选择【交叉表查询向导】选项。

(2) 选择数据来源："表：图书借阅表"。

(3) 确定"读者编号"作为行标题，"图书编号"作为列标题，"借阅编号"作为汇总字段并选择"计数"方式进行汇总，如实验图 3-5 所示。

(4) 保存查询名为"图书借阅交叉表"，如实验图 3-6 所示。

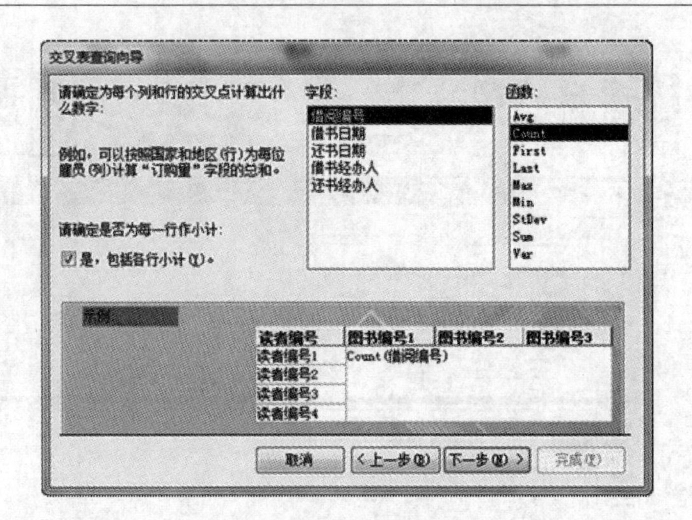

实验图 3-5　交叉表查询向导

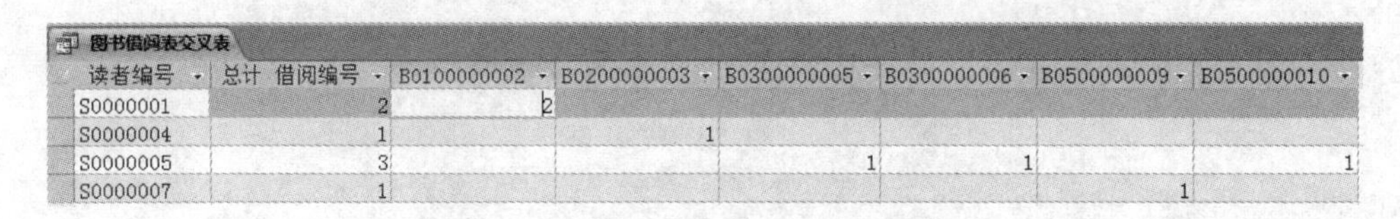

图书借阅表交叉表

读者编号	总计 借阅编号	B0100000002	B0200000003	B0300000005	B0300000006	B0500000009	B0500000010
S0000001	2	2					
S0000004	1		1				
S0000005	3			1	1		1
S0000007	1					1	

实验图 3-6　图书借阅交叉表的查询结果

实验 3.4　创建不匹配项查询

【实验内容】

建立 Access 的不匹配项查询“未被借阅的图书查询”，查询从来没有被借过的图书。

【操作步骤】

(1) 单击【创建】选项卡【查询】组中【查询向导】选项，选择“查找不匹配项查询向导”。

(2) 选择包含结果数据所在的表/查询，如“表：图书信息”。

(3) 选择相关表/查询：“表：图书借阅表”。

(4) 确定两个表之间的链接字段：图书信息．图书编号＝图书借阅表．图书编号。

(5) 依次选择目标查询中出现的字段为“图书编号”、“图书类别”、“图书名称”、“作者”。

(6) 输入查询的名称“未被借阅的图书查询”，查询结果如实验图 3-7 所示。

未被借阅的图书查询

图书编号	图书类别	图书名称	作者
B0100000001	人文	世界史:古代史编(上卷)	吴于廑等
B0200000004	社科	看法与说法	李瑞环
B0400000007	经济	金钱不能买什么:金钱与公正的正面交锋	迈克尔•桑德尔
B0400000008	经济	平台战略:正在席卷全球的商业模式革命	陈威如等
B0500000011	军事	解放军为什么能赢	李文然

实验图 3-7　不匹配项查询结果

实验3.5　创建重复项查询

【实验内容】

建立Access的重复项查询“重复图书查询”，查询所有同名的书籍，结果如实验图3-8所示。

【操作步骤】

(1) 单击【创建】选项卡【查询】组的【查询向导】图标，选择“查找重复项向导”。

(2) 选择数据来源为“表：图书信息”。

(3) 选择重复值字段为“图书名称”。

(4) 依次选择结果显示所需要的字段为“图书编号”、“图书类别”、“作者”、“ISBN”、“出版社”。

(5) 输入查询的名称为“重复图书查询”，结果如实验图3-8所示。

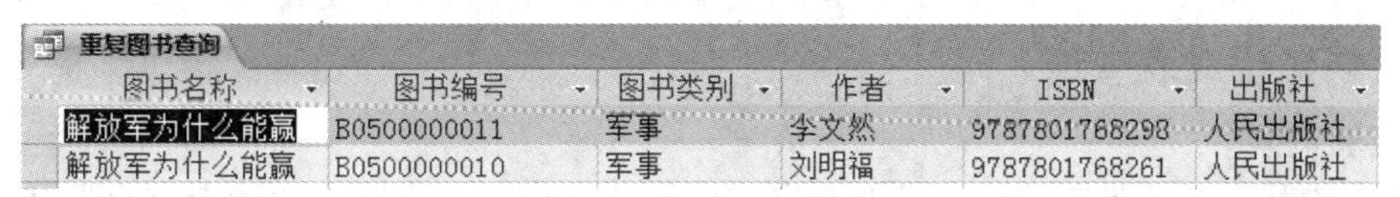

重复图书查询

图书名称	图书编号	图书类别	作者	ISBN	出版社
解放军为什么能赢	B0500000011	军事	李文然	9787801768298	人民出版社
解放军为什么能赢	B0500000010	军事	刘明福	9787801768261	人民出版社

实验图3-8　重复图书查询的结果

实验3.6　创建参数查询

【实验内容】

建立参数查询“图书借阅参数查询”，查找已经借阅的并且归还日期在2012年9月1日后的图书借阅情况，结果如实验图3-9所示。

图书借阅参数查询

读者编号	姓名	图书编号	借书日期	还书日期
S0000001	郭玉成	B0100000002	2012年4月2日	2012年10月13日
S0000004	沈玉兰	B0200000003	2012年9月12日	2012年11月4日
S0000005	王忠旺	B0500000010	2012年11月18日	2012年12月30日
S0000001	郭玉成	B0100000002	2012年8月3日	2012年9月8日

实验图3-9　图书借阅参数查询的结果

【操作步骤】

(1) 单击【创建】选项卡【查询】组中的【查询设计】按钮。

(2) 选择数据来源为“读者信息”、“图书借阅表”。

(3) 分别选择“读者信息”表的“读者编号”、“姓名”字段，以及“图书借阅表”的“借书编号”、“借书日期”、“还书日期”字段。

(4) 在“还书日期”字段的“条件”行中，输入查询条件“> [请输入查询归还日期(如：2012-5-1)：]”，设计视图界面如实验图3-10所示。

(5) 单击【运行】按钮，在【输入参数值】对话框中输入“2012-9-1”，查询结果如实验图3-9所示。保存查询为“图书借阅参数查询”。

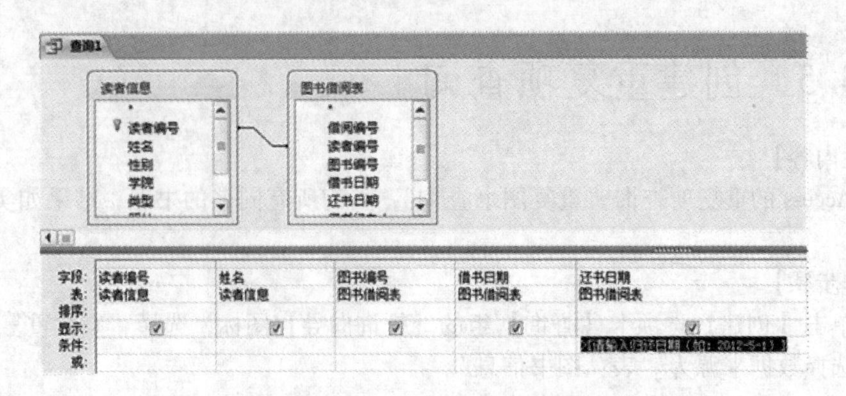

实验图 3-10 参数查询的设计视图

实验 3.7 创建操作查询

1. 创建生成表查询

【实验内容】

建立名为“生成新表”的生成表查询，执行该查询后，可以将“读者信息”表中所有“商学院”（学院 = "X03"）读者的“读者编号”、“姓名”、“性别”、“学院”信息另存为新表“商学院读者”。

【操作步骤】

(1) 使用查询向导或设计视图创建查询，选择“读者信息”表作为查询的数据来源，并选择其中的“读者编号”“姓名”、“性别”、“学院”4 个字段。

(2) 命名查询为“生成新表”。

(3) 进入查询的设计视图，在“学院”列的条件行中输入“X03”。

(4) 切换到数据表视图预览数据，如果数据正确，返回到设计视图，单击查询类型面板中的【生成表】按钮，将查询类型修改为“生成表”查询，新表名称为“商学院读者”。

(5) 单击【运行】按钮，执行该查询，将显示如实验图 3-11 所示的对话框。

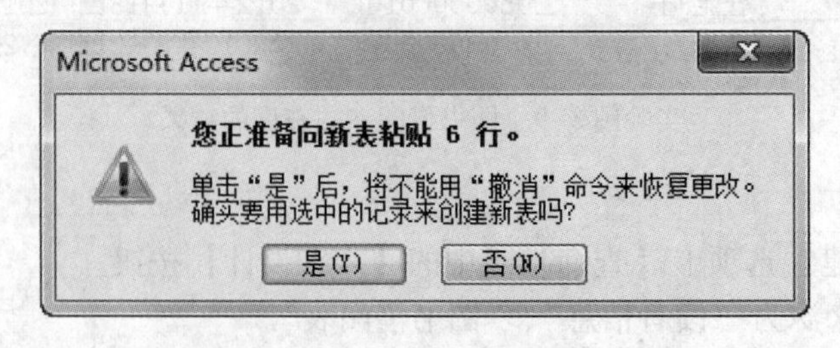

实验图 3-11 运行生成表查询显示的提示对话框

(6) 单击【是】按钮，则在左侧导航栏的表对象列表中，显示生成的新表“商学院读者”表。双击该对象，查看该表中的信息，如实验图 3-12 所示。

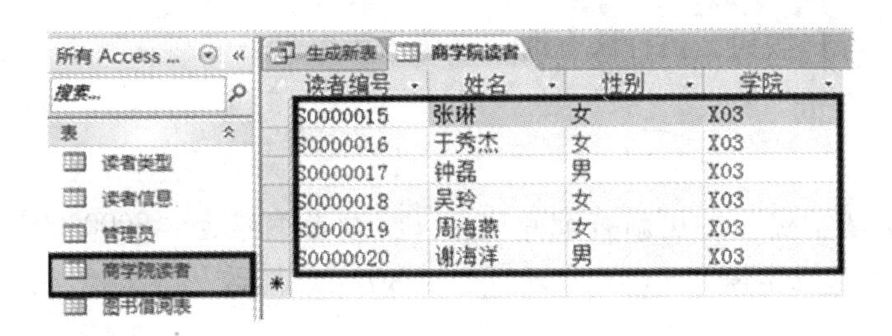

实验图 3-12　运行生成表查询生成的新表

2. 创建追加查询

【实验内容】

建立名为“追加图书借阅的副本”的追加查询，执行该查询后，在“历史图书借阅表”中添加“图书借阅表”中所有记录的副本。

【操作步骤】

(1) 创建名为“历史图书借阅表”的表对象，其结构如实验表 3-1 所示。

实验表 3-1　“历史图书借阅表”结构

字段名称	数据类型	字段大小	说明
借阅编号	自动编号		主键
读者编号	文本	15	
图书编号	文本	20	
借书日期	日期/时间		
还书日期	日期/时间		

(2) 使用查询向导或设计视图创建查询，选择“图书借阅”表作为查询的数据来源，并选择“借阅编号”、“读者编号”、“图书编号”、“借书日期”、“还书日期”字段。

(3) 保存查询并命名为“追加图书借阅的副本”。

(4) 进入数据表视图，预览拟追加的记录数据。

(5) 如果预览数据正确，切换到设计视图，将查询类型修改为“追加”查询，以便数据能追加到“历史图书借阅表”。

(6) 在【追加】对话框内，选择追加到表名称“历史图书借阅表”，则在查询设计视图“设计网格”的“追加”行中，依次填入被追加字段名称，如实验图 3-13 所示。

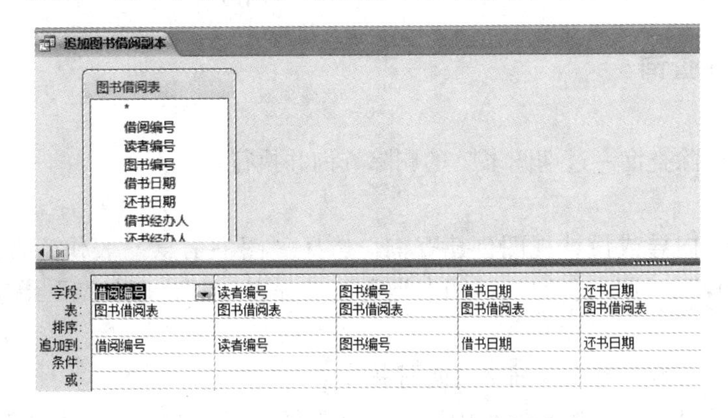

实验图 3-13　追加查询的设计视图

（7）单击【运行】按钮，执行该查询。打开“历史图书借阅表”查看追加的结果。

3. 创建更新查询

【实验内容】

建立名为“更新学院”的更新查询并执行，将读者编号为“S0000006”的读者所在的学院由原来的“计算机学院”（学院编号为“X01”）修改为“商学院”（学院编号为“X03”）。

【操作步骤】

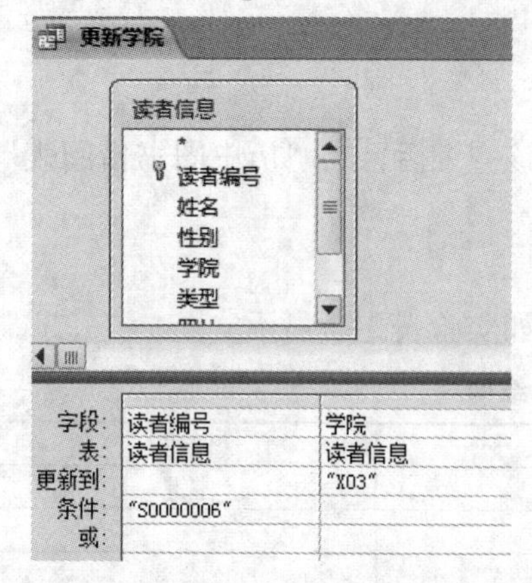

实验图 3-14 更新查询的设计视图

（1）使用查询向导或设计视图创建查询，选择“读者信息”表作为查询的数据来源，并依次选择“读者编号”、“学院”两个字段。

（2）将查询命名为“更新学院”。

（3）在“读者号”列的条件行中输入“S0000006”。

（4）进入数据表视图，预览将要更新的记录数据。

（5）如果预览数据正确，切换到设计视图，将查询类型修改为“更新”查询。

（6）将“学院”列的“更新到”行中输入“X03”。设计视图如实验图 3-14 所示。

（7）单击【运行】按钮，执行该查询。打开“读者信息”表查看更新查询的结果，如实验图 3-15 所示。

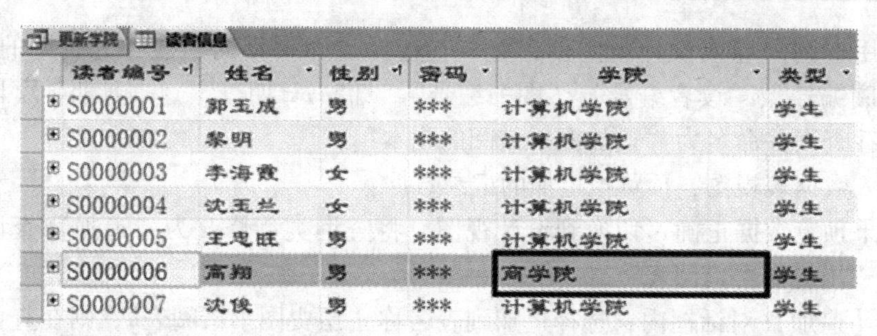

读者编号	姓名	性别	密码	学院	类型
S0000001	郭玉成	男	***	计算机学院	学生
S0000002	黎明	男	***	计算机学院	学生
S0000003	李海霞	女	***	计算机学院	学生
S0000004	沈玉兰	女	***	计算机学院	学生
S0000005	王忠旺	男	***	计算机学院	学生
S0000006	高翔	男	***	商学院	学生
S0000007	沈俊	男	***	计算机学院	学生

实验图 3-15 更新查询的结果

4. 创建删除查询

【实验内容】

建立名为“删除查询－过期图书”的删除查询并执行。

【操作步骤】

（1）使用查询向导或设计视图创建查询，选择“图书信息”表作为查询的数据来源，并选择“图书编号”、“图书名称”、“图书类别”、“作者”、“出版日期”等字段用于预览操作数据。

（2）将查询命名为“删除查询－过期图书”。

（3）在“出版日期”列的条件行中输入“<#2009－1－1#”，设计视图如实验图 3-16 所示。

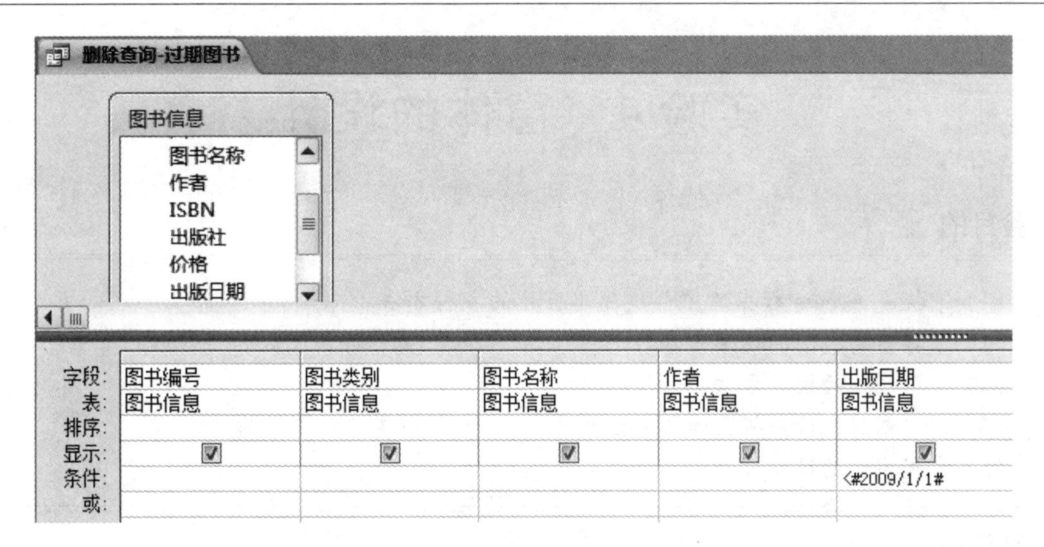

实验图 3-16　用于预览操作数据的选择查询设计视图

（4）进入数据表视图，预览将被删除的记录数据。

（5）如果预览数据正确，切换到设计视图，将查询类型修改为“删除”查询。

（6）单击【运行】按钮，执行该查询，将有如实验图 3-17 所示的对话框显示出来。单击【是】按钮，则相应图书信息从“图书信息”表中删除。

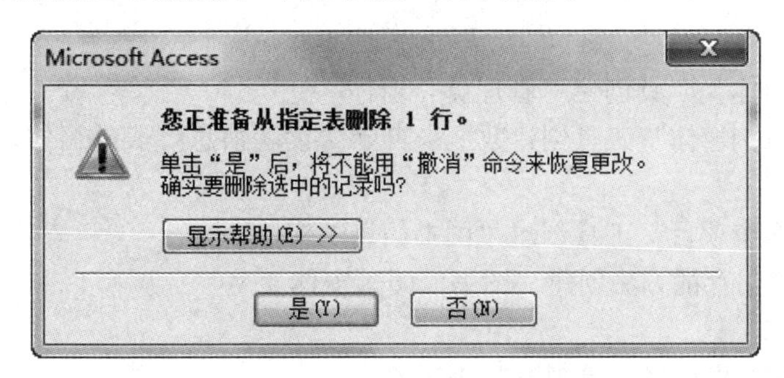

实验图 3-17　运行删除查询显示的提示对话框

实验4　窗体的设计

实验目的

(1) 掌握在 Access 数据库中创建简单窗体的各种方法。

(2) 掌握布局视图的使用方法。

(3) 掌握控件的设计方法。

(4) 掌握创建统计分析窗体的方法。

(5) 掌握窗体的设计方法。

实验任务

在“高校图书借阅管理系统.accdb”数据库中创建并执行各种窗体。

实验 4.1　快速创建窗体

【实验内容】

(1) 通过“窗体”工具创建“管理员”窗体。

(2) 通过“分割窗体”工具创建数据来自于“读者信息”表的窗体，将其命名为“读者管理”窗体。

(3) 通过“多个项目”工具创建“图书信息”窗体。

(4) 通过文件另存的方法创建“图书借阅”窗体。

【操作步骤】

(1) 在导航窗格中选择“管理员”表对象。

(2) 单击【创建】选项卡【窗体】组中【窗体】按钮，即可创建如实验图 4-1 所示的窗体。保存该窗体，并将窗体另存为“读者管理”窗体。

实验图 4-1　使用“窗体”工具创建的窗体

（3）在导航窗格中选择“读者信息”表。

（4）单击【创建】选项卡【窗体】组中的【其他窗体】下拉按钮，从弹出的下拉列表中选择【分割窗体】选项，形成如实验图4–2所示的窗体。保存该窗体，并将窗体另存为“读者管理”窗体。

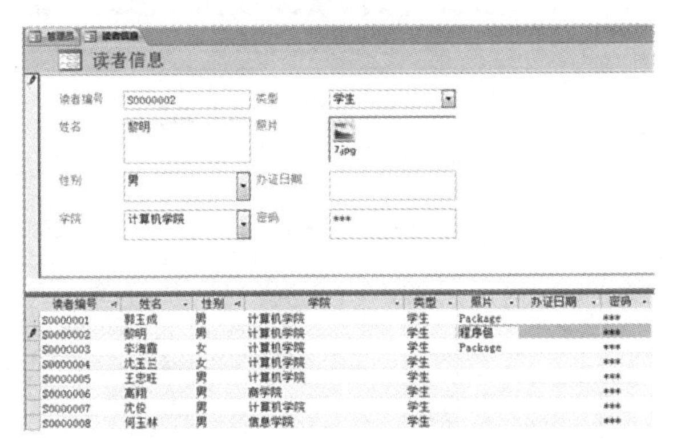

实验图4–2　使用“分割窗体”工具创建的窗体

（5）在导航窗格中选择“图书信息”表。

（6）单击【创建】选项卡【窗体】组中的【其他窗体】下拉按钮，从弹出的下拉列表中选择【多个项目】选项，形成如实验图4–3所示的窗体。保存该窗体。

图书信息

图书编号	图书类别	图书名称	作者	ISBN	出版社	价格	出版日期
B0100000001	人文	世界史：古代史编（上卷）	吴于廑等	9787040315493	高等教育出版社	¥24.20	2011/1/1
B0100000002	人文	世界史：古代史编（下卷）	吴于廑等	9787040315462	高等教育出版社	¥25.90	2011/1/1
B0200000003	社科	林语堂英文作品集：吾国与吾民	林语堂	9787560081359	外语教学与研究出版社	¥24.90	2009/3/1
B0200000004	社科	看法与说法	李瑞环	9787300171135	中国人民大学出版社	¥168.00	2013/3/26
B0300000005	哲学	学哲学 用哲学	李瑞环	7300068553	中国人民大学出版社	¥69.00	2009/12/28
B0400000007	经济	金钱不能买什么：金钱与公正的正面交锋	迈克尔·桑德尔	9787508636597	中信出版社	¥59.00	2012/12/4
B0400000008	经济	平台战略：正在席卷全球的商业模式革命	陈威如等	9787508637563	中信出版社	¥33.00	2013/1/8

实验图4–3　使用“多个项目”工具创建的窗体

（7）在导航窗格中选择“图书借阅”表。

（8）单击【文件】选项卡，选择【对象另存为】选项，在打开的【另存为】对话框内，输入窗体的名称“图书借阅”，从【保存类型】下拉列表中选择【窗体】，如实验图4–4所示。

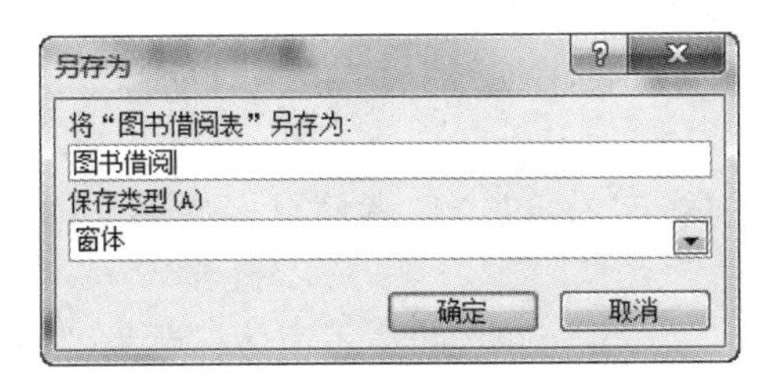

实验图4–4　【另存为】对话框

（9）单击【确定】按钮，创建如实验图4-5所示的窗体。保存该窗体。

实验图4-5　使用文件另存的方法创建的窗体

实验4.2　使用窗体向导创建窗体

【实验内容】

通过窗体向导创建“读者借阅明细”窗体，按读者显示借阅图书的历史明细情况，结果如实验图4-6所示。

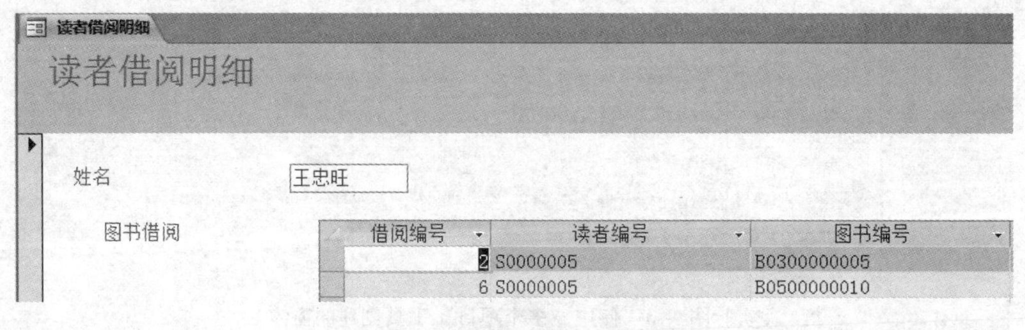

实验图4-6　“读者借阅明细”窗体

【操作步骤】

（1）单击【创建】选项卡【窗体】组中【窗体向导】按钮。

（2）在向导中选择所需要的数据来源为“读者信息”表“姓名”字段，“图书借阅表”的“借阅编号”、“读者编号”、“图书编号”、“借书日期”、“还书日期”字段，“图书信息”表“图书名称”字段。

（3）选择带子窗体结构的布局，以“读者信息．姓名”查阅“图书借阅”表的明细记录。

（4）输入主窗体标题为“读者借阅明细”，子窗体标题为“图书借阅子窗体”。

（5）保存窗体。

实验 4.3　使用窗体设计器创建窗体

【实验内容】

通过窗体设计器创建窗体，窗体名为“图书借阅信息”。窗体上包括“图书信息”表的以下字段：图书编号、图书类别、图书名称、作者、出版社；以及“图书借阅表”中的借书日期、还书日期；“读者信息”表中的“姓名”、“学院”字段。

【操作步骤】

(1) 单击【创建】选项卡【窗体】组中【窗体设计】按钮，打开窗体设计视图。

(2) 若没有显示【字段列表】窗格，单击【设计】选项卡【工具】组中【添加现有字段】按钮。

(3) 单击【字段列表】窗格中的数据源“图书信息”表左侧的“+”号把表中的所有字段展开。依次双击“图书编号”、“图书类别”、“图书名称”、“作者”、“出版社”，在窗体上创建相应的控件。

(4) 单击“相关表中的可用字段”中数据源“图书借阅表”左侧的“+”号把表中所有字段展开，依次双击“借书日期”、“还书日期”字段。

(5) 依照相同的方法向窗体中添加“读者信息”表中的“姓名”、“学院”字段。

(6) 保存窗体，并命名为“图书借阅信息”，如实验图 4-7 所示。

实验图 4-7　“图书借阅信息”窗体

实验 4.4　布局视图的使用

【实验内容】

打开实验 4.3 所创建的“图书借阅信息”窗体，在布局视图下调整窗体及其控件的格式和排列：

(1) 各控件的字体改为“隶书”，字号改为 14 磅，线条样式为虚线、蓝色、宽度为 2 磅；

(2) 将上面 3 行控件调整到底部位置；

(3) 各控件调整至合适大小，再将各控件的位置改变。调整后的窗体另存为“图书借阅信息—重新布局”，运行结果如实验图 4-8 所示。

【操作步骤】

(1) 打开“图书借阅信息”窗体的布局视图。

(2) 通过【格式】选项卡，设置控件的格式。选择所有的控件（可以按 Ctrl + A 组合键全选控件），设置【字体】组的【字体】为“隶书”，【字号】为 14；【控件格式】组的“形状轮廓”下拉列表中的“线条宽度”为 2 磅，【线条类型】为虚线，线条颜色为蓝色。

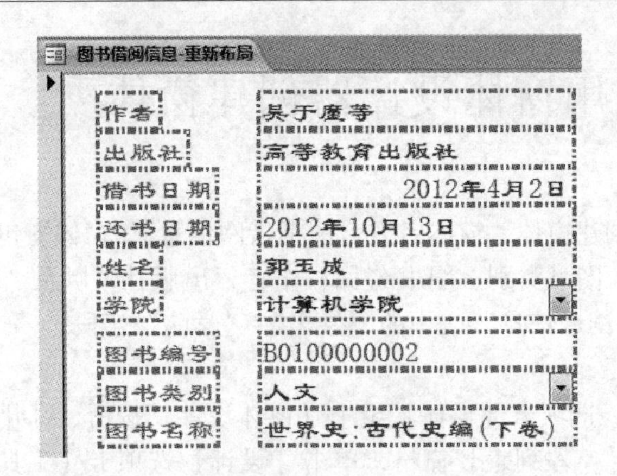

实验图 4-8 “图书借阅信息 - 重新布局”窗体

(3) 调整控件位置。选定窗体上前 3 行的所有控件，用鼠标拖至窗体的底部，然后再选定窗体上所有的控件，用鼠标拖至左上方。

(4) 设置控件对齐方式。选定左边列的所有标签（按住 Shift 键选择多个控件），单击【控件对齐方式】组的【靠左】按钮。

(5) 将窗体另存为“图书借阅信息 - 重新布局”。

实验 4.5 使用窗体设计器创建窗体

1. 窗体和控件的设计（一）

【实验内容】

通过窗体向导快速创建“管理员管理”窗体后，把“性别”字段的控件类型改为文本框。并且，通过控件向导添加 5 个命令按钮：首记录、上一记录、下一记录、末记录、关闭。结果如实验图 4-9 所示。

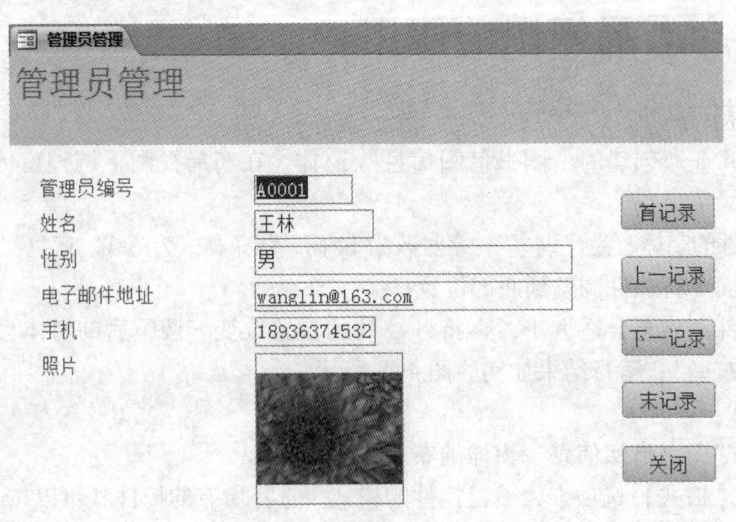

实验图 4-9 “管理员管理”窗体

【操作步骤】

（1）通过窗体向导建立包括“管理员”表所有字段、纵栏式窗体“管理员管理”，进入窗体的设计视图，编辑窗体及其控件。

（2）更改控件类型。在窗体的“布局视图”中，鼠标右键单击“性别”字段的组合框控件，在弹出的快捷菜单中选择“更改为”子菜单的“文本框”。

（3）切换到窗体的“设计视图”，选择【设计】选项卡【设计】组中的【控件向导】选项。

（4）向窗体添加“命令按钮”。选择【设计】选项卡【控件】组中的【命令按钮】工具，在窗体上要添加控件的位置单击，在【向导】对话框中选择【记录导航】类别，在操作中选“转至第一项记录”，按钮显示的文本内容为：首记录。

（5）分别添加【上一记录】、【下一记录】、【末记录】命令按钮，分别选择以下操作：“转至前一项记录”、“转至下一项记录”、“转至最后一项记录”。

（6）添加【关闭】按钮，选择类别为“窗体操作”，选择操作为“关闭窗体”。

（7）优化命令按钮的布局。选定需要调整布局的多个命令按钮，单击【排列】选项卡【调整大小和布局】组的【对齐】下拉列表中的“靠左”，单击【大小/空格】下拉列表中【大小】组的“至最宽”图标、【间距hh】组的“垂直相等”图标。

（8）优化窗体的布局。设置窗体“属性表”中“格式”属性：记录选择器为“否”，导航按钮为“否”，无滚动条。

2. 窗体和控件的设计（二）

【实验内容】

创建“登录窗体”，在窗体上创建未绑定组合框和文本框：显示用户名的未绑定组合框，其来源为“管理员”表中的“姓名”字段；显示密码的未绑定文本框，其输入掩码为“密码”；设置这两个控件的特殊效果为“凹陷”。在窗体上再创建一个命令按钮，用于退出应用程序。设置主体节的背景色为“Access 主题1”，特殊效果为“凸起”。窗体的导航按钮和记录选择器属性都设置为“否”。结果如实验图4-10所示。

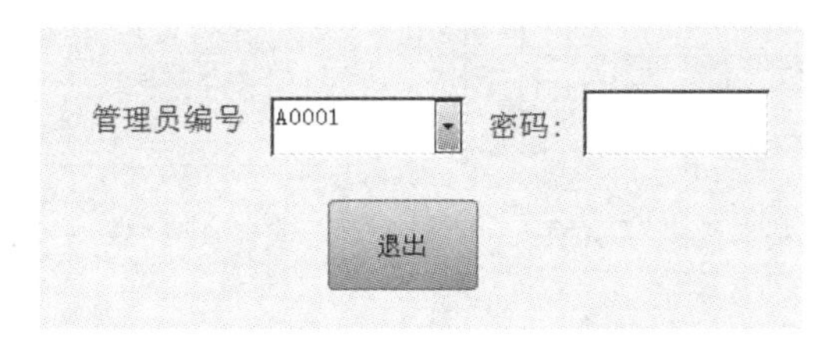

实验图4-10　“登录”窗体

【操作步骤】

（1）通过【创建】选项卡【窗体】组的【窗体设计】创建一个空白窗体。

（2）打开控件向导。

（3）添加未绑定组合框。选择【设计】选项卡【控件】组中【组合框】工具，添加组合框控件。在向导中选择组合框获取数值的方式为：使用组合框查阅表或查询中的值。选择为组合框提供数值的表或查询：“管理员”表。确定显示在组合框列中的字段：管理员编号。确定列表框中的排序字段：管理员编号。输入组合框附加标签的显示内容“管理员编号:”。

(4) 添加文本框。选择【设计】选项卡【控件】组中【文本框】工具，单击窗体上要设置文本框的位置，文本框名称为“密码”。设置文本框的输入掩码为“密码” (Password)。

(5) 设置控件格式。选定上述组合框和文本框，设置其格式属性的特殊效果为“凹陷”。

(6) 添加【退出】命令按钮。选择【设计】选项卡【控件】组中【命令按钮】工具，在窗体上要添加控件的位置单击，在【向导】对话框中选择“应用程序”类别，在操作中选“退出应用程序”，按钮上显示的文本内容“退出”。

(7) 设置窗体格式。设计窗体“主体”格式属性的背景色为“Access 主题 1”，特殊效果为“凸起”。设置“窗体”格式属性的导航按钮和记录选择器都设置为“否”。

3. 窗体和控件的设计（三）

【实验内容】

创建“查看图书信息”窗体。在窗体上添加“选项卡”控件，选项卡由 2 个页面组成。第一个页面放置图书信息字段，页面标题为：图书基本信息；第二个页面放置图书借阅信息，页面标题为：图书借阅信息，结果如实验图 4-11 和实验图 4-12 所示。

实验图 4-11 “图书基本信息”页面

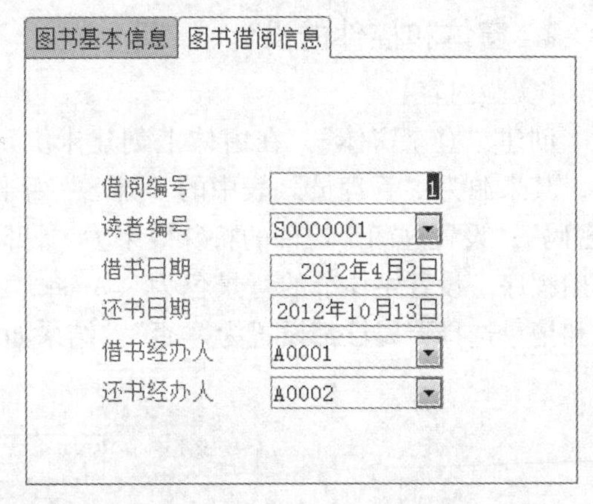

实验图 4-12 “图书借阅信息”页面

【操作步骤】

(1) 单击【创建】选项卡【窗体】组【窗体设计】按钮创建一个空白窗体。

(2) 打开“窗体属性表”，设置窗体的记录源：单击窗体“记录源”属性的右侧“生成器”图标，打开查询生成器，建立对“图书信息”表和“图书借阅表”所有字段的查询设计，如实验图 4-13 所示。

(3) 添加选项卡。单击【设计】选项卡【控件】组中【选项卡】工具，在窗体添加选项卡控件的位置单击。2 个页面的标题分别为“图书基本信息”、“图书借阅信息”。若需要更多页，可单击【设计】选项卡【控件】组中【插入页】工具继续添加。

(4) 通过“字段列表”，拖动各页所需的字段。在第一个页面上添加“图书信息”表的

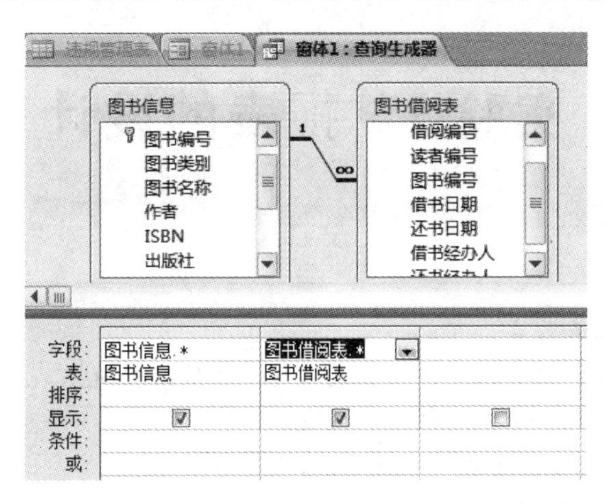

实验图 4-13 窗体记录源的 SQL 查询

“图书编号”、“图书类别”、“图书名称”、“作者”、“ISBN”、“出版社”、“价格”、“日期”字段；在第二个页面上添加“图书借阅信息”表的字段（除“图书编号”字段之外）。

（5）保存并将窗体命名为“查看图书信息”。

实验5　报表的设计

实验目的

1. 了解报表的类型和组成。
2. 掌握快速创建报表的方法：使用报表工具、使用报表向导。
3. 熟练使用设计视图和布局视图编辑报表。
4. 掌握主/子报表的工作原理和设计方法。
5. 熟悉分组报表、汇总报表的设计方法。
6. 熟悉计算控件在报表中的使用方法。

实验任务

打开“高校图书借阅管理系统.accdb”数据库，快速创建纵栏式、递阶式分组报表和标签报表，在设计视图和布局视图中创建和完善主/子报表、分组报表和计算报表。

实验5.1　快速创建报表

1. 快速创建报表

【实验内容】

使用报表工具创建“图书馆管理员”报表，该报表的数据来源是“管理员”表。

【操作步骤】

（1）在导航窗格中单击选中“管理员”表。

（2）单击【创建】选项卡【报表】组中【报表】按钮。

（3）Access将在布局视图中生成和显示报表。

（4）保存并命名报表为“图书馆管理员”，如实验图5-1所示。

管理员　2013年4月17日 16:40:58

管理员编号	姓名	性别	电子邮件地址	手机	照片	密码
A0001	王林	男	wanglin@163.com	18936374532		
A0002	林晓丽	女	lxl2012@126.com	18665437896		
A0003	张智霖	女	zhangzl@sohu.com	13132213398		
A0004	林欣欣	女	林欣欣的工作邮箱	13698998766		

实验图5-1　“图书馆管理员”报表

2. 创建递阶式报表

【实验内容】

使用报表向导创建“按图书类别分类统计图书信息”递阶式报表。该报表的数据来源是“图书信息”表，报表按照“图书类别”字段进行分组，组内各条记录按照“图书编号”字段升序排列，报表中输出如下信息：图书编号、图书类别、图书名称、作者、价格、出版社。

【操作步骤】

（1）单击【创建】选项卡【报表】组中【报表向导】按钮。

（2）选择报表的数据来源为“图书信息”表，并依次选择报表输出所需要的字段，包括：“图书编号”、“图书类别”、“图书名称”、“作者”、“价格”、“出版社”。

（3）定义报表的分组级别。如果向导中提示的分组字段不是“图书类别”字段，则通过向导窗体中间的“添加”、“删除”图标重新设置，结果如实验图 5-2 所示。

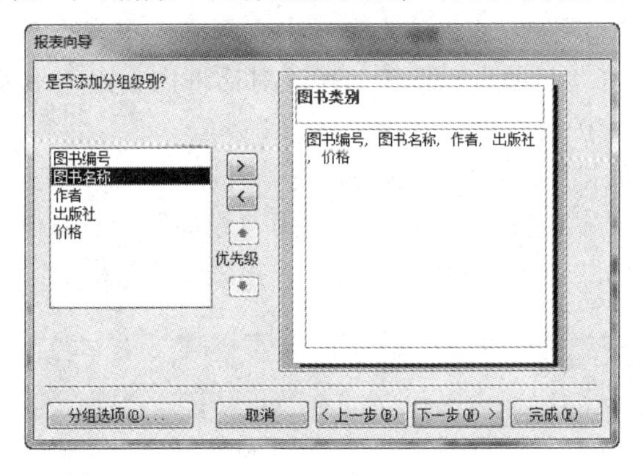

实验图 5-2　在报表中定义分组级别

（4）确定记录使用的排序次序为“图书编号”、升序。

（5）确定报表的布局方式和方向分别为“递阶”、“纵向”。

（6）输入标题为“按图书类别分类统计图书信息”，报表预览结果如实验图 5-3 所示。

按图书类别分类统计图书信息

图书类别	图书编号	图书名称	作者	出版社	价格
经济					
	B0400000007	金钱不能买什么:金	迈克尔·桑德尔	中信出版社	¥59.00
	B0400000008	平台战略:正在席卷	陈威如等	中信出版社	¥33.00
军事					
	B0500000009	唯一的规则:《孙子	李零	生活·读书	¥29.80
	B0500000010	解放军为什么能赢	刘明福	人民出版社	¥36.00
	B0500000011	解放军为什么能赢	李文然	人民出版社	¥38.00
人文					
	B0100000002	世界史:古代史编(	吴于廑等	高等教育出版	¥25.90
社科					
	B0100000001	世界史:古代史编(	吴于廑等	高等教育出版	¥24.20
	B0200000003	林语堂英文作品集:	林语堂	外语教学与研	¥24.90
	B0200000004	看法与说法	李瑞环	中国人民大学	¥168.00
哲学					
	B0300000005	学哲学 用哲学	李瑞环	中国人民大学	¥69.00

实验图 5-3　“按图书类别分类统计图书信息”报表

3. 创建表格式报表

【实验内容】

使用报表向导创建“图书借阅明细报表”的表格式报表。该报表的数据来源是“图书借阅表”、“图书信息”表和“读者信息”表，报表按照“借书日期”字段升序排列，报表中输出如下信息：图书借阅表．借书日期、图书借阅表．图书编号、图书信息．图书类别、图书信息．图书名称、读者信息．姓名、读者信息．学院、读者信息．性别。

【操作步骤】

（1）单击【创建】选项卡【报表】组中【报表向导】按钮。

（2）在打开的【报表向导】对话框内，选择报表的数据来源为“图书借阅表”，并依次选择需要在报表中输出的“借书日期”、“图书编号”字段。

（3）重复步骤（2），直至“图书信息”表和“读者信息”表的相关字段均被选择。

（4）由于数据来自于多个表/查询，在向导中必须确定报表查看数据的方式，在此选择“通过图书借阅表”。单击【下一步】按钮，在该对话框内，由于不需要为报表设置分组级别，继续单击【下一步】按钮。

（5）确定记录使用的排序次序为“借书日期”升序。

（6）确定报表的布局方式为“表格”、方向为“纵向”。

（7）输入报表标题为“图书借阅明细报表”，报表预览结果如实验图 5-4 所示。

图书借阅明细报表

借书日期	图书编号	图书类别	图书名称	姓名	学院	性别
2012年2月18日	B0300000005	哲学	学哲学 用哲学	王忠	计算机学院	男
2012年4月2日	B0100000002	人文	世界史:古代史	郭玉	计算机学院	男
2012年6月10日	B0500000009	军事	唯一的规则:《	沈俊	计算机学院	男
2012年8月3日	B0100000002	人文	世界史:古代史	郭玉	计算机学院	男
2012年9月12日	B0200000003	社科	林语堂英文作品	沈玉	计算机学院	女
2012年11月18日	B0500000010	军事	解放军为什么能	王忠	计算机学院	男

实验图 5-4　图书借阅明细报表

4. 创建标签报表

【实验内容】

使用标签向导创建“读者标签”报表。该报表的数据来源是“读者信息”表，报表按照“读者编号”字段升序排列，报表中输出如下信息：“读者编号”、“姓名”，标签大小为“3. 20 厘米 ×5. 00 厘米”，预览结果如实验图 5-7 所示。

【操作步骤】

（1）在导航窗格中选择“读者信息”表。

（2）单击【创建】选项卡【报表】组中【标签】按钮。

（3）定义标签大小。单击向导中的【自定义】按钮，在弹出的【新建标签尺寸】对话框中，单击【新建】按钮。

（4）新建如实验图 5-5 所示的名为“读者标签”的规格。

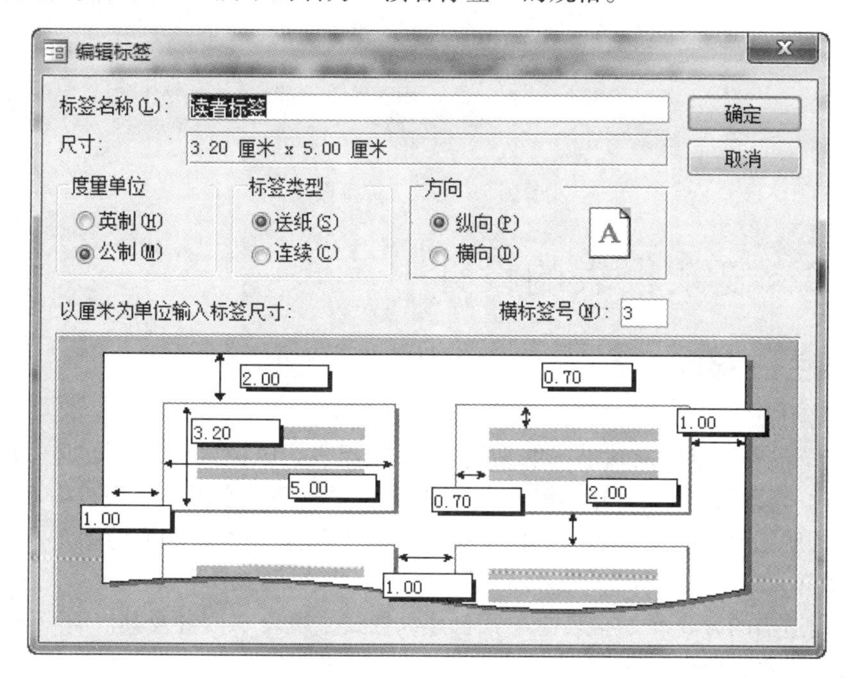

实验图 5-5　自定义标签规格

（5）选择文字的字体和颜色为黑体、12 号。

（6）确定标签的显示内容，如实验图 5-6 所示。

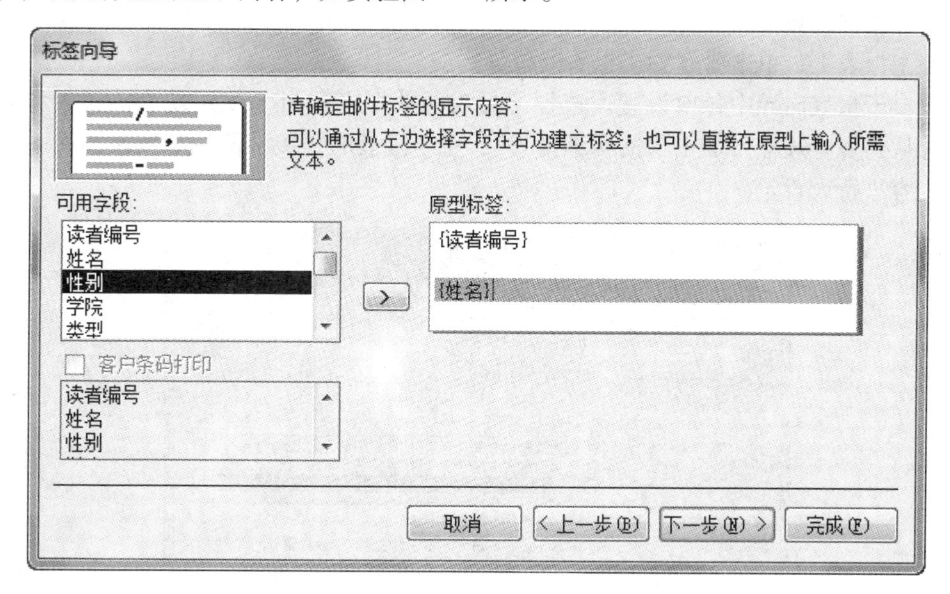

实验图 5-6　确定标签报表的显示内容

（7）确定记录使用的排序字段为“读者编号”。

（8）输入报表标题为“读者信息标签”，如实验图 5-7 所示。

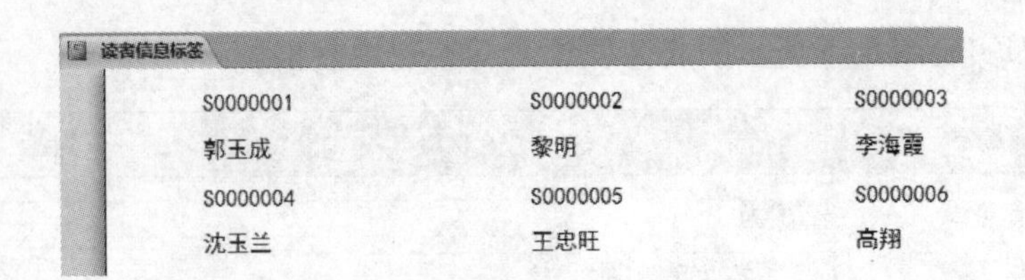

实验图 5-7　读者标签报表

实验 5.2　复杂报表的设计

1. 创建主/子报表

【实验内容】

创建主/子报表“读者及其借阅明细信息”。主报表为纵栏式布局，数据来源于“读者信息”表中的“读者编号”、“读者姓名”、“学院”、“类型”字段，子报表为实验 5.1.3 中的“图书借阅明细”，主/子报表的链接字段为“读者姓名”，结果如实验图 5-9 所示。

【操作步骤】

(1) 使用适当的方式（如报表向导）创建纵栏式主报表“读者及其借阅明细信息”。

(2) 进入主报表的设计视图。

(3) 添加子报表。

- 调整主报表“主体”节的高度，以便腾出位置摆放子报表。
- 单击【设计】选项卡【控件】组中【子窗体/子报表】工具。
- 打开控件向导。
- 在主报表上，单击要放置子报表的位置。
- 完成子报表向导中各项设置。选择子报表的数据来源为“使用现有的报表和窗体”，并从列表中选择“图书借阅明细报表”，主子报表的链接字段按如实验图 5-8 所示的内容进行设置。

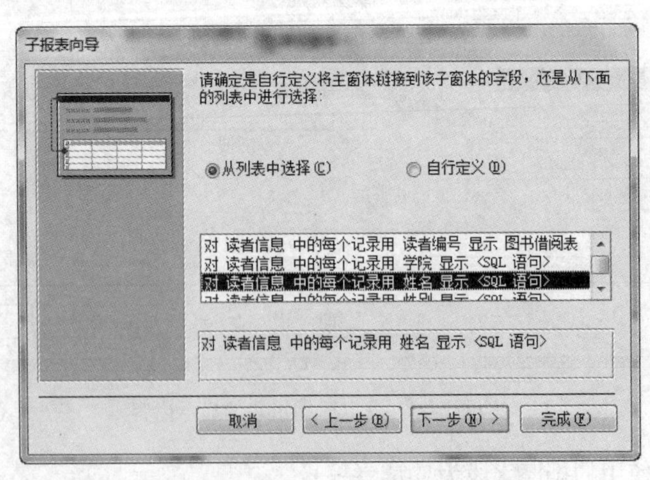

实验图 5-8　主子报表链接字段的设置

● 完成后的报表预览结果如实验图 5-9 所示。

读者及其借阅明细信息

读者及其借阅明细信息

读者编号	S0000001
姓名	郭玉成
学院	计算机学院
类型	学生

图书借阅明细报表

图书借阅明细报表

2012年4月2日	B0100000002	人文	世界史:古代史编(下卷)	郭玉成	计算机学院	男
2012年8月3日	B0100000002	人文	世界史:古代史编(下卷)	郭玉成	计算机学院	男

读者编号	S0000002
姓名	黎明
学院	计算机学院
类型	学生

实验图 5-9 主子报表的设计结果

2. 使用布局视图创建分组报表

【实验内容】

在布局视图中，将实验 5.1.3 创建的“图书借阅明细”报表设置分组级别为根据“借书日期”字段值“按月”分组，组内按照“图书编号”字段升序输出。结果另存为如实验图 5-10所示的“按月分组图书借阅明细”。

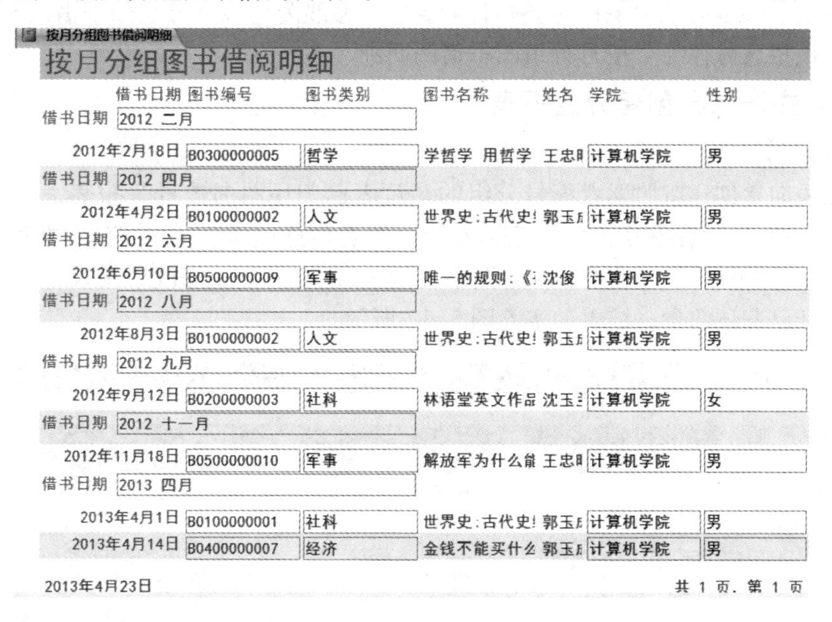

按月分组图书借阅明细

按月分组图书借阅明细

借书日期	图书编号	图书类别	图书名称	姓名	学院	性别
借书日期 2012 二月						
2012年2月18日	B0300000005	哲学	学哲学 用哲学	王忠	计算机学院	男
借书日期 2012 四月						
2012年4月2日	B0100000002	人文	世界史:古代史	郭玉	计算机学院	男
借书日期 2012 六月						
2012年6月10日	B0500000009	军事	唯一的规则:《	沈俊	计算机学院	男
借书日期 2012 八月						
2012年8月3日	B0100000002	人文	世界史:古代史	郭玉	计算机学院	男
借书日期 2012 九月						
2012年9月12日	B0200000003	社科	林语堂英文作品	沈玉	计算机学院	女
借书日期 2012 十一月						
2012年11月18日	B0500000010	军事	解放军为什么能	王忠	计算机学院	男
借书日期 2013 四月						
2013年4月1日	B0100000001	社科	世界史:古代史	郭玉	计算机学院	男
2013年4月14日	B0400000007	经济	金钱不能买什么	郭玉	计算机学院	男

2013年4月23日 共 1 页，第 1 页

实验图 5-10 “按月分组图书借阅明细”报表的设计结果

【操作步骤】

(1) 打开实验 5.1.3 所创建的“图书借阅明细”报表的布局视图。

（2）单击【设计】选项卡【分组和汇总】组中【分组和排序】按钮。单击编辑框中的【添加组】按钮，选择“借书日期”字段作为分组字段。单击如实验图 5-11 所示的【更多】按钮，从展开的选项中将“按季度”修改为“按月”。

图书借阅明细报表

借书日期	图书编号	图书类别	图书名称	姓名	学院	性别
借书日期 2012 四月						
2012年4月2日	B0100000002	人文	世界史:古代史编(下卷)	郭玉成	计算机学院	男
借书日期 2012 八月						
2012年8月3日	B0100000002	人文	世界史:古代史编(下卷)	郭玉成	计算机学院	男
借书日期 2012 九月						
2012年9月12日	B0200000003	社科	林语堂英文作品集:吾国与吾[	沈玉兰	计算机学院	女
借书日期 2012 二月						
2012年2月18日	B0300000005	哲学	学哲学 用哲学	王忠旺	计算机学院	男
借书日期 2012 六月						
2012年6月10日	B0500000009	军事	唯一的规则:《孙子》的斗争[	沈俊	计算机学院	男

排序和汇总

排序依据 图书编号

分组形式 借书日期 ▼ 升序 ▼， 更多▶

添加组 添加排序

实验图 5-11　在【分组、排序和汇总】编辑框内对“分组形式”进行设置

（3）向报表添加排序级别。单击【分组、排序和汇总】编辑框中的【添加排序】按钮，并选择“图书编号”字段作为排序字段，排序方式为“升序”。

（4）打开【设计】选项卡【工具】组的【属性表】按钮，将报表属性的【格式】选项卡中的【标题】以及报表页眉的标签控件内容统一修改为“按月分组图书借阅明细”。

（5）将该报表另存为“按月分组图书借阅明细”。

3. 使用报表向导创建分组报表

【实验内容】

使用报表向导创建按照读者编号分组的“读者已归还图书数量”报表，该报表的数据来源于：读者信息.读者编号、读者信息.姓名、读者信息.学院、读者信息.类型、图书借阅表.借阅编号、图书借阅表.借书日期、图书借阅表.还书日期。修改该报表，仅显示各位读者的读者号和已归还数量，结果如实验图 5-12 所示。

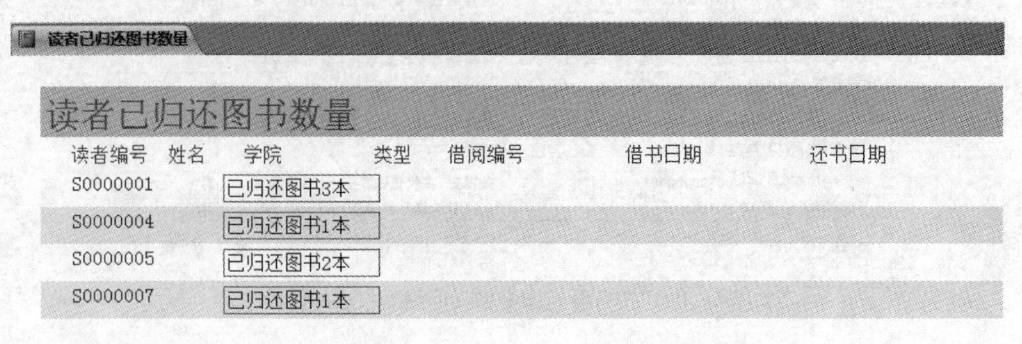

实验图 5-12　“读者已归还图书数量”最终结果

【操作步骤】

（1）使用报表向导创建源自“读者信息”表、“图书借阅表”相关字段，按照读者号分组的“读者已借图书数量”报表。

（2）打开设计视图。

（3）在“读者号页眉”中，添加文本框控件（需要删除所捆绑的标签控件），定义该文本框控件的来源是：="已归还图书"&Trim（count（*））&"本"。

（4）此时，报表显示的数据是所有读者借阅图书的情况，也包含了已经归还和未归还图书的记录（如实验图5-13所示）。

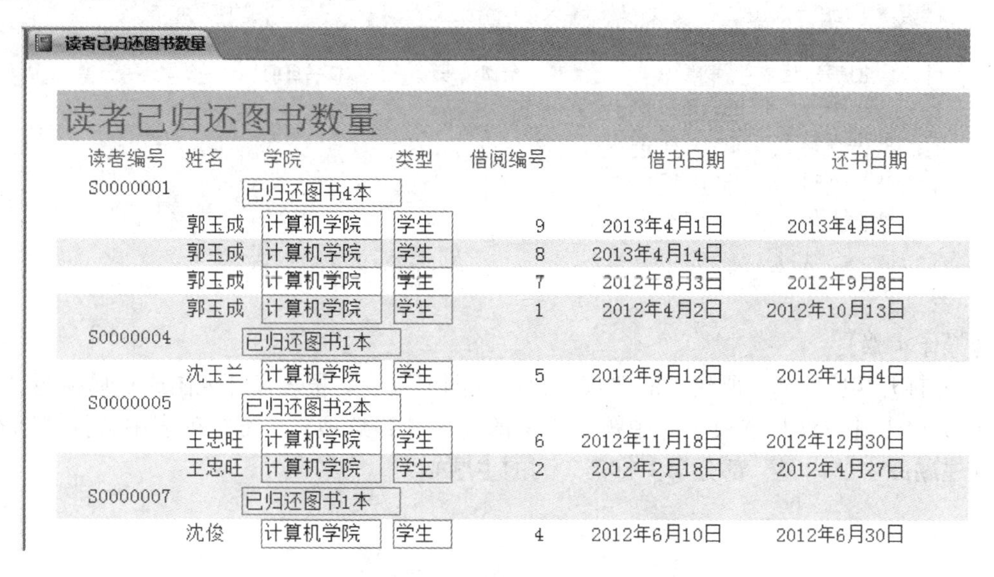

实验图5-13 读者借阅图书情况

（5）需要筛选出“图书借阅”表中所有的已归还记录，打开报表的记录源的查询生成器，设置“还书日期”的查询条件为“Is Not Null”，如实验图5-14所示。

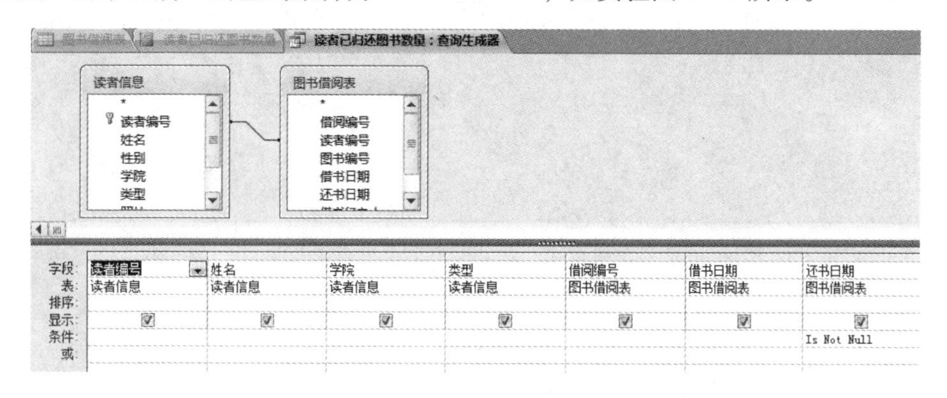

实验图5-14 报表记录源的查询生成器

（6）仅显示汇总数据。单击【设计】选项卡【分组和汇总】组中【隐藏详细信息】按钮，结果如实验图5-12所示。

实验 5.3 报表的美化

【实验内容】

将实验 5.2.3 创建的“读者已归还图书数量”报表，应用“暗香扑面”主题，结果如实验图 5-15 所示。

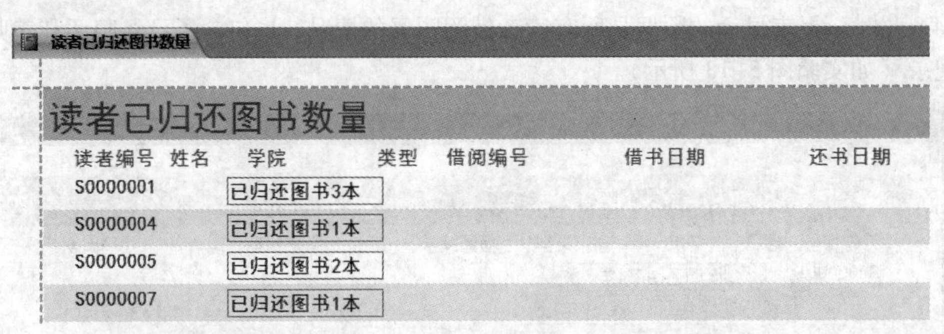

实验图 5-15 应用“暗香扑面”主题后报表的设计结果

【操作步骤】

(1) 打开实验 5.2.3 所建立的“读者已归还图书数量”报表设计视图或布局视图。

(2) 单击【设计】选项卡【主题】组中的【主题】选项，从下拉列表中选择“暗香扑面”(主题库中“内置”部分第 1 行第 2 列的主题)。

实验6　宏的设计

实验目的

1. 掌握宏的定义和使用。
2. 掌握常用的宏。
3. 掌握创建宏和嵌入式宏的方法。
4. 掌握创建条件宏的方法。
5. 掌握宏的应用。

实验任务

打开“高校图书借阅管理系统.accdb”数据库，掌握创建嵌入式宏、宏组、条件宏等对象的基本操作，然后通过编辑窗体控件事件触发宏，最后通过宏制作自定义快捷菜单。

实验6.1　创建嵌入宏

【实验内容】

打开实验4.5.2所创建的“登录窗体”，为窗体上“退出”命令按钮控件新建嵌入式宏，当单击该控件时关闭当前窗体（原“退出”按钮单击事件为直接退出Access 2010系统）。

【操作步骤】

（1）打开4.5.2节所创建的“登录窗体”的设计视图。

（2）选定“退出”控件，单击其事件属性【单击】右边的生成器按钮，如实验图6-1所示。

格式	数据	事件	其他	全部

单击	[嵌入的宏]
获得焦点	
失去焦点	

实验图6-1　“单击”事件右边的生成器按钮

（3）在打开的【宏生成器】界面中，删除原有的“QuitAccess”操作。

（4）在【添加新操作】列表框中输入【CloseWindow】操作，【对象类型】列表框中选择【窗体】选项，【对象名称】列表框中选择【登录窗体】，如实验图6-2所示。

（5）单击【保存】按钮，并关闭宏生成器窗口。

登录窗体 登录窗体：Command4：单击

CloseWindow

对象类型 窗体

对象名称 登录窗体

保存 提示

实验图 6-2 “退出”按钮的宏生成器设计界面

（6）保存窗体。

实验 6.2 创建条件宏

【实验内容】

创建名为“验证”的条件宏，并将之应用于窗体的命令按钮，用以检测用户输入的编号和密码是否正确。打开实验 4.5.2 所创建的“登录窗体”，添加一个名为“登录”的命令按钮。当单击该按钮时，检测用户名和密码（默认为：111）是否正确。如果正确，关闭当前窗体并打开“读者信息”窗体。

【操作步骤】

打开“登录窗体”的设计视图，在其上添加“按钮”控件，关闭“命令按钮向导”对话框，对控件的标题属性设置为“登录”，将窗体另存为“登录窗体_ 验证”。

（1）创建名为“验证”的条件宏。

- 单击【创建】选项卡【宏与代码】组中【宏】按钮，打开【宏】设计页面。
- 在【添加新操作】列表中，选择“If”。
- 第一个条件用于判断组合框“管理员编号”是否为空，若为空则提示“请输入编号…”后结束宏。设置方法如实验图 6-3所示。

实验图 6-3 用以检查“管理员编号”是否为空的条件宏

- 再次从【添加新操作列表】中选择“If”。第二个条件用于判断文本框“密码”是否为空，若为空，则提示“请输入密码…”后结束宏。设置方法如实验图 6-4 所示。
- 采用同样的方法添加第三个条件宏。第三个条件用于判断输入的“密码”是否正确，若正确则关闭当前窗体后打开“读者管理”窗体，然后结束宏。设置方法如实验图 6-5所示。

```
⊟ If [密码] Is Null                                                    Then
    MessageBox
        消息 请输入密码
      发嘟嘟声 是
        类型 无
        标题
    StopAllMacros
  ✚ 添加新操作                                               添加 Else  添加 Else If
End If
```

实验图 6-4　用以检查“密码”是否为空的条件宏

```
⊟ If [密码]="111" Then
  ⊟ CloseWindow
      对象类型 窗体
      对象名称 登录窗体_验证
        保存 提示
    OpenForm
      窗体名称 读者管理
          视图 窗体
      筛选名称
        当条件
      数据模式
      窗口模式 普通
    StopAllMacros
  ✚ 添加新操作                                               添加 Else  添加 Else If
End If
```

实验图 6-5　密码输入正确执行相应操作的条件宏

- 第四个条件用于判断输入的“密码”是否有误，若错误则提示“密码有误，请重新输入!”，然后结束宏。设置方法如实验图 6-6 所示。

```
⊟ If [密码]<>"111"                                                     Then
    MessageBox
        消息 密码有误，请重新输入
      发嘟嘟声 是
        类型 无
        标题
  ✚ 添加新操作                                               添加 Else  添加 Else If
End If
```

实验图 6-6　密码输入错误显示提示信息的条件宏

（2）打开实验4.5.2创建的“登录窗体_验证”设计视图。将管理员编号及密码所对应的未绑定组合框控件的名称分别改为“管理员编号”和“密码”，如实验图6-7和实验图6-8所示。

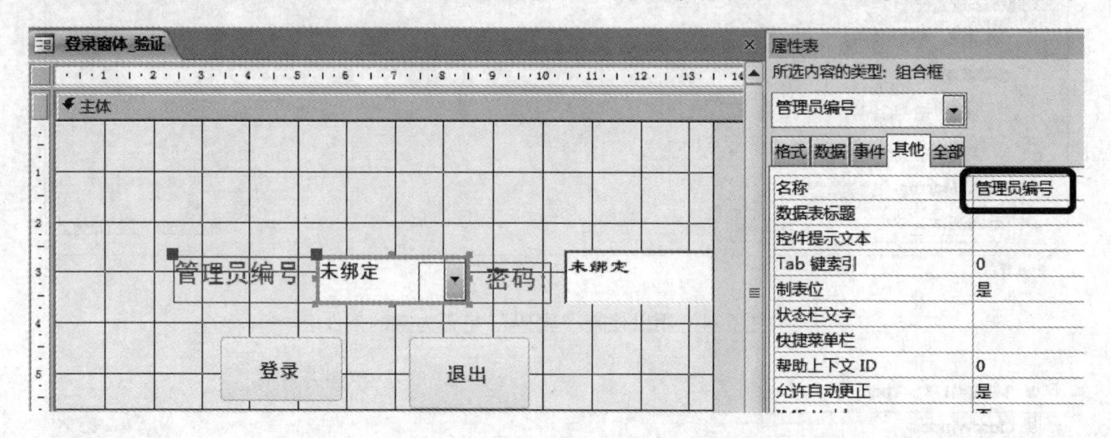

实验图6-7 修改未绑定控件的名称1

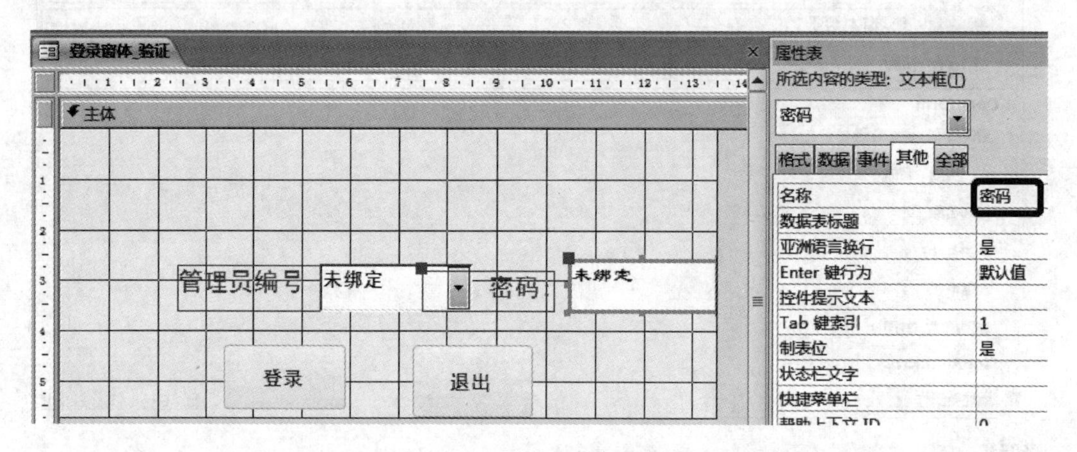

实验图6-8 修改未绑定控件的名称2

（3）编辑该按钮的单击事件为“验证”宏。

（4）进入到“登录窗体_验证”的窗体视图，并试着分别在不输入“管理员编号”下拉列表的值、不输入“密码”，或输入错误密码的情况下，单击【登录】按钮，验证条件宏是否生效。例如：不输入“管理员编号”，直接单击【登录】按钮，将显示如实验图6-9所示的对话框。

实验图6-9 不输入管理员编号直接登录的运行结果

实验6.3　制作自定义快捷菜单

【实验内容】

为“管理员”窗体（实验4.1已创建）建立快捷菜单，快捷菜单结果如实验图6-10所示。

实验图6-10　窗体的快捷菜单

【操作步骤】

(1) 创建名为“菜单命令”的宏。

① 单击【创建】选项卡【宏与代码】组中【宏】按钮，进入【宏】设计页面。

② 单击【添加新操作】的下拉列表框，在其中选择“Submacro”操作命令，并将子宏命名为“打开”。其所对应的宏操作为：打开“图书管理员”报表（实验5.1已创建）。

③ 重复步骤②，在“宏生成器”中继续添加以下2个子宏：“关于”和“退出”（这些宏名将出现在快捷菜单中），其所对应的宏操作分别为：提示“这是自定义菜单…”和关闭当前窗体。

④ 保存并命名为“菜单命令”，结果如实验图6-11所示。

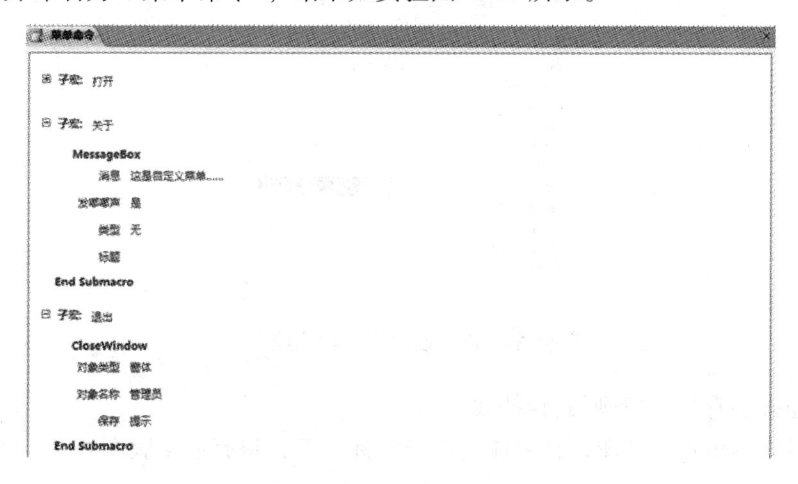

实验图6-11　“菜单命令”宏

(2) 使用“菜单命令”宏创建快捷菜单。在导航窗格中选择建立的“菜单命令”宏，并单击【数据库工具】选项卡下的【用宏创建快捷菜单】按钮。如果用户在自己的【数据库工具】选项卡下找不到该功能，可以打开【Access 选项】对话框在【自定义功能区】中添加该命令，如实验图 6-12 所示。

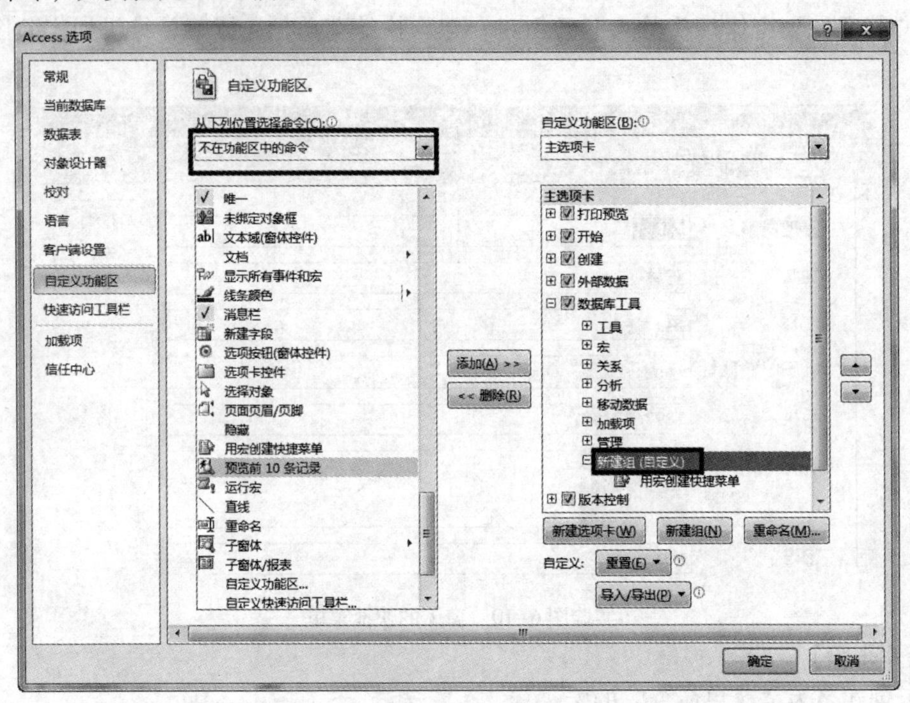

实验图 6-12　在“数据库工具”选项卡下添加“用宏创建快捷菜单”选项

(3) 打开“管理员”窗体的设计视图，设置窗体【其他】属性选项卡中的【快捷菜单栏】为“菜单命令”，如实验图 6-13 所示。

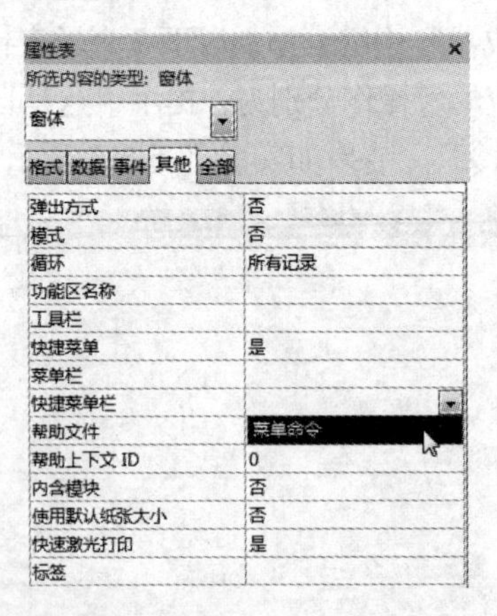

实验图 6-13　设置窗体的快捷菜单

(4) 将窗体另存为“管理员_快捷菜单”。

(5) 打开窗体的窗体视图，在窗体上单击鼠标右键，将有如实验图 6-13 所示的快捷菜单显示。

实验 7　VBA 简单应用

实验目的

1. 熟悉 Access 2010 中 VBA 工作环境。
2. 掌握 Access 2010 中 VBA 分支、循环语句的使用方法。
3. 掌握 Access 2010 中 VBA 在窗体中的应用。

实验任务

掌握 Access 数据库中 VBA 的各种简单应用。

实验 7.1　VBA 的分支语句

【实验内容】

（1）创建模块，根据输入的球的半径，求球的体积。

（2）创建模块“求出生日期”。根据用户输入的身份证号码提取并显示出生日期。提示：提取出生日期之前，使用 Select Case 语句判断和规范用户输入的身份证号码是否合法。

【操作步骤】

（1）单击【创建】选项卡【宏与代码】组中【模块】按钮，进入 VBA 工作环境。

（2）在【代码】窗口中输入以下代码：

```
Public Subbulk( )
  Dim r As double, v As double
  Const PI =3. 1415926                        '定义圆周率常量值为 3. 1415926
  r = InputBox("请输入圆半径","输入")         '输入半径 r
  if r > =0 Then
      v = PI * r^3 * 4/3                      '计算圆体积
      MsgBox "半径为" & r & "的圆体积为" & v
  Else
      MsgBox "圆半径不能小于零!", vbInformation
  End If
End Sub
```

（3）单击【运行】按钮后，显示的界面如实验图 7-1 和实验图 7-2 所示。

实验图 7-1 输入圆半径

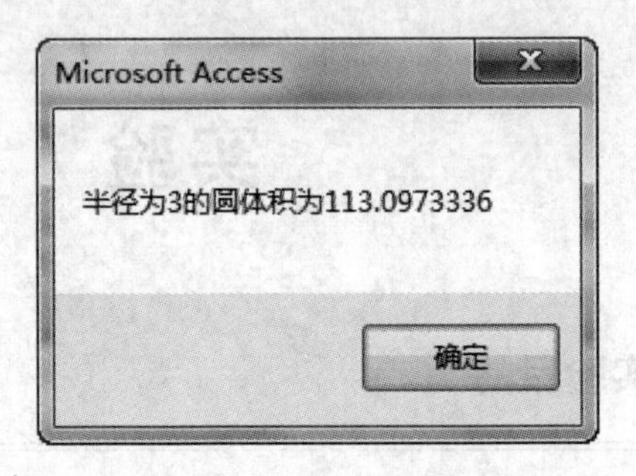

实验图 7-2 最终结果

(4) 单击【创建】选项卡【其他】组中【模块】选项，进入 VBA 工作环境。

(5) 在【代码】窗口中输入以下代码：

```
Public Sub birthday( )
    Dim Length As Integer
    Dim ID As String
    Dim BornDate As string
    ID = InputBox("请输入身份证号码")                    '弹出输入框,输入内容
    Length = Len(ID)                                     '获取输入的长度
    Select Case Length
        Case 15
          BornDate = "19" &Mid(ID,7,2)&" - "&Mid(ID,9,2)&" - "&Mid(ID,11,2)
        Case 18
          BornDate = Mid(ID,7,4)&" - "&Mid(ID,11,2)&" - "&Mid(ID,13,2)
      Case Else
          MsgBox "身份证号错误!"
          BornDate = ""
    End Select
    If BornDate < > "" Then
        MsgBox"身份证号码"&ID&"的出生日期是:"&BornDate    '弹出最终的日期
    End If
End Sub
End Sub
```

(6) 单击【运行】按钮后，显示的界面如实验图 7-3 和实验图 7-4 所示。

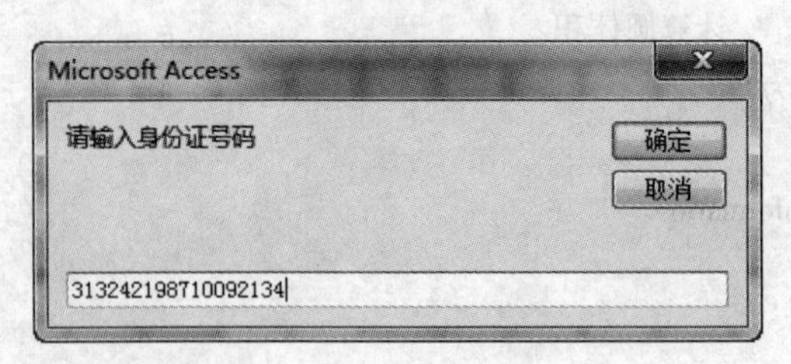

实验图 7-3 输入身份证号码

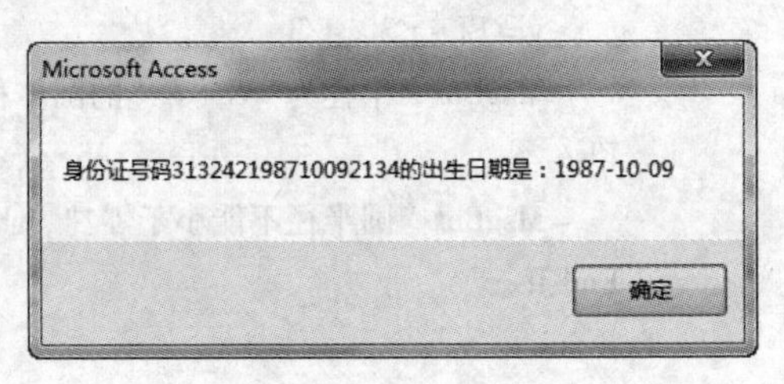

实验图 7-4 最终结果

实验7.2 VBA的循环语句

【实验内容】

编写程序，从键盘输入10个数，输出其中的最大数和最小数。

【操作步骤】

（1）单击【创建】选项卡【宏与代码】组中【模块】选项，进入VBA工作环境。

（2）在【代码】窗口中输入以下代码：

```
    Public Sub Max_min( )
    Dim Max As Single, Min As Single
    Dim N As Single
    Dim I As Integer
    '使用循环语句接收所输入的10个数
    N = Val(InputBox("请输入第1数: "))
    Max = N
    Min = N
    For I = 2 To 10
      N = Val(InputBox("请输入第" + Str(I) + "个数:"))
    If N > Max Then
      Max = N
    End If
    If N < Min Then
      Min = N
    End If
    Next I
    MsgBox ("输入的10个数中,最大的数是:" + Str(Max))
    MsgBox ("输入的10个数中,最小的数是:" + Str(Min))
End Sub
```

（3）单击【运行】按钮后，界面显示如实验图7-5所示的【Microsoft Access】数据输入对话框。从键盘上输入10个数，例如：分别输入10，2，37，18，56，44，32，15，87，29。则显示如实验图7-6和实验图7-7所示的结果。

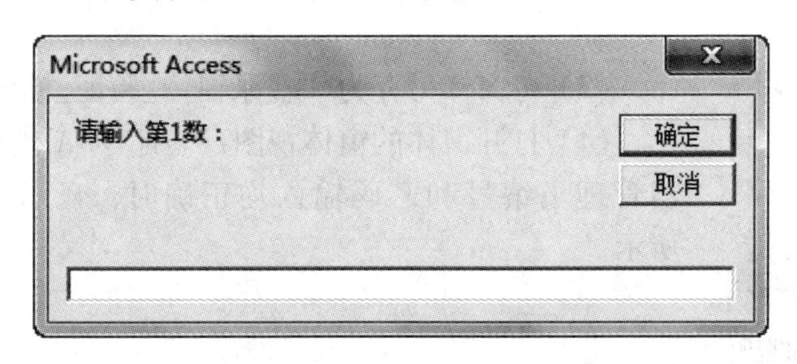

实验图7-5 数据输入对话框

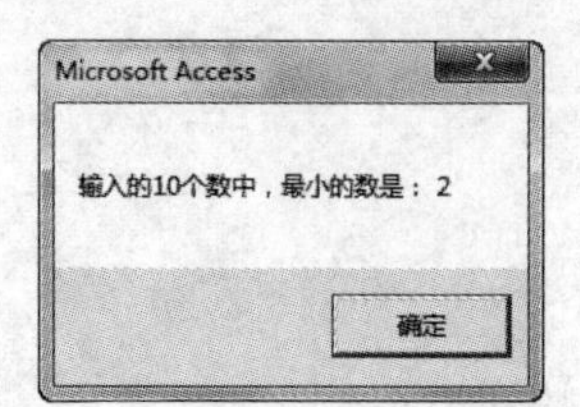

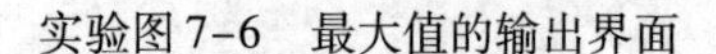

实验图 7-6 最大值的输出界面　　　　实验图 7-7 最小值的输出界面

实验 7.3 VBA 在窗体中的应用

【实验内容】

打开实验 6.2 的结果“登录窗体_验证”窗体，将“登录”按钮的触发宏事件改为类模块。模块功能为：判断组合框是否选择了用户编码、文本中输入的密码是否正确。如果用户输入的密码正确，提示“密码正确，欢迎进入系统!”，否则提示“密码错误，请重新输入!”。修改后的窗体命令为“登录窗体_验证_模块”。

【操作步骤】

(1) 打开实验 6.2 的结果“登录窗体_验证”窗体的设计视图。

(2) 编写“登录”按钮的模块代码：鼠标右键单击【登录】按钮，从快捷菜单中选择【属性】选项，编写按钮的“单击”事件（选择代码生成器编辑类模块）如下：

```
Dim nam As String
If IsNull([管理员编号]) = False Then
  If DLookup("密码","管理员","管理员编号='" & [管理员编号] & "'") = Me![密码]
  Then
        MsgBox "密码正确,欢迎进入系统!"
  Else
        密码 = " "
        密码.SetFocus
        MsgBox "密码错误,请重新输入!", vbCritical
  End If
Else
        MsgBox "请输入管理员编号!"
End If
```

实验图 7-8 编号和密码输入正确的显示界面

(3) 将窗体另存为“登录窗体_验证_模块。

(4) 打开窗体的窗体视图，验证 VBA 代码是否生效。例如，当管理员编号和密码输入均正确时，显示内容如实验图 7-8 所示。

实验8　综合性实验

实验目的

通过完成本实验，使学生掌握使用 Access 设计并开发基于数据库的应用系统的基本设计方法。具体要求：

1. 掌握数据库开发的主要流程；
2. 熟练掌握 Access 2010 数据库系统中各种对象的创建和维护方法；
3. 掌握基于数据库的应用系统的基本设计与开发方法。

实验任务

通过 Access 设计并生成一个实用的管理系统，例如：学籍管理系统、教务管理系统、学生社团管理系统等。

任意选定题目，通过分组合作的方式，完成某一管理系统的设计及实现任务。具体内容包括：

（1）下达设计任务书，要求学生根据任务书的要求在一定时间内完成系统设计。在实验过程中学生以小组合作的方式，共同提出系统的设计方案；

（2）每个小组选一名学生作为组长，统筹分配整个系统的设计分工，尽量做到工作量分配平均；

（3）系统设计完成后，填写设计报告，并制作演示文稿；

（4）每个小组派一名代表进行系统的演示和展示，教师根据设计过程和设计报告、设计结果给出实验成绩。

参考文献

[1] 潘晓南，王莉，孙文玲．Access 数据库应用技术［M］．北京：中国铁道出版社，2005.

[2] 刘远东，何思文，吴斌新．数据库基础及 Access 应用［M］．北京：机械工业出版社，2005.

[3] 申莉莉．Access 数据库应用教程［M］．北京：机械工业出版社，2006.

[4] 王珊，萨师煊．数据库系统概论［M］．4 版．北京：高等教育出版社，2006.

[5] 陈桂林．数据库程序概述［M］．北京：高等教育出版社，2007.

[6] 何宁，黄文斌，熊建强．数据库技术应用教程［M］．北京：机械工业出版社，2007.

[7] 科教工作室．Access 2010 数据库应用［M］．2 版．北京：清华大学出版社，2011.

[8] 谷岩，刘敏华．数据库技术与应用［M］．北京：高等教育出版社，2011.

[9] 付兵．数据库基础及应用：Access 2010［M］．北京：科学出版社，2012.

[10] 徐秀花，程晓锦，李业丽．Access 2010 数据库应用技术教程［M］．北京：北京大学出版社，2013.